LA REVOLUCIÓN INACABADA DE EINSTEIN

LEE SMOLIN

LA REVOLUCIÓN INACABADA DE EINSTEIN

Más allá de la física cuántica

Ilustraciones de
KAĆA BRADONJIĆ

Traducción de
MARC FIGUERAS

PASADO & PRESENTE
BARCELONA

Para Dina y Kai

Todo lo que un músico puede hacer es acercarse
a las fuentes de la naturaleza y así sentirse
en comunión con las leyes naturales.

John Coltrane

Creo que puedo decir con toda tranquilidad
que nadie entiende la mecánica cuántica.

Richard Feynman

PREFACIO

Los humanos siempre hemos tenido un problema con los límites que separan la realidad de la fantasía. Para explicar el mundo que nos rodea, inventamos historias y luego, como somos unos buenos narradores, nos encaprichamos de ellas y acabamos confundiendo nuestras representaciones del mundo con el mundo en sí mismo. Esta confusión no aqueja solo a los legos, sino también a los científicos; de hecho, nos afecta más, pues disponemos de un arsenal de historias en verdad impactantes.

A medida que profundizamos en nuestra comprensión del mundo natural, progresando hacia fenómenos cada vez más pequeños y más elementales, nuestros propios éxitos imponen barreras a los avances subsiguientes; para no encallarnos, debemos equilibrar nuestra bien merecida confianza en las capacidades del conocimiento ya establecido con una profunda conciencia de cuán tambaleantes son nuestras hipótesis, incluso las más exitosas. Una dolorosa lección que hay que aprender es que, si bien nuestras sensaciones son causadas, en parte, por la realidad, cobran forma definitiva gracias a la acción de nuestro cerebro, que nos presenta el mundo de la forma necesaria para que podamos medrar en medio de la naturaleza. Más allá de esas sensaciones, la naturaleza está ahí afuera, merodeando a nuestro alrededor, misteriosa y siempre situándose en el límite de lo que podemos aprehender.

Los rasgos más importantes de la naturaleza, tal como la entendemos hoy en día, no son características que podamos percibir directamente. Los hechos generales más básicos que sabemos del mundo (por ejemplo, que la materia está formada por átomos, o que la Tierra es un cascarón esférico de roca que rodea un núcleo fundido, cubierto por una fina atmósfera y que se mueve por un vacío casi absoluto girando en torno a un reactor termonuclear natural) los aprendemos apenas salimos del jardín de infancia, pero son el resultado de siglos de enormes esfuerzos por parte de científicos y eruditos. Cada uno de estos hechos surgió como una idea más o menos alocada en conflicto con hipótesis mucho más evidentes y razonables (aunque, en última instancia, erróneas).

Tener una mentalidad científica implica respetar los hechos sobre los que hay un claro consenso y que son resultado de generaciones de discusiones y debates, a la vez que se mantiene la mente abierta hacia todo aquello que aún no conocemos. En este cometido, siempre es de ayuda un cierto sentido de humildad ante los misterios esenciales del mundo, pues aquellos aspectos que conocemos se vuelven aún más misteriosos cuando los examinamos en más detalle; cuanto más sabemos, más fascinante se vuelve todo. No encontraremos nada en la naturaleza tan insulso que su simple contemplación no nos lleve a una avasalladora sensación de maravilla y de gratitud por el simple hecho de formar parte de todo esto.

En esta mañana de primavera, el aire que entra por la ventana me acerca aromas frescos procedentes del jardín, pero ¿qué milagro hace esto posible? ¿Cómo una nariz transforma las moléculas transportadas por la brisa en ese agradable olor? Vemos colores vivos y recordamos esa historia sobre diferentes longitudes de onda de la luz que excitan neuronas diferentes, pero ¿cómo es posible que la excitación de diferentes neuronas cause las sensaciones de rojo o de azul? ¿Qué tipo de cosa son las sensaciones (los *qualia*, como las denominan algunos filósofos) de los diferentes colores o de los diferentes aromas? ¿En qué medida son los aromas diferentes de los colores? y ¿por qué son diferentes, si al fin y al cabo todo son impulsos eléctricos en nuestras neuronas? ¿Quién es el yo que se despierta por la mañana? ¿Qué es el universo que me rodea cuando abro los ojos? Los hechos más evidentes de nuestra existencia y de nuestra relación con el mundo son auténticos misterios.

Como científico, creo que el mejor modo de llegar a alguna parte es pasar de puntillas por la difícil cuestión de la conciencia y dedicarnos a abordar preguntas más sencillas. Empecemos, pues, con una cuestión muy básica: ¿qué es la materia? Mi hijo ha dejado una piedra en la mesa; la cojo y mi mano la agarra con comodidad, sintiendo su peso y su forma... una sensación harto ancestral, sin duda.

Pero ¿qué es una piedra?

Sabemos el aspecto que tiene una piedra, sabemos las impresiones que produce. Pero se trata de sensaciones que casi nos dicen más sobre nosotros mismos que sobre la piedra. Hay muy pocas cosas en el aspecto o el tacto de una piedra que nos den pistas sobre lo que constituye, en esencia, la existencia de una piedra, sobre la *petricidad* de una piedra, si se me permite decirlo así. La consistencia y la dureza de la piedra son elaboraciones de nuestra mente, que integra percepciones a escalas muy gruesas en comparación con el tamaño de los átomos.

La materia se presenta en muchas formas, algunas de las cuales sabemos que tienen que ser complejas, como sería el caso de la piedra o del material orgánico que, tejido, forma las mantas, las sábanas y la ropa que llevamos. Así, mejor consideremos, para empezar, una forma más simple de materia: el agua de un vaso. ¿Qué es eso? Para nuestra vista y nuestro tacto, el agua parece fluida y continua y, de hecho, hasta hace bien poco, apenas algo más de un siglo, los físicos creían que el agua era una sustancia totalmente continua. A principios del siglo XX, Albert Einstein demostró que esa idea era errónea y que el agua estaba formada por incontables átomos. En el agua, estos átomos se agrupan de tres en tres, formando moléculas cada una de las cuales contiene un átomo de oxígeno y dos de hidrógeno.

Muy bien, pero ¿qué es un átomo? Poco menos de una década después del avance de Einstein se comprendió que cada átomo es como un sistema solar en miniatura, con un núcleo en su centro a modo de Sol y los electrones a su alrededor en el papel de planetas. De acuerdo, pero ahora, ¿qué es un electrón? Sabemos que los electrones siempre se presentan en unidades discretas, cada una de las cuales contiene una cierta cantidad de masa y de carga eléctrica. Un electrón puede localizarse en el espacio y puede moverse: cuando lo observamos ahora, está aquí, cuando lo observamos luego, está allí. Sin embargo, dejando de lado estas características, no resulta fácil presentar una imagen de lo que es un electrón; de hecho, buena parte de este libro se ocupará de ello.

La mejor comprensión que tenemos de lo que es una piedra, de lo que es el agua, de lo que son las moléculas y los electrones, nos la ofrece la rama de la ciencia que denominamos *física cuántica*. Ahora bien, como casi todo el mundo parece saber actualmente, la física cuántica es un campo lleno de misterios y paradojas. La física cuántica describe un mundo en el que nada tiene una existencia estable: un átomo o un electrón puede ser una onda o puede ser una partícula, según cómo lo observemos; los gatos están a la vez vivos y muertos. Todo esto resulta muy atractivo para la divulgación, que ha convertido el adjetivo *cuántico* en una palabra de moda para designar todo embaucamiento que pueda resultar *guay* a la vez que *friqui*; en cambio, es espantoso para los que queremos comprender el mundo en el que vivimos, pues no parece haber una respuesta sencilla a la pregunta «¿Qué es una piedra?».

En el primer cuarto del siglo XX, para explicar la física cuántica, se elaboró la teoría que llamamos *mecánica cuántica*. Desde sus inicios, esta teoría ha sido el niño mimado de la ciencia. Es la base de nuestra comprensión de los átomos, la radiación y muchas otras cosas, desde las partículas elementales y las fuerzas fundamentales hasta el comportamiento de los materiales. Durante todo este tiempo también ha resultado ser un niño revoltoso. Desde los primeros años, sus creadores han estado divididos acerca de lo que teníamos que hacer con ella: algunos expresaron perplejidad y recelos, e incluso indignación; otros la consideraron una ciencia revolucionaria que hacía añicos las suposiciones metafísicas sobre la naturaleza y nuestra relación con ella, que las generaciones anteriores habían considerado fundamentales para el éxito de la ciencia.

En los capítulos que vienen, espero convenceros de que los problemas conceptuales y las furiosas discrepancias que han aquejado a la mecánica cuántica desde su creación aún están sin resolver y son irresolubles, por la simple razón de que la teoría es errónea. Tiene un éxito impresionante, pero está incompleta. Nuestra tarea (si lo que queremos es disponer de respuestas simples a preguntas sencillas sobre lo que son las piedras) es ir más allá de la mecánica cuántica para llegar a una descripción del mundo a escala atómica que tenga sentido.

Se trata de una tarea que puede parecer abrumadora, si no fuera por un aspecto casi olvidado de la historia de la mecánica cuántica y a menudo ignorado. Ya en los mismos inicios de la teoría, en la década de 1920, apareció una versión alternativa de la física cuántica que resulta lógica; esta teoría «oculta» resuelve las aparentes paradojas y misterios del mundo cuántico. Creo que es un escándalo (un término bien adecuado, a mi parecer) que esta formulación alternativa de la teoría cuántica apenas se enseñe y bien pocas veces aparezca en los libros de texto para los físicos en ciernes y en los libros de divulgación para el público general.

Hay varias formulaciones alternativas de la mecánica cuántica que tienen sentido y son coherentes. El reto es partir de estas para descubrir la manera correcta de comprender la física cuántica (es decir, la que usa la naturaleza). En mi opinión, el resultado tendrá una amplia repercusión, porque la nueva formulación de la física cuántica permitirá solucionar muchos de los numerosos problemas más destacados de la física. Opino que problemas como la gravedad cuántica o la unificación de las fuerzas fundamentales, en los cuales hemos avanzado bien poco, siguen siendo huesos duros de roer porque en la base de nuestras hipótesis tenemos una teoría incorrecta.

Los físicos están de acuerdo en el comportamiento del mundo cuántico. Los átomos y la radiación se comportan de modo diferente que las piedras y los gatos, y estamos de acuerdo en que la mecánica cuántica tiene éxito en predecir algunos aspectos de ese comportamiento; en lo que no nos ponemos de acuerdo es en lo que significa que nuestro mundo *sea* cuántico. Está claro que se necesita algún cambio radical en nuestra comprensión de la naturaleza, pero no tenemos claro qué tipo de cambio tiene que ser este. Algunos plantean que debemos abandonar cualquier intento de describir la realidad y conformarnos con una teoría que explique solamente el conocimiento que podemos tener del mundo; otros afirman que nuestra noción de la realidad debe ampliarse para abrazar una infinitud de realidades paralelas.

En verdad, no es necesario nada de todo esto. Las formas alternativas de comprender el mundo cuántico no nos obligan a abandonar la idea de que la física describe una realidad independiente del conocimiento que podamos tener de ella. Tampoco exigen que ampliemos la realidad más allá de la idea de sentido común de que hay un solo mundo y de que este mundo es lo que vemos a nuestro alrededor. Tal como explicaré, el realismo del sentido común, según el cual la ciencia puede aspirar a ofrecer una imagen completa del mundo natural tal como es (o tal como sería en nuestra ausencia), no está amenazado por nada que sepamos sobre la física cuántica.

En definitiva, pues, es desafortunado e innecesario presentar el ámbito cuántico como algo misterioso y contrario al sentido común. Uno de los objetivos de este libro es mostrar al público general las teorías cuánticas alternativas y, en el proceso, eliminar todo halo de misterio y exhibir el mundo cuántico de una forma que sea accesible e intuitiva para todos aquellos que no son especialistas en física.

Imagino a mi lector como alguien con una intensa curiosidad por la naturaleza, que se interesa por la ciencia a través de las noticias, blogs y libros de divulgación, pero cuya formación no ha incluido las matemáticas que se suelen usar como lenguaje de la física. Por esta razón, emplearé palabras e imágenes para expresar los fenómenos básicos que hallamos en el mundo cuántico y los principios que su estudio ha inspirado. Tras una introducción, el libro empieza con tres breves capítulos que describen los aspectos más básicos de la física cuántica, lo que nos aportará el equipo necesario para explorar los diversos universos conceptuales que han surgido de las distintas formulaciones que se han propuesto de la teoría cuántica.

¿Qué es lo que está en juego en la discusión sobre la mecánica cuántica? ¿Por qué es tan relevante si nuestra teoría fundamental del mundo es misteriosa o paradójica? Tras esta discusión centenaria sobre la mecánica cuántica hay un desacuerdo esencial acerca de la naturaleza de la realidad, un desacuerdo que, si se deja sin resolver, se intensifica hasta convertirse en una discusión sobre la naturaleza de la ciencia.

En este cisma hay dos cuestiones básicas. En primer lugar, ¿existe el mundo natural independientemente de nuestras mentes? O, dicho con más precisión, ¿tiene la materia un conjunto de propiedades por sí misma, independientes de nuestras percepciones y de nuestro conocimiento? En segundo lugar, ¿podemos aprehender y describir esas propiedades? ¿Podemos comprender lo suficiente de las leyes de la naturaleza como para explicar la historia del universo y predecir su futuro? Las respuestas que demos a estas dos cuestiones tienen implicaciones para problemas más generales sobre la naturaleza y los objetivos de la ciencia, así como para el papel de la ciencia en la sociedad humana. Se trata de cuestiones sobre los límites que trazamos entre la realidad y la fantasía.

Las personas que responden sí a estas dos preguntas son lo que llamamos *realistas*. Einstein era un realista; yo también lo soy. Los realistas creemos que hay un mundo real ahí afuera, cuyas propiedades no dependen en absoluto del conocimiento o de la percepción que tengamos de él. Es la naturaleza tal como sería (y en general tal como es) si nosotros no estuviésemos ahí. También creemos que podemos entender y describir el mundo con la precisión suficiente como para explicar cómo se comporta cualquier sistema de la naturaleza; si eres un realista, crees que la ciencia es la búsqueda sistemática de esa explicación. Esta postura se basa en una concepción «ingenua» de la verdad; las afirmaciones sobre objetos o sistemas de la naturaleza son verdaderas en tanto en cuanto corresponden a propiedades genuinas de esta.

Si respondes negativamente a ambas preguntas, eres un antirrealista.

La mayoría de los científicos son realistas en lo que concierne a los objetos cotidianos a una escala humana. Las cosas que podemos ver, agarrar y lanzar tienen propiedades simples y fácilmente comprensibles. En cada momento, existen en algún lugar del espacio; cuando se mueven, siguen una trayectoria, y esta trayectoria tiene una velocidad determinada respecto a alguien que la esté describiendo. Tienen masa y peso. Cuando decimos a un amigo que la libreta roja que está buscando está sobre la mesa, esperamos que tal afirmación sea verdadera o falsa, sin más, independiente por completo de nuestro conocimiento o nuestras percepciones. La descripción de la materia a este nivel, desde las escalas más pequeñas que podemos percibir con nuestros ojos hasta la escala de los planetas y las estrellas es lo que se denomina *física clásica*. Es la obra de Galileo, Kepler y Newton, y las teorías de la relatividad de Einstein son su logro supremo.

Sin embargo, no nos resulta nada fácil ser realistas cuando se trata de la materia a la escala de los átomos individuales. Y la culpa la tiene la mecánica cuántica, la que es, a día de hoy, nuestra mejor teoría de la naturaleza a nivel atómico. Tal como he comentado, esta teoría tiene algunos aspectos sin duda desconcertantes, y es creencia general que estos aspectos descartan el realismo. Dicho de otro modo, la mecánica cuántica exige que respondamos *no* a una o a las dos cuestiones que he planteado antes. En el grado en que la mecánica cuántica sea la descripción correcta de la naturaleza, nos vemos obligados a dejar de lado el realismo.

La mayoría de los físicos no acepta el realismo cuando se trata de átomos, radiación y partículas elementales. Su postura, en general, no procede de ningún deseo de rechazar el realismo a partir de ideas filosóficas radicales, sino de su convicción de que la mecánica cuántica es correcta y de que, tal como se les ha inculcado, la mecánica cuántica obliga a descartar el realismo. Ahora bien, si es cierto que la mecánica cuántica obliga a abandonar el realismo, entonces, si en verdad eres un realista, debes asumir que la mecánica cuántica es falsa; quizá tenga éxito provisionalmente, pero no puede ser la descripción correcta a escala atómica. Es esto lo que llevó a Einstein a rechazar la mecánica cuántica y a considerarla poco más que un recurso temporal.

Einstein y otros realistas creen que la mecánica cuántica nos ofrece una descripción incompleta de la naturaleza y que le faltan unos cuantos aspectos necesarios para una plena comprensión del mundo. Einstein a veces imaginó que había unas «variables ocultas» que completarían la descripción de la naturaleza que ofrece la teoría cuántica y creía que esa descripción completa que incluía las variables ocultas sería coherente con el realismo.

Así pues, si eres físico y eres un realista, tienes una obligación imperiosa: superar la mecánica cuántica y descubrir cuáles son esos aspectos que le faltan, para así elaborar una teoría correcta de los átomos. Esta fue la misión inacabada de Einstein, y es también la mía.

Hay varios tipos de antirrealistas, que se adhieren a puntos de vista diferentes sobre la mecánica cuántica. Algunos antirrealistas consideran que las propiedades que asignamos a los átomos y a las partículas elementales no son inherentes a tales objetos, sino que se crean mediante nuestras interacciones con ellos y solo existen en el momento en que las medimos. Niels Bohr fue el representante más influyente de esta postura, que podemos denominar *antirrealismo radical*. Bohr fue el primero en aplicar la teoría cuántica al átomo, tras lo cual se convirtió en el líder y mentor de la siguiente generación de revolucionarios físicos cuánticos. Su antirrealismo radical tiñó de una tonalidad muy definida la manera en que se empezó a entender la teoría cuántica.

Otro grupo de antirrealistas cree que la ciencia, como un todo, no se ocupa de lo que es real en la naturaleza ni lo describe, sino que solo habla de nuestro conocimiento del mundo. Según su punto de vista, las propiedades que la física asigna a un átomo no hacen referencia al átomo, sino solo al conocimiento que tenemos de ese átomo. A estos científicos los podemos bautizar como *epistemólogos cuánticos*.

Para acabar, tenemos a los *operacionalistas*, un grupo de antirrealistas que se declaran agnósticos acerca de si existe alguna realidad fundamental independiente de nosotros. Sostienen que, al fin y al cabo, la mecánica cuántica no se ocupa de la realidad, sino que es un conjunto de procedimientos para interrogar a los átomos; no se ocupa de los átomos en sí mismos, sino de lo que sucede cuando los átomos entran en contacto con los sofisticados aparatos que empleamos para medirlos. Heisenberg, el mejor pupilo de Bohr y creador de las ecuaciones de la mecánica cuántica, era un operacionalista, al menos en parte.

En contraste con las disputas entre los antirrealistas radicales, los epistemólogos cuánticos y los operacionalistas, todos los realistas comparten un punto de vista similar, a saber: que estamos de acuerdo en la respuesta afirmativa a las dos preguntas que he planteado antes. Sin embargo, sí que discrepamos en la respuesta a una tercera cuestión: ¿está formado el mundo natural por las clases de objetos que observamos cuando miramos a nuestro alrededor y por los elementos que los constituyen? En otras palabras, lo que vemos cuando observamos a nuestro alrededor ¿es representativo del universo en general?

Los que respondemos sí a esta pregunta nos podemos denominar *realistas simples*, o *realistas ingenuos*. Aquí uso el adjetivo ingenuo en el sentido más básico de falto de dobleces, directo y sencillo; para mí, un punto de vista es ingenuo si no necesita argumentos sofisticados o justificaciones elaboradas. Mi postura es que, cuando sea posible, siempre es preferible un realismo ingenuo. Hay realistas que no son ingenuos en este sentido y creen que la realidad es en verdad muy diferente del mundo que percibimos y medimos. Un ejemplo de esta postura es la interpretación de los universos paralelos de la mecánica cuántica, que asume que el mundo que percibimos no es más que uno de entre una vastísima cantidad, siempre creciente, de mundos paralelos. Sus proponentes se autodenominan *realistas*, y tienen cierto derecho a tal designación, pues dan una respuesta afirmativa a las dos primeras preguntas planteadas; sin embargo, en mi opinión solo son realistas en el más académico y técnico de los sentidos. Tal vez pudieran denominarse *realistas mágicos*, porque consideran que lo real se sitúa mucho más allá del mundo que percibimos. El realismo mágico, en este sentido, es casi una forma de misticismo, pues asume que el mundo verdadero está oculto a nuestra percepción.

¿Es posible formular una teoría de los átomos que sea realista en el sentido más general e *ingenuo* y, por tanto, que responda con un *sí* a las tres cuestiones que he planteado? La respuesta es que sí, es posible, y es precisamente la historia que quiero explicar en este libro. Pero la teoría que lo permite no es la mecánica cuántica y, si es correcta, implicaría que la mecánica cuántica es falsa en el sentido de que ofrece una descripción muy incompleta de la naturaleza.

Parte de la historia que quiero relatar hace referencia a cómo se apartó de las corrientes dominantes a esta teoría ingenuamente realista de la naturaleza, mientras prosperaba una teoría que nos obligaba a adoptar posturas antirrealistas o místicas. De todos modos, finalizaré con un rayo de esperanza, bosquejando una manera en que podemos avanzar hacia un punto de vista realista de la naturaleza que también englobe los aspectos cuánticos.

Todo esto no es baladí, porque ahora, a inicios del siglo XXI, la ciencia se ve atacada desde muchos frentes, y con estos ataques también se ve amenazada la convicción de que existe un mundo real en el que los hechos o bien son ciertos o bien son falsos. Parece que varios sectores de nuestra sociedad están perdiendo el contacto con la frontera que separa la realidad de la fantasía.

La ciencia recibe ataques de todos aquellos que consideran que sus conclusiones son incómodas para sus objetivos políticos y empresariales. El cambio climático no debería usarse como un arma arrojadiza política; no se trata de ideologías, sino de un tema de seguridad nacional y como tal debería considerarse. Es un problema real, que exige soluciones basadas en hechos contrastados.

La ciencia también recibe el ataque de los fundamentalistas religiosos, que insisten en que sus venerables textos enseñan verdades inmutables reveladas por Dios. En mi opinión, hay pocos motivos de conflicto entre la mayoría de las religiones y la ciencia, pues muchas aceptan la ciencia como la manera de llegar al conocimiento del mundo natural, e incluso se congratulan de ello. Más allá de esto, la existencia y el significado del mundo es algo lo bastante misterioso como para que tanto la ciencia como la religión puedan aportar sus argumentos en los debates, sin que ninguna de las dos consiga llegar a una solución. Lo único que necesitamos es que las religiones no ataquen ni socaven los resultados científicos sobre los cuales hay un claro consenso porque están respaldados por incontables pruebas, evaluadas por aquellos con conocimientos suficientes para juzgar su validez. Sin duda, esta es la postura de muchos líderes religiosos de todas las confesiones; a cambio, los científicos deberían considerar a estos líderes tolerantes como sus aliados en la búsqueda de un mundo mejor.

La ciencia se ve asimismo atacada por la tendencia de algunos académicos humanistas (los cuales deberían ser más sensatos) que sostiene que la ciencia no es más que un constructo social que solamente aporta una perspectiva sobre el mundo, entre muchas otras, todas igualmente válidas.

Para que la ciencia pueda responder con claridad y contundencia a estos ataques, debe liberarse de los anhelos místicos y las motivaciones metafísicas de sus profesionales. Los científicos, en tanto que individuos, pueden estar impulsados (y a veces lo están, seamos sinceros) por sentimientos místicos y preconcepciones metafísicas, pero esto no perjudica a la ciencia siempre y cuando uno entienda y cumpla con los estrictos criterios que diferencian las meras hipótesis y las corazonadas de las verdades establecidas.

Cuando la física fundamental queda en manos de la filosofía antirrealista nos enfrentamos a un problema grave. Nos exponemos a abandonar el centenario proyecto realista, que en el fondo no es más que un ajuste continuo de la frontera entre nuestro conocimiento de la realidad y el reino de la fantasía, que se produce paso a paso con cada avance logrado. Una amenaza del antirrealismo es la que se cierne sobre la propia práctica de la física, pues el antirrealismo rebaja nuestra ambición de una comprensión clara y transparente de la naturaleza y, en consecuencia, debilita nuestros criterios de lo que constituye una correcta comprensión de un sistema físico.

Tras el triunfo del antirrealismo en el mundo atómico, hemos tenido que enfrentarnos a especulaciones antirrealistas sobre la naturaleza en sus escalas más grandes. Una ruidosa minoría de cosmólogos afirma que el universo que observamos es poco más que una burbuja en un vasto océano, llamado *multiverso*, que contiene una infinidad de otras burbujas. Y si bien es prudente considerar que las galaxias que observamos son típicas del resto de nuestro universo, tenemos que considerar que las otras burbujas invisibles están regidas por leyes físicas diferentes y asignadas al azar, de modo que nuestro universo dista mucho de ser representativo de todo el conjunto de universos. Si a esto le añadimos el hecho de que todas las demás burbujas, o casi todas, quedan para siempre fuera de nuestro alcance observacional, llegamos a la conclusión de que la hipótesis del multiverso nunca se podrá ni comprobar ni refutar. Esto sitúa toda esta fantasía fuera de los límites de la ciencia, pero a pesar de ello, es una idea defendida por no pocos físicos y matemáticos de renombre.

No hay que confundir esta fantasía del multiverso con la interpretación de los universos paralelos de la mecánica cuántica. Son ideas diferentes, aunque es cierto que comparten esa subversión mágico-realista del objetivo de la ciencia de explicar el mundo que observamos solo en términos de él mismo. Me atrevo a sugerir que el daño que los entusiastas partidarios del multiverso hacen a la claridad del objetivo y el propósito de la ciencia no habría sido posible si la mayoría de los físicos no hubiera adoptado acríticamente las versiones antirrealistas de la física cuántica.

Sin duda, la mecánica cuántica explica muchos aspectos de la naturaleza, y lo hace con una elegancia exquisita. Los físicos han creado un conjunto de recursos poderosísimos para explicar diversos fenómenos en términos de la mecánica cuántica, de modo que cuando uno domina este campo de la física puede controlar un montón de objetos de la naturaleza. Al mismo tiempo, los físicos siempre andan sorteando las enormes lagunas que la mecánica cuántica va dejando en nuestra comprensión de la naturaleza; la teoría es incapaz de ofrecer una imagen clara de lo que sucede en procesos individuales y a menudo no puede explicar por qué un experimento da un resultado concreto en lugar de otro.

Estas lagunas y carencias son relevantes porque desvelan el hecho de que solo estamos a medio camino de resolver los problemas centrales de la ciencia y parece que nos hemos quedado sin gasolina. Creo que si todavía no hemos tenido éxito en unificar la teoría cuántica con la gravedad y el espacio-tiempo (que es lo que significa «cuantizar la gravedad») o en unificar las interacciones fundamentales es porque hemos estado trabajando con una teoría cuántica incompleta e incorrecta.

En cualquier caso, tengo la sospecha de que las implicaciones de edificar la ciencia sobre cimientos tambaleantes son aún más profundas y preocupantes. La confianza en la ciencia como método para resolver discrepancias y hallar la verdad queda socavada cuando en la misma base de la ciencia prospera una tendencia antirrealista radical. Cuando los que establecen los criterios de lo que constituye una explicación adecuada se ven seducidos por un misticismo agresivo, la confusión resultante se propaga por toda la cultura humana.

He tenido el privilegio de conocer a unos cuantos representantes de la segunda generación de creadores de la física del siglo XX. Uno de los más contradictorios fue John Archibald Wheeler, físico teórico nuclear y místico que traspasó el legado de Albert Einstein y Niels Bohr a mi generación mediante las historias que nos contaba de su amistad con ellos. Wheeler estuvo comprometido en la lucha durante la Guerra Fría, trabajando en la bomba de hidrógeno mientras lideraba el estudio de los universos cuánticos y los agujeros negros. También fue un gran maestro, con alumnos como Richard Feynman, Hugh Everett y varios pioneros de la gravedad cuántica; incluso podría haber sido mi mentor, si yo hubiera sido un poco más sensato.

Como buen estudiante de Bohr, Wheeler se expresaba por medio de enigmas y paradojas. Su pizarra no se parecía a ninguna otra que yo haya visto; no tenía ecuaciones, solo unas pocas máximas enmarcadas y escritas con elegante caligrafía que condensaban toda una vida buscando la razón por la que nuestro mundo es un universo cuántico. Un ejemplo era *«It from bit»*;* un aforismo bien pertinente, pues Wheeler fue uno de los

* Aforismo que, si queremos mantener algo del juego de palabras y la rima original, tal vez podríamos traducir muy libremente como 'Existid por el bit'. *(N. del t.)*

primeros proponentes de la tendencia actual a considerar que el mundo está constituido por información, de tal manera que esta resulta más fundamental que aquello que describe (se trata de una forma de antirrealismo de la que nos ocuparemos a su debido tiempo). Otra de sus máximas era «Ningún fenómeno es un fenómeno real hasta que es un fenómeno observado», y el tipo de conversación que uno podía tener con Wheeler era algo como esto: un día me preguntó «Pongamos que cuando mueres te presentas ante San Pedro para tu examen requetefinal y te hace una sola pregunta: "¿por qué cuántico?" [es decir, por qué vivimos en un mundo descrito por la mecánica cuántica] ¿Qué le responderías?».

Buena parte de mi vida ha estado dedicada a buscar una respuesta adecuada a esta pregunta. Mientras escribo estas páginas, recuerdo con claridad mis primeros encuentros con la física cuántica. Tras abandonar el instituto, a los diecisiete años, solía rebuscar por los estantes de la biblioteca de física de la Universidad de Cincinnati. Allí me topé con un libro que tenía un capítulo escrito por Louis de Broglie (con quien nos volveremos a encontrar en el capítulo 7), el primero en sugerir que los electrones son ondas, además de partículas; en ese capítulo se presentaba su teoría de las ondas piloto, que fue la primera formulación realista de la mecánica cuántica. El texto estaba en francés, un idioma que leía con dificultad tras dos años de estudiarlo en el instituto, pero recuerdo bien mi entusiasmo al entender sus aspectos básicos. Si cierro los ojos, aún puedo ver una página del libro en que se presentaba la ecuación que relaciona la longitud de onda con la cantidad de movimiento.

Mi primer curso real de mecánica cuántica llegó a la primavera siguiente, cuando estaba en el Hampshire College. Ese curso, impartido por Herbert Bernstein, finalizó con una presentación del teorema fundamental de John Bell,[1] que, para expresarlo con brevedad, prueba que el mundo cuántico encaja de una forma incómoda en el espacio. Recuerdo con gran claridad que, cuando entendí la demostración del teorema, salí de la biblioteca de la facultad y me senté en los escalones de la entrada, atónito; saqué una libreta y en un momento escribí un poema para una chica de la que estaba enamorado y en el que le explicaba que cada vez que nos acariciábamos había electrones de nuestras manos que, a partir de ese momento, quedaban entrelazados unos con otros. Ya no recuerdo quién era esa chica ni qué hizo de aquel poema, ni tan solo recuerdo si llegué a mostrárselo, pero mi obsesión por descifrar los misterios del entrelazamiento no local empezó ese día y nunca me ha abandonado; en las décadas que han transcurrido desde entonces tampoco ha disminuido mi apremio por dar sentido a la física cuántica. A lo largo de mi carrera, los enigmas de la física cuántica han sido el misterio central al cual he regresado una vez y otra. Espero que estas páginas inspiren en vosotros una fascinación parecida.

La historia que relato en este libro está organizada como una obra de teatro en tres actos. El primer acto explica los conceptos básicos que necesitaremos de la mecánica cuántica, a la vez que recorre la historia de su creación. El tema principal de esta parte es el triunfo de los antirrealistas, liderados por Niels Bohr y Werner Heisenberg, sobre los realistas, cuyo gran defensor era Albert Einstein. Téngase en cuenta que la historia tal como la explico es solo un bosquejo simplificado; la historia real es bastante más compleja. La segunda parte repasa el resurgimiento de los enfoques realistas en la mecánica cuántica, que empezaron en la década de 1950, y explica sus puntos fuertes y sus flaquezas. Los protagonistas de esta parte son un físico estadounidense llamado David Bohm y un teórico irlandés, John Bell.

La conclusión de la segunda parte nos dirá que los enfoques realistas son perfectamente posibles y funcionan lo bastante bien como para desautorizar las aserciones de que la física cuántica nos obliga a ser antirrealistas. Sin embargo, en mi opinión, ninguno de estos enfoques parece acercarse a la verdad; creo que podemos lograr mucho más y de hecho, por razones que explicaré en su momento, me aventuro a afirmar que completar correctamente la mecánica cuántica solucionará también el problema de la gravedad cuántica y nos aportará una buena teoría cosmológica. La tercera parte del libro presenta los esfuerzos actuales (algunos míos, algunos de otros) que se están llevando a cabo para elaborar esta «teoría del todo» realista.

¡Bienvenidos al mundo cuántico! Espero que os sintáis a gusto, porque es nuestro mundo y somos afortunados de que nos corresponda resolver sus misterios.

PRIMERA PARTE

UNA ORTODOXIA DE LO IRREAL

I

LA NATURALEZA ADORA OCULTARSE

«La realidad es asunto de la física».[1]

ALBERT EINSTEIN

La mecánica cuántica ha sido la base de nuestra comprensión de la naturaleza durante nueve décadas; está en todas partes, pero es un campo repleto de misterios. Bien pocas cosas de la ciencia moderna tendrían sentido sin ella, pero a los expertos les cuesta ponerse de acuerdo acerca de qué es exactamente lo que afirma sobre la naturaleza.

La mecánica cuántica explica por qué hay átomos y por qué esos átomos son estables y tienen las propiedades químicas que tienen; también explica cómo se combinan los átomos para formar diversas moléculas, y es la base para entender las formas y las interacciones de tales moléculas. La vida sería incomprensible sin la teoría cuántica; desde el comportamiento del agua a la forma de las proteínas o a la fidelidad en la replicación de la información contenida en el ADN o el ARN, no hay nada en la biología que no dependa, en última instancia, de la teoría cuántica.

La mecánica cuántica explica las propiedades de los materiales, como por ejemplo lo que hace que un metal sea conductor de la electricidad mientras que otro es un aislante. Explica la luz y la radiactividad y es la base de la física nuclear. Sin ella no entenderíamos por qué brillan las estrellas ni podríamos haber inventado los circuitos integrados ni los láseres, de los que depende tanta de nuestra tecnología actual. La mecánica cuántica es el lenguaje que usamos para escribir el modelo estándar de la física de partículas, que contiene todo lo que sabemos sobre las partículas elementales y las fuerzas fundamentales por medio de las cuales interaccionan esas partículas.

Según nuestra mejor teoría del universo temprano, toda la materia, así como los patrones iniciales que con el tiempo se aglomeraron en forma de galaxias, fue arrojada a la existencia gracias a la rápida expansión del universo a partir de la aleatoriedad cuántica del vacío del espacio. No espero que los lectores comprendan con exactitud qué significa todo esto, pero acaso estas palabras permitan evocar alguna imagen. En cualquier caso, si esta descripción es correcta, sin la física cuántica no habría absolutamente nada excepto espacio-tiempo vacío.

Sea como fuere, y a pesar de todos sus éxitos, en el mismísimo corazón de la mecánica cuántica pervive un enigma que se resiste a desaparecer, pues el mundo cuántico se comporta de maneras que suponen todo un desafío a nuestra intuición. En física cuántica suele decirse que un átomo puede estar en dos sitios a la vez, aunque esto solo es el comienzo; a partir de aquí las cosas se vuelven aún más extrañas. Si un átomo puede estar aquí o ahí, tendremos que considerar estados en que, de algún modo, el átomo está simultáneamente aquí y ahí; esto es lo que se llama *superposición*.

Si os enfrentáis por primera vez al mundo cuántico, seguro que os estaréis preguntando qué significa que un átomo esté tanto aquí como ahí. No os desaniméis; sin duda, todo esto parece confuso y tenéis toda la razón en preguntaros qué significa, pues resulta que es uno de los misterios neurálgicos de la mecánica cuántica. De momento, os aconsejo que lo aceptéis como un enigma al que colocamos la etiqueta de *superposición* y que ya desembrollaremos poco a poco.

Empecemos por el principio. Cuando decimos que una partícula cuántica se halla en una «superposición de estar aquí y de estar ahí», nos referimos a la naturaleza ondulatoria de la materia, puesto que una onda es una perturbación extendida y, por lo tanto, puede estar aquí y ahí a la vez. Hablamos de partículas, pero todo lo que es cuántico, incluyendo átomos y moléculas, es tanto una partícula como una onda. ¿Qué significa esto? Veámoslo con un pequeño ejemplo. Si realizamos un experimento que intenta dilucidar dónde está un átomo, el resultado será que está en un lugar determinado; sin embargo, entre mediciones, cuando no lo estamos observando, resulta imposible determinar dónde podría hallarse. Es como si, cuando no estamos mirando, la probabilidad, o la propensión, de encontrar la partícula se propague y se extienda como una onda; en cambio, en cuanto observamos, siempre está en algún lugar concreto. Imaginemos estar jugando al escondite con un átomo: abrimos los ojos (o encendemos un detector) y lo vemos en un lugar, pero cuando cerramos los ojos, se disuelve en una onda de potencialidades; abrimos otra vez los ojos y ahí está de nuevo.

Otra característica única del mundo cuántico es el *entrelazamiento*. Si dos partículas interaccionan y luego se separan, permanecen intricadas en el sentido que parecen compartir propiedades que no pueden descomponerse en propiedades que tenga cada una de ellas individualmente.

Forzando un poco nuestra imaginación, podemos aplicar estos nuevos conceptos a los átomos y las moléculas que son demasiado pequeños para observarlos directamente y que estudiamos de forma indirecta, con grandes y complejos aparatos de medición. Estos aparatos son parte del mundo familiar y cotidiano de los objetos grandes, y una cosa de la que podemos estar seguros es que las voluminosas cosas cotidianas no muestran ninguno de los extraños comportamientos que describe la mecánica cuántica. Una silla siempre está o aquí o ahí, nunca se halla en una combinación de esos dos estados. Cuando nos despertamos a medianoche en una habitación de hotel poco familiar, quizá no tengamos muy claro dónde está la silla, pero estamos seguros de que está en algún sitio; y después de darnos un buen golpe en la rodilla con esa silla, nuestro futuro no queda entrelazado con su futuro.

En el mundo con el que interaccionamos cada día, los gatos están o vivos o muertos, por mucho que los metamos en una caja cerrada. Cuando abrimos la caja, el gato no queda determinado de golpe a partir de una combinación de vivo y muerto y, pongamos por caso, pasa a un estado muerto; si lo encontramos muerto, es probable que lo esté desde hace un cierto tiempo, tal como nuestra nariz detectará de inmediato. No parece que los objetos ordinarios muestren en absoluto las rarezas cuánticas que sí presentan los átomos de los cuales están formados. Esta afirmación parece muy evidente, pero plantea un misterio. La mecánica cuántica es la teoría básica de la naturaleza y, como tal, tiene que ser universal; por lo tanto, si es aplicable a un átomo, también debería serlo a dos átomos, a diez o a noventa, y lo cierto es que tenemos magníficas pruebas experimentales de que así es. Experimentos delicadísimos en que grandes moléculas se colocan en superposiciones cuánticas nos demuestran que esas moléculas son tan cuánticamente raras como los electrones; sin ir más lejos, se difractan e interfieren tal como lo hacen las ondas.

Pero si es así, la mecánica cuántica también tiene que ser aplicable a los enormes conjuntos de átomos que forman vuestros cuerpos, el mío, el del gato o la silla en que estoy sentado. El problema es que no parece ser así. Tampoco parece que la mecánica cuántica sea aplicable a ninguno de los instrumentos y máquinas que usamos para espiar a los átomos y revelar sus extravagancias cuánticas.

¿Cómo puede ser?

En concreto, cuando medimos alguna propiedad de un átomo utilizamos grandes aparatos. Los átomos pueden estar en superposiciones de estados y, por tanto, pueden estar en varios lugares al mismo tiempo, pero el instrumento de medida siempre nos indica solo una de las posibles respuestas a las cuestiones que planteamos. ¿Por qué sucede esto? ¿Por qué la mecánica cuántica no es aplicable a los instrumentos que empleamos para medir sistemas cuánticos? Este enigma se denomina *problema de la medición*, que ya desde la década de 1920 es un tema controvertido y aún sin resolver. Que tras todos estos años no se haya llegado a ningún acuerdo entre los expertos indica que hay algo muy básico de la naturaleza que todavía no comprendemos.

En algún punto hay alguna transición entre el mundo cuántico, donde un átomo puede hallarse en varios lugares a la vez, y el mundo ordinario, donde todas las cosas están siempre en algún sitio. Si una molécula formada por nueve o noventa átomos se puede describir mediante la mecánica cuántica, pero no un gato, en algún punto entre ambos tiene que haber una frontera que indique dónde acaba el mundo cuántico. Una respuesta al problema de la medición nos dirá dónde se sitúa esa frontera y permitirá explicar cómo se pasa de un lado al otro.

Hay personas que están convencidas de que tienen la respuesta al problema de la medición; más adelante conoceremos a algunas de ellas y comentaremos sus ideas. Ahora bien, habrá que estar atentos al precio a pagar para eliminar de nuestra comprensión del mundo esta locura cuántica.

A grandes rasgos, las personas que intentan abordar los misterios de la mecánica cuántica se agrupan en dos tendencias.

El primer grupo presupone que la teoría, tal como se formuló durante la década de 1920, es correcta en sus aspectos esenciales; creen que el problema no está en la teoría cuántica, sino en cómo la entendemos o cómo la expresamos. Esta estrategia para mitigar las rarezas de la mecánica cuántica se remonta a sus mismos fundadores, empezando por Niels Bohr. Bohr fue un físico danés que, antes de llegar a los treinta años, fue el primero en aplicar la teoría cuántica a los átomos. Posteriormente, se convirtió en el líder *de facto* de la revolución cuántica, en parte gracias al atractivo de sus ideas y en parte porque fue el maestro y mentor de muchos de los jóvenes y revolucionarios físicos cuánticos de la siguiente generación.

El segundo grupo, en cambio, concluye que la teoría es incompleta, de modo que si no tiene sentido es porque aún falta algo. Buscan completar la teoría y suponen que, una vez completa, nos permitirá explicar todo lo que aún queda pendiente y, así, resolver los misterios de la mecánica cuántica. Esta estrategia se remonta a Albert Einstein, quien, más que ningún otro físico, es el responsable de dar el pistoletazo de salida a la revolución cuántica y fue el primero en formular la naturaleza dual de la materia como partícula y como onda. Hoy en día es más conocido por su teoría de la relatividad, pero ganó el premio Nobel por sus trabajos sobre la teoría cuántica y él mismo admitió que había dedicado mucho más tiempo a la cuántica que a la relatividad. Sin embargo, aunque inició la revolución cuántica, no se convirtió en uno de sus líderes, porque su realismo exigía un rechazo de la teoría tal como se desarrolló durante la década de 1920.

Siguiendo la terminología que he adoptado en el prefacio, los del primer grupo son, en su mayor parte, antirrealistas o realistas mágicos, mientras que los realistas se encuentran en el segundo grupo.

Los que abogan por la incompletitud de la mecánica cuántica señalan que, en muchos casos, solo realiza predicciones estadísticas de los resultados de los experimentos. En lugar de decir lo que ocurrirá, ofrece probabilidades sobre lo que podría pasar. En una carta a su amigo Max Born en 1926, Einstein escribía:

> La mecánica cuántica es, sin duda, imponente, pero una voz interior me dice que aún no es todo lo que hay. La teoría dice muchas cosas, pero en realidad no nos aproxima a los secretos del «viejo». En todo caso, estoy convencido de que Él no juega a los dados.[2]

Einstein también era buen amigo de Niels Bohr, y sus divergentes enfoques sobre la mecánica cuántica alimentaron un apasionado debate entre ellos que duró más de cuarenta años, hasta la muerte de Einstein. Y el debate prosigue entre sus sucesores intelectuales hasta el día de hoy.

Einstein fue la primera persona en expresar con claridad la necesidad de una nueva y revolucionaria teoría sobre los átomos y la radiación, pero fue incapaz de aceptar que la mecánica cuántica era esa teoría. Su primera reacción a la nueva teoría fue afirmar que era inconsistente; cuando esto no tuvo éxito, sostuvo que la mecánica cuántica ofrecía una descripción incompleta de la naturaleza, que dejaba de lado una parte fundamental de la imagen global.

Creo que Einstein fue incapaz de aceptar la mecánica cuántica como una teoría definitiva porque tenía unas expectativas altísimas respecto a la empresa científica. Le movía la esperanza de trascender las opiniones subjetivas y descubrir un verdadero espejo de la naturaleza donde se reflejara la esencia de la realidad en forma de unas pocas leyes matemáticas eternas. Para él, el objetivo de la ciencia es aprehender la verdadera esencia del mundo, y esa esencia es independiente de nosotros, sin relación alguna con lo que creamos o sepamos de ella.

Einstein, más que nadie, debió sentir que tenía el derecho a plantear esta exigencia, porque es lo que había conseguido con sus trabajos sobre la relatividad especial y general. Tras haber sentado las bases de la física cuántica, quería capturar la esencia del mundo atómico en una descripción completa de los átomos, los electrones y la luz.

Bohr replicó que la física atómica exigía una revisión revolucionaria de nuestra comprensión de lo que es la ciencia, así como de nuestras ideas acerca de la relación entre la realidad y el conocimiento que logramos de ella. Este planteamiento surgía del hecho de que nosotros formamos parte del mundo, de modo que nos vemos obligados a interactuar con los átomos que queremos describir. Bohr afirmaba que, una vez asumido este cambio revolucionario en nuestro pensamiento, la completitud de la mecánica cuántica sería ineludible, porque quedaría incorporada en el hecho de ser partícipes del mundo que queremos describir. Desde el punto de vista de Bohr, la teoría cuántica es completa en el sentido de que no puede haber ninguna descripción del mundo más completa.

Si rechazamos estas revoluciones filosóficas y persistimos en mantener un punto de vista de la realidad y de su relación con nuestras observaciones y conocimiento basado en el sentido común (casi pasado de moda, podríamos decir), tendremos que pagar un precio diferente: deberemos admitir que estamos equivocados acerca de algunos aspectos de la naturaleza. Para ello, habrá que determinar cuál de nuestras suposiciones habituales es errónea y sustituirla por una hipótesis física radicalmente nueva que desbroce el camino hacia una nueva teoría y permita completar, así, la mecánica cuántica.

Gracias a una combinación de teoría y experimento, iniciada con un artículo de Einstein y dos colegas suyos en 1935, ya sabemos un aspecto de este proceso de compleción. La nueva teoría tiene que violar la suposición habitual de que las cosas solo interaccionan con otras cosas que están próximas en el espacio. Esta suposición se denomina *localidad*, y una buena parte de la historia que voy a relatar en los capítulos siguientes se ocupará de cómo podemos superar esta idea de sentido común en la teoría que tiene que sustituir a la mecánica cuántica.

Este libro tiene tres objetivos. En primer lugar, quiero explicar de modo sencillo los enigmas que plagan la base de la mecánica cuántica. Tras más de un siglo de dar vueltas a la física cuántica, es muy remarcable que todavía no haya acuerdo acerca de la resolución de esos enigmas.

Ahora bien, tras explicar los argumentos del debate de forma imparcial, no me voy a mantener equidistante. En la gran discusión acerca de si la mecánica cuántica es la última palabra o no, me alineo con Einstein. Creo que hay una realidad más profunda que la descrita por Bohr y que se puede comprender sin poner en tela de juicio las viejas nociones acerca de la realidad ni nuestra capacidad de describirla y comprenderla.

Así, el segundo objetivo del libro es defender un determinado punto de vista sobre los misterios de la mecánica cuántica. Este punto de vista se resume en que los problemas solo se pueden resolver mediante un avance en la ciencia que revele un mundo más allá del descrito por la física cuántica. Frente a la misteriosa y desconcertante mecánica cuántica, esta teoría más profunda será perfectamente comprensible.

Si me atrevo a hacer tal afirmación es porque, desde la creación de la mecánica cuántica, sabemos cómo presentar la teoría de forma que elimine sus misterios y resuelva sus enigmas. En este enfoque, no hay nada que desafíe nuestra convicción habitual en una realidad objetiva, impasible ante lo que sabemos de ella o lo que hacemos con ella, y de la cual es posible lograr un conocimiento completo. En esta realidad, solo hay un universo, y cuando observamos algo de él, es porque es cierto. Podemos decir que estamos ante una aproximación realista al mundo cuántico.

En cambio, una aproximación antirrealista atribuye los misterios de la mecánica cuántica a sutilezas relacionadas con la manera que tenemos de obtener conocimiento acerca de la naturaleza. Estos puntos de vista tienen implicaciones profundas sobre la epistemología, que es la rama de la filosofía que se ocupa de la manera en que conocemos las cosas. Los enfoques realistas asumen que, más tarde o más temprano, podemos llegar a una representación verdadera del mundo y, en consecuencia, son deliberadamente ingenuos acerca de las cuestiones epistemológicas; en lugar de eso, los realistas se interesan más bien por la ontología, que es el estudio de lo que existe. Los antirrealistas, por su parte, creen que no podemos conocer lo que existe en realidad, sino que tenemos que conformarnos con nuestra representación del conocimiento que poseemos del mundo, que solo se obtiene interactuando con él.

Me esforzaré para asegurar a los lectores que es posible entender la mecánica cuántica por completo dentro de un enfoque realista donde el mundo externo se puede aprehender y es independiente de nosotros. No hay ningún efecto misterioso del observador sobre lo observado; la realidad está ahí afuera, indiferente a nuestros deseos y a las decisiones que tomamos. Es una realidad totalmente comprensible y consiste en un único mundo. La existencia de estas aproximaciones realistas a la mecánica cuántica no implica, *per se*, que las propuestas filosóficamente más extravagantes sean erróneas; ahora bien, sí que significa que no hay ninguna razón científica de peso para creer en ellas, y en ciencia siempre hay que preferir el realismo, siempre que pueda alcanzarse.

Así pues, ¿cómo es que se habla tanto de que la teoría cuántica está inspirada por peculiares y extrañas ideas en que la realidad depende de nuestro conocimiento de ella o en que existen múltiples realidades? Está claro que estamos ante un problema para los historiadores de las ideas. Uno de estos historiadores, Paul Forman, ha vinculado el predominio de la filosofía antirrealista de Bohr y Heisenberg en la comunidad científica de las décadas de 1920 y 1930 con la aceptación del caos y la irracionalidad preconizada por Spengler y otros tras la Primera Guerra Mundial. Es una historia fascinante, pero es tarea de los historiadores de la ciencia ocuparse de ella. Yo soy científico, no historiador, lo que me lleva al tercer objetivo de este libro.

Desde que leí por primera vez los textos de Einstein sobre el tema, cuando yo había abandonado la educación secundaria, me he alineado con él en la búsqueda de una realidad más profunda, a la par que más simple, tras la mecánica cuántica. Mi viaje por la física empezó con la lectura de las notas autobiográficas de Einstein, en las que, durante los últimos años de su vida, en la década de 1950, reflexiona sobre las dos principales tareas que él consideraba que estaban por completar en el campo de la física. A saber, dar sentido a la física cuántica y, una vez logrado esto, unificar la nueva comprensión del mundo cuántico con la gravedad (es decir, con su teoría general de la relatividad). Me acuerdo de que pensé que tal vez yo podría contribuir a esta tarea; era muy poco probable que tuviera éxito, pero valía la pena intentarlo.

Después de descubrir mi misión, por así decirlo, tras leer las notas de Einstein, me topé con el libro de De Broglie que he comentado antes, logré entrar en una buena facultad, coincidí con grandes maestros y tuve suerte en mis solicitudes para hacer el doctorado y todos los pasos posteriores. Disfruto de la vida que llevo y, como científico en la frontera del conocimiento, he tenido varias oportunidades de enfrentarme a las dos grandes cuestiones de Einstein. Ahora bien, de momento no he tenido mucho éxito con ellas y, por desgracia, tampoco lo ha tenido nadie más. Al mismo tiempo, durante las últimas décadas se han producido grandes avances hacia una comprensión más profunda del problema; no son suficientes para solucionarlo, ni de lejos, pero algo es algo. Ahora sabemos mucho mejor que Einstein qué obstáculos debe superar cualquier teoría que quiera ir más allá de los límites de la mecánica cuántica. Se han planteado algunas propuestas e hipótesis muy interesantes, que podrían servir de marco a la teoría más profunda que estamos buscando.*

He estado pensando en el problema de cómo superar la mecánica cuántica desde la década de 1970 y la verdad es que nunca he estado

* Para los lectores más familiarizados con la física cuántica, debo remarcar que los fundamentos de la mecánica cuántica son un campo muy inquieto actualmente, con muchos avances fascinantes tanto teóricos como experimentales. Hay muchas propuestas que compiten entre sí para resolver los enigmas con que nos toparemos en este libro. Quiero advertir que nuestro camino por estas tierras fronterizas estará muy delimitado y hay muchas ideas y resultados apasionantes que no voy a mencionar. Si me hubiera decidido a repasar todo este campo, o a incluir todos y cada uno de los ultimísimos e ingeniosísimos avances, hubiera acabado con un libro mucho menos accesible. Mi primer objetivo es presentar el mundo de los fenómenos cuánticos, no todo el abanico de interpretaciones contradictorias de tales fenómenos. Pido perdón por avanzado a todos los expertos que no van a hallar aquí su versión favorita de la física cuántica y los animo a escribir sus propios libros. También pido perdón a los historiadores; no soy especialista en el tema y las historias que relato son más bien mitos fundacionales, transmitidos de maestro a pupilo y que, en algunos casos, se remontan a los propios creadores.

más entusiasmado ni he sido más optimista sobre las perspectivas de futuro que ahora. He aquí mi tercera razón para escribir este libro: presentar ante una audiencia lo más amplia posible un informe elaborado desde la mismísima frontera del conocimiento en nuestra búsqueda de un mundo más allá de lo cuántico.

2

CUENTOS Y CUANTOS

Si reducimos la mecánica cuántica a su principio más básico, sería algo así:

Solo podemos conocer la mitad de lo que necesitaríamos saber para controlar por completo el futuro o predecirlo con exactitud.

Esto es un mazazo a la pretensión fundamental de la física, que es precisamente poder predecir el futuro. Al fin y al cabo, uno esperaba que lográsemos este poder cuando pudiéramos alcanzar una descripción completa del mundo; al describir por completo el movimiento de cada partícula y la acción de cada fuerza, podríamos descubrir exactamente lo que iba a suceder en el futuro. Antes de que se formulara la mecánica cuántica en la década de 1920, los físicos confiábamos en que, si llegábamos a descubrir las leyes que rigen las partículas elementales, seríamos capaces de predecir y explicar todo lo que sucede en el mundo.

La hipótesis de que el futuro está completamente determinado por las leyes de la física que actúan sobre la configuración actual del mundo se denomina *determinismo*. Es una idea poderosísima, cuya influencia se puede apreciar en multitud de campos. Si somos conscientes del dominio del que ha gozado el determinismo a lo largo de todo el siglo XIX, nos será fácil comprender el impacto revolucionario que tuvo la mecánica cuántica en todos los campos, porque la mecánica cuántica excluye el determinismo.

Para remarcar este punto, me gusta citar un fragmento de la obra *Arcadia* de Tom Stoppard, donde la precoz heroína Thomasina explica a su tutor:

> Si pudieras detener todos los átomos en sus posiciones y direcciones y si tu mente pudiera aprehender todas las acciones así detenidas, y si fueras

> más que bueno, buenísimo, en álgebra, podrías escribir la fórmula para todo el futuro; y aunque nadie puede ser tan inteligente como para hacerlo, la fórmula debe existir como si se pudiera.[1]

Una descripción completa de la naturaleza en un instante dado se denomina *estado*. Por ejemplo, si pensamos en el mundo como un conjunto de partículas zumbando de un lado a otro, el estado nos dice dónde está cada una de ellas y con qué rapidez y en qué dirección se están moviendo en ese momento.

El poder de la física emana de sus leyes, que rigen cómo cambia la naturaleza a medida que pasa el tiempo; para ello, transforman el estado del mundo tal como es ahora en el estado del mundo en cualquier instante del futuro. En cierto modo, una ley de la física funciona como un programa informático: lee una entrada y genera una salida; la entrada es el estado del mundo en un momento dado y, la salida, el estado en un instante del futuro.* Además del mero cálculo, la ley nos aporta una explicación de cómo cambia el mundo en función del tiempo. La ley que actúa sobre el estado presente causa los estados futuros, y una predicción correcta del estado futuro se considera una validación de esa explicación. La predicción es determinista, porque una entrada concreta da lugar a una salida específica. Esto apoya la convicción de que la información empleada en especificar el estado es, de hecho, una descripción completa del mundo en un cierto instante de tiempo.

Este carácter de la ley física es fundamental para una concepción realista de la naturaleza y, en este sentido, abarca mucho más que cualquier teoría. La mecánica newtoniana y las dos teorías de la relatividad de Einstein funcionan todas del mismo modo: se aplica la ley física a un estado tal como es en un determinado momento inicial y la ley lo transforma en un estado en un instante futuro. Este esquema para explicar la naturaleza fue concebido por Newton y, por ello, lo podemos denominar *paradigma newtoniano*. También cabe remarcar que, en casi todos los casos conocidos hasta la fecha, las leyes son reversibles. Es posible introducir el estado correspondiente a un cierto instante del futuro y aplicar la ley «hacia atrás» para obtener el estado en un instante previo (en los capítulos 14 y 15 me ocuparé con

* La metáfora del universo como un ordenador es útil para ilustrar el determinismo, pero en última instancia resulta engañosa, tal como explicaré más adelante.

más detenimiento de la cuestión de la reversibilidad del tiempo y de las leyes fundamentales).

En muchos casos, la información necesaria para describir por completo el estado de un sistema físico aparece en parejas: posición y cantidad de movimiento,* volumen y presión o campo eléctrico y campo magnético. Para predecir el futuro necesitamos ambas magnitudes, pero la mecánica cuántica nos dice que solo podemos saber una, lo que implica que no podemos predecir el futuro con exactitud. He aquí el primero de los mazazos a nuestras cómodas intuiciones que tendremos que soportar, gentileza de la teoría cuántica. Ahora bien, ¿qué miembro de cada pareja es el que podemos saber? ¡La mecánica cuántica dice que puedes escoger el que quieras! Esta es la base de su desafío al realismo.

La imposibilidad de predecir el futuro no se detiene aquí. Para ver por qué, aprovechemos la gran generalidad que afirma tener la mecánica cuántica y planteemos una situación algo abstracta. Queremos describir un sistema físico en términos de un par de variables, que llamaremos *A* y *B*. La física cuántica establece el siguiente principio, que expresamos en dos partes:

1. Si supiésemos *A* y *B* en un instante determinado, podríamos predecir el futuro del sistema con exactitud.

2. Podemos escoger medir *A* o medir *B*, y sea lo que sea lo que escojamos, tendremos éxito en la medición; pero no podemos ir más allá, no podemos medir simultáneamente *A* y *B*.

Tal como lo he planteado, se trata de una prohibición de lo que podemos medir; ahora bien, si lo preferimos, podemos expresarlo como una prohibición de lo que podemos saber acerca del sistema.

En este punto nos podemos preguntar: ¿por qué no podemos medir *A* y luego, en un momento posterior, medir *B*? Sí que podemos, pero nuestra medición de *B* hará irrelevante (en vistas a predecir el futuro) nuestro conocimiento previo de *A*. Una manera en que puede suceder esto es que, tras medir *B*, el valor de *A* se reasigne al azar. No podemos medir *B* sin perturbar el valor de *A*, y viceversa; así, si medimos *A*, luego *B* y luego *A* otra vez, el valor de *A* que obtenemos en la

* En breve definiremos la cantidad de movimiento (también llamada *momento lineal*), pero a grandes rasgos, la cantidad de movimiento de un cuerpo es proporcional a su masa y a su velocidad.

segunda medición será aleatorio y, por lo tanto, sin relación alguna con el valor que obtuvimos en la primera medición de *A*.

Conjuntamente, las afirmaciones 1 y 2 constituyen el *principio de no conmutatividad*. Se dice que dos acciones conmutan si no importa el orden en que las hagamos; si es relevante qué acción realizamos en primer lugar, decimos que las acciones no conmutan, que son no conmutativas. No importa en qué orden vertimos la leche y el café en la taza (excepto quizá para unos pocos fanáticos); son dos acciones que conmutan. En cambio, vestirse implica ciertas operaciones no conmutativas; el orden en que nos ponemos la ropa interior y los pantalones sí es relevante, pero no importa qué calcetín te pones primero o si te pones los calcetines al principio o al final. Así, ponerse unos calcetines conmuta con todas las demás operaciones de vestirse, excepto con la de ponerse los zapatos (los lectores con más inclinaciones matemáticas verán en esto una aplicación del álgebra a la topología).

¿Qué pasa si permitimos una cierta incertidumbre en la medida de *A*? En tal caso, sí que podremos medir *B*, pero solo con un grado de exactitud predeterminado. Las incertidumbres en las dos cantidades son recíprocas; es decir, cuanto mejor sepamos *A*, peor sabremos *B*, y viceversa. Por ejemplo, supongamos que *A* es la posición de una partícula y *B* su cantidad de movimiento. Ahora medimos la cantidad de movimiento con un determinado grado de incertidumbre; si aumentamos la incertidumbre de *B* podremos hacer una medición más exacta de *A*, y a la inversa. Esto nos lleva a un principio que se denomina, de modo poco sorprendente, *principio de incertidumbre*:*

(incertidumbre en A) × (incertidumbre en B) > cierta constante

Si aplicamos esto a la posición y la cantidad de movimiento, tenemos:

(incertidumbre en la posición) × (incertidumbre en la cantidad de movimiento) > cierta constante

La física es como un campus universitario, en que cada edificio y cada aula lleva el nombre de alguien; esa «cierta constante» que aparece en las expresiones anteriores recibe su nombre de Max Planck, y el principio de incertidumbre, el de Werner Heisenberg.

* > significa 'mayor que', 'más grande que'.

El principio de incertidumbre es muy potente, tal como podemos ver mediante la siguiente consecuencia. Volvamos a la situación en que medimos *A*, luego medimos *B* y luego volvemos a medir *A*. Tal como he dicho antes, una vez conocido el resultado de la medición de *B*, la segunda medición de *A* queda aleatorizada; ya no es igual al primer resultado de *A*. Pero supongamos que, justo antes de volver a medir *A*, hacemos algo para olvidar el valor que tenía *B*; en este caso, el sistema «recuerda» (sí, es la palabra que usamos para describir esta situación) el valor original de A.

Este fenómeno se denomina *interferencia*. Es algo que el principio de incertidumbre permite, porque en cuanto olvidamos el resultado de *B*, la incertidumbre en *B* pasa a ser enorme, de modo que la incertidumbre en *A* podrá ser muy pequeña.

De todos modos, ¿cómo podemos «deshacer» una medición? Para ilustrarlo voy a plantear un ejemplo algo fantasioso. Hay muchos casos sencillos donde *A* y *B* tienen, cada una, dos valores posibles; supongamos ahora que los sistemas que estudiamos son personas y que la variable *A* sea la orientación política, con solo dos valores posibles: de derechas o de izquierdas, y que la variable *B* sea la preferencia de mascotas, también con dos valores posibles: perros y gatos. Ahora jugamos a un juego en que una persona no puede tener, a la vez, una orientación política y una preferencia de mascota definidas. Vamos a una fiesta donde todo el mundo es de izquierdas y preguntamos a cada uno si son más de perros o de gatos; a los amigos de los gatos los situamos en la sala de estar y a los que prefieren perros los llevamos a la cocina. Si a continuación entramos en cualquiera de las dos habitaciones y preguntamos por sus opciones políticas, resultará que ahora la mitad serán de derechas. Esto es lo que sucede si la orientación política y la preferencia de mascotas no conmutan.

Pero aún hay más. Después de esto, convocamos a todos en el comedor y dejamos que se mezclen durante un rato. Luego, escogemos una persona al azar; puede que proceda del grupo de la cocina o del grupo de la sala de estar, no lo sabemos y, por lo tanto, hemos perdido la pista de su preferencia de mascotas. Si le preguntamos por su preferencia política, nos dirá que es de izquierdas, y lo mismo con cualquier otra persona que escojamos: todos son otra vez de izquierdas.

Estos principios son totalmente generales. En muchos casos, *A* y *B* son las respuestas a preguntas de sí o no, pero en el caso original *A* era la posición de una partícula elemental (un electrón, por ejemplo) y *B* era la cantidad de movimiento de esa partícula. La cantidad de movimiento es uno de esos términos que suelen representar una cierta barrera para una óptima comprensión, de modo que vale la pena definirlo con calma. En física, es muy habitual que tengamos que referirnos a la celeridad, o rapidez, con que se mueve una partícula y a la dirección en que se está moviendo esa partícula, de modo que podemos combinar estas dos cosas en una única cantidad que denominamos *velocidad*. Podéis imaginaros la velocidad de una partícula como una flecha que apunta en la dirección del movimiento; cuanto más grande sea la celeridad, más larga será la flecha.*

Si queremos sobrevivir a un choque, lo ideal es experimentar cuanta menos fuerza mejor. La fuerza que un camión ejerce sobre un coche es proporcional al cambio de velocidad del camión, pero también a su masa. Siempre es mejor chocar con una pelota de ping-pong que con un camión, aunque los dos se estén acercando a la misma velocidad. Para expresar esto, los físicos definen la cantidad de movimiento como el producto de la masa por la velocidad; también es una flecha que apunta en la dirección de movimiento, solo que ahora la longitud de la flecha es proporcional tanto al valor de la velocidad como a la masa.

La cantidad de movimiento es un concepto básico en física, porque es una cantidad que se conserva. Esto quiere decir que, en cualquier proceso, podemos sumar las cantidades de movimiento iniciales de las diversas partículas implicadas y, pase lo que pase durante el proceso, la suma de las cantidades de movimiento no cambiará a medida que pase el tiempo. En una colisión, o un choque, lo que sucede es que la cantidad de movimiento se transfiere de un cuerpo a otro, y este cambio en la cantidad de movimiento se ejerce como una fuerza.

La energía es otra cantidad conservada, puesto que la energía total de un sistema de partículas nunca cambia en el tiempo. Cuando las partículas interactúan, una puede ganar energía, pero el resto la perderá; la energía total, sin embargo, permanecerá igual, ni se crea ni se destruye.

* En español es muy usual que el término *velocidad* se utilice tanto para referirse solamente a su valor (lo que en inglés corresponde a *speed*) como para indicar su valor y dirección (concepto para el que el inglés emplea el término más culto *velocity*). Normalmente, el contexto ya basta para diferenciar ambos casos, pero cuando es necesario separarlos, en español suele reservarse el término más técnico y menos habitual *celeridad* para hacer referencia solo al valor de la velocidad. *(N. del t.)*

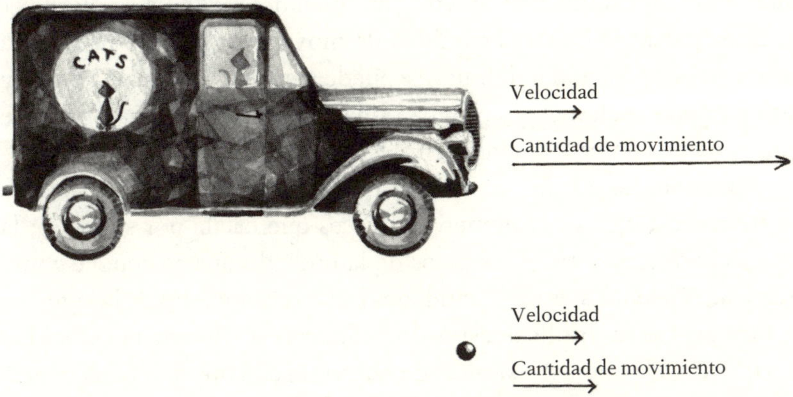

Figura 1. Un camión lleva mucha más cantidad de movimiento que una pelota de ping-pong aunque tengan la misma velocidad, porque la masa del camión es mucho más grande y la cantidad de movimiento es el resultado de multiplicar la velocidad y la masa.

La energía y la cantidad de movimiento están relacionadas. No necesitamos conocer la relación exacta, pero sí vale la pena saber que una partícula que se mueve libremente tiene un valor preciso de cantidad de movimiento y también un valor preciso de energía. El principio de incertidumbre afirma que no podemos saber, a la vez, la posición y la cantidad de movimiento de un cuerpo, lo que implica que no podemos predecir con exactitud su futuro, porque para ello necesitaríamos saber dónde está y con qué celeridad y en qué dirección se está moviendo, con una exactitud total.

Si queremos lograr cierta intuición sobre el comportamiento de las partículas cuánticas, tenemos que poder visualizar una partícula con una posición concreta, pero, a causa del principio de incertidumbre, sin saber su cantidad de movimiento (o su velocidad). No es muy difícil: se puede visualizar la partícula estando en un sitio concreto durante un momento; al siguiente momento, estará en otro lugar concreto. Como su cantidad de movimiento no está definida, salta de un lado a otro aleatoriamente.

Ahora bien, ¿y la situación inversa? ¿Cómo visualizamos una partícula con una cantidad de movimiento bien definida pero una posición completamente indefinida? Esto parece más complicado. Si lo pensáis un poco, tenemos la misma probabilidad de encontrar la partícula en cualquier sitio; es decir, está «extendida», «esparcida». Pero ¿cómo visualizamos su cantidad de movimiento bien definida? La respuesta es que una partícula con una cantidad de movimiento bien especificada pero con una posición indefinida se puede visualizar como una onda; y no una onda cualquiera, sino una onda pura, es decir, una onda que vibra con una única frecuencia.

Una onda se puede caracterizar mediante dos cantidades. Una es su frecuencia, que es el número de veces que oscila por segundo; la otra es la distancia entre los picos de la onda, lo que se conoce como *longitud de onda*. Estas dos cantidades están relacionadas de la siguiente forma: si se multiplican estos dos números se obtiene la velocidad a la que viaja la onda. Así, una onda que vibra con una única frecuencia también tiene una longitud de onda bien definida.

La mecánica cuántica asevera que la cantidad de movimiento de una partícula y la longitud de onda de la onda que la representa están relacionadas de un modo muy sencillo: son inversamente proporcionales. Es decir,

$$\text{longitud de onda} = h \,/\, \text{cantidad de movimiento}$$

y esta *h* es la misma constante de Planck con la que nos hemos topado al hablar de las relaciones de incertidumbre.

Por el momento, supongamos que no hay ninguna fuerza actuando sobre nuestra partícula, acaso porque está muy lejos de cualquier otra cosa. En ausencia de fuerzas, una partícula con una cantidad de movimiento bien definida también tiene una energía bien definida. Esta energía, a su vez, está relacionada con la frecuencia de la onda, pues son proporcionales:

$$\text{energía} = h \times \text{frecuencia}$$

Estas relaciones y correspondencias son universales; en el mundo cuántico, todo se puede ver, al mismo tiempo, como una onda y como una partícula. Se trata de una consecuencia directa del principio básico de que podemos medir la posición de una partícula o podemos medir su cantidad de movimiento, pero no ambas cosas al mismo tiempo.

Al medir su posición, la visualizamos como una partícula, localizada en un punto del espacio, aunque solo momentáneamente. La cantidad de movimiento es incierta por completo, de modo que al instante siguiente, si observamos de nuevo, encontraremos que ha saltado aleatoriamente a otro lugar; no puede permanecer en un mismo sitio, porque, si lo hiciera, tendría una cantidad de movimiento bien definida: cero. En cambio, si decidimos medir la cantidad de movimiento de la partícula, podemos saber su valor con exactitud; la partícula no estará en ningún lugar en concreto, de modo que la visualizamos como una onda, pero con una frecuencia y longitud de onda bien definidas, tal como expresan las relaciones que hemos presentado hace un momento.

Lo que resulta maravilloso y disparatado es que las ondas y las partículas son muy diferentes. Una partícula siempre tiene una posición definida, en algún lugar del espacio, y su movimiento sigue un determinado camino en ese espacio, que denominamos *trayectoria*. Además, según la física newtoniana, en cada instante una partícula tiene una velocidad determinada y, en consecuencia, también una cantidad de movimiento bien definida. Una onda, en cambio, es casi lo opuesto: está deslocalizada; se esparce mientras se desplaza y ocupa todo el espacio que tiene disponible.

Y sin embargo ahora estamos descubriendo que ondas y partículas son en realidad dos caras de una dualidad; es decir, diferentes maneras de visualizar una misma realidad. Tenemos una única realidad con una naturaleza dual, una dualidad de ondas y partículas. Una partícula cuántica puede tener una posición; preguntamos dónde está y la encontraremos en algún lugar; pero una partícula cuántica nunca tiene una trayectoria, porque si sabemos dónde está, el lugar en el que estará a continuación es del todo incierto. Debemos acostumbrarnos a pensar en partículas en posiciones definidas pero que no son puntos de una trayectoria. De modo parecido, si medimos la cantidad de movimiento, siempre hallaremos su valor; pero en este caso se trata de una onda, esparcida por todas partes. El lugar en el que encontraremos la partícula si, a continuación medimos su posición, es totalmente incierto.

Hay que admitir que todo este diseño tiene una elegancia sensacional, pero lo más persuasivo es su universalidad. Se aplica a la luz, a los electrones y a todas las demás partículas elementales conocidas. Se aplica a combinaciones de estas partículas, como átomos y moléculas. Ha funcionado a la perfección para describir el movimiento de grandes moléculas, como los futbolenos y las proteínas. No ha habido ningún experimento lo bastante sensible para revelar la naturaleza cuántica de un objeto y que haya fracasado; el tamaño y la complejidad no representan ningún límite, al menos hasta la fecha. Aún no sabemos si la dualidad onda-partícula es aplicable a los gatos, a las personas, a los planetas o a las estrellas, pero no hay ninguna razón para suponer que no sea así.

En todos estos casos el efecto es el mismo: solo podemos saber la mitad de lo que necesitamos saber para predecir el futuro con precisión.

3

CÓMO CAMBIAN LOS CUANTOS

En la primera clase de su curso de mecánica cuántica, mi profesor Herbert Bernstein aseguraba que la física es la ciencia de todo. Nuestro objetivo en física es hallar las leyes más generales de la naturaleza, a partir de las cuales se pueda explicar toda la miríada de fenómenos que manifiesta la naturaleza.

La mecánica cuántica explica más fenómenos que cualquier otra teoría concebida hasta la fecha, pero al mismo tiempo, restringe enormemente las cuestiones que podemos preguntar acerca de cualquier fenómeno. Ya nos hemos encontrado con una de estas restricciones: que solo podemos saber la mitad de lo que necesitamos saber de un sistema para hacer predicciones precisas acerca de su futuro. En consecuencia, debemos abandonar cualquier intento de describir con exactitud qué es lo que sucede en los átomos individuales y, en cambio, pasar a realizar predicciones estadísticas, aplicables solo a promedios considerados sobre muchos casos. Así pues, para creer en la teoría cuántica debemos dejar de lado el sueño de predecir el futuro con exactitud, y lo cierto es que la mayoría de los físicos han abandonado ese sueño ante el éxito de la teoría, pero yo creo que se trata de una postura corta de miras y que hay un nivel más profundo de la realidad aún por descubrir, cuyo dominio nos devolverá nuestros sueños de una comprensión completa de la naturaleza.

Otra de las restricciones de la teoría cuántica pone límites al alcance de la propia teoría. Podemos expresar esta idea en un principio que denomino *principio del subsistema*:

> *Cualquier sistema al que sea aplicable la mecánica cuántica*
> *debe ser un subsistema de un sistema más grande.*

Una razón de esto es que la mecánica cuántica solo se refiere a cantidades físicas que son medidas mediante instrumentos de medición, y estos tienen que situarse fuera del sistema a estudiar. Además, los resultados de estas mediciones son percibidos y registrados por observadores que tampoco forman parte del sistema bajo estudio.

La mayoría de nosotros nos acercamos a la ciencia con la ingenua esperanza de que nos dirá qué es lo real. En este punto podemos seguir a John Bell y bautizar cualquier propiedad real de un sistema como un *existible*: aquello que forma parte de lo que es. Bell acuñó el término como contrapartida al vocablo *observable*, que es lo que los antirrealistas quieren obtener de una teoría.

Observable y *existible* (o *beable*, si preferimos la voz original inglesa) son términos con una fuerte carga semántica, cuyo uso puede indicar fidelidad a uno de los contendientes en el debate entre realismo y antirrealismo. Un observable es una cantidad generada por un experimento o una observación; no hay compromiso alguno de creer que corresponda a algo que existe independientemente de la medición o de suponer que tenía un cierto valor antes de esa medición. Los antirrealistas usan este término para subrayar que las cantidades que miden los físicos no tienen por qué tener una existencia independiente de nuestra observación o previa a ella. Los realistas usan la palabra *existible* para referirse a la realidad que creen que existe tanto si medimos algo como si no.

La mayoría de las explicaciones científicas, ya sean de la trayectoria de balas de cañón o de pájaros y abejas, siempre se expresan en términos de existibles. En cambio, la mecánica cuántica no lo hace así. Tal como remarcaban Bohr y Heisenberg, la mecánica cuántica no habla en términos de lo que existe, sino solo de lo que se ha observado. Según ellos, no tiene sentido hablar de existibles en el dominio atómico; la mecánica cuántica solo se ocupa de observables.

Para medir los observables de un átomo, lo sometemos a la acción de algún instrumento macroscópico. Por definición, ese instrumento no forma parte del sistema cuyos observables estamos estudiando, como tampoco lo hace el observador. En consecuencia, para ser descrito en el lenguaje de la mecánica cuántica, un sistema debe formar parte de un sistema más grande que incluya al observador y a sus aparatos de medición. De aquí surge nuestro principio del subsistema.

Casi todas las aplicaciones de la teoría cuántica trabajan con átomos y moléculas u otros sistemas muy pequeños; en estos casos, la restricción es irrelevante. Pero algunos tenemos la ambición de describir todo el universo, pues creemos que es el objetivo final de la ciencia.

Y el caso es que el universo, como un todo, no forma parte, por definición, de ningún sistema más grande, de modo que el principio del subsistema frustra nuestros anhelos de disponer de una teoría del universo al completo. Hay una diferencia sutil, pero importantísima, entre la idea de que la mecánica cuántica es la teoría de todo y la expectativa de ampliar la teoría cuántica para incluir todo el universo. Lo que el profesor Bernstein quería decir con su afirmación es que la física es la base de la descripción correcta de todas las cosas, cada una considerada como un subsistema del todo; se trata de algo muy diferente a imaginar la aplicación de la teoría cuántica al universo como un todo, lo que implicaría incluirnos a nosotros, observadores, en el sistema a estudiar, así como también nuestros aparatos de medición.

Durante el último siglo ha habido varios intentos de ampliar la mecánica cuántica a una teoría de todo el universo. Ya nos encontraremos con uno de estos intentos más adelante, pues una parte de nuestro argumento general es que estos intentos están condenados al fracaso. Para empezar, hacer que el observador sea parte del sistema a describir plantea problemas espinosos acerca de la autorreferencia; ni tan solo es evidente que un observador pueda ofrecer una descripción completa de sí mismo, porque el acto de observarte o describirte a ti mismo te modifica.

Pero es que hay razones todavía más profundas por las que no es posible ampliar la mecánica cuántica a una teoría del universo al completo. En varios de mis libros (como *The Life of the Cosmos*, *Time Reborn* y *The Singular Universe and the Reality of Time*, escrito con Roberto Mangabeira Unger) investigo la cuestión de cómo se puede ampliar la física para llegar a una teoría de todo el universo. Mi conclusión es que una teoría del universo en su conjunto debe diferir en aspectos esenciales de cualquiera de las teorías físicas elaboradas hasta la fecha, incluyendo la mecánica cuántica. La razón es que todas estas teorías solo cobran sentido cuando se interpretan como descripciones de una parte del universo; de hecho, que la mecánica cuántica solo tenga sentido cuando se interpreta como una teoría acerca de una parte del universo es razón suficiente para considerarla incompleta. Una cosa que podemos pedir a una teoría destinada a completar la teoría cuántica es que tenga sentido cuando se amplía a una descripción del universo como un todo.

Sin embargo, esta no es la única línea argumental que nos lleva a la conclusión de que la mecánica cuántica está incompleta. Hay otras dificultades y problemas que tuvieron bastante más influencia en cómo ha evolucionado históricamente este tema. De momento, dejaré de lado las cuestiones cosmológicas y me centraré en complicaciones más inmediatas.

El proceso de aplicar leyes generales a un sistema físico concreto tiene tres pasos. En primer lugar, especificamos el sistema físico que queremos estudiar. En el segundo paso, describimos ese sistema en un determinado instante de tiempo haciendo una lista de sus propiedades. Si el sistema está compuesto de partículas, esas propiedades incluirán las posiciones y las cantidades de movimiento de todas ellas; si está formado por ondas, necesitamos sus longitudes de onda y sus frecuencias. Estas propiedades definen el estado del sistema. En el tercer y último paso hay que postular una ley para describir cómo cambia el sistema a medida que transcurre el tiempo.

Antes de la física cuántica, los físicos tenían una meta simple pero poderosa para la ciencia. En el segundo paso antes mencionado podríamos describir un sistema en términos que serían completos en dos sentidos. Para empezar, *completo* significa que no se necesita ninguna descripción más detallada, que tampoco es posible; cualquier otra propiedad que el sistema pudiera tener sería una consecuencia de las ya especificadas. Por otro lado, la lista de propiedades debe ser justo lo que se necesita para hacer predicciones exactas del futuro, y esto se consigue mediante las leyes que rigen el sistema. El futuro se puede predecir con exactitud gracias a nuestro completo conocimiento del presente; este es el segundo sentido en que decimos que una descripción es completa.

Entre la época de Newton, a finales del siglo XVII, y la creación de la mecánica cuántica, en la década de 1920, se creía que las propiedades que constituían esa descripción completa eran las posiciones y las cantidades de movimiento de todas las partículas. Por supuesto, es perfectamente posible que no conozcamos las posiciones y cantidades de movimiento exactas de todas las partículas de un sistema. El aire de esta habitación contiene alrededor de 10^{28} átomos y moléculas, de modo que hacer una lista completa de todas sus posiciones es tarea imposible. Por ello, nos vemos obligados a usar una descripción muy aproximada en términos de densidad, presión y temperatura, magnitudes que se refieren a promedios de las posiciones y movimientos de los átomos.

Nuestra descripción *grosso modo* tendrá que usar probabilidades y, así, las predicciones que hará tendrán un determinado grado de incerteza.

Pero el uso de probabilidades es solo una cuestión de conveniencia, y las incertezas resultantes solo traducen nuestra ignorancia. Seguimos convencidos de que, tras esta descripción *grosso modo* de un gas en términos de densidad y temperatura, hay una descripción precisa que contiene una lista de la posición y el movimiento de todos y cada uno de los átomos del sistema. Tenemos la convicción de que, si pudiéramos disponer de esa descripción, podríamos usar las leyes para predecir el futuro con exactitud. Esta convicción se basa en la creencia en el realismo, en el hecho de que existe una realidad objetiva y de que podemos conocer esa realidad.

La mecánica cuántica da al traste con esta ambición autocomplaciente, porque su primer principio afirma que, como máximo, solo podemos conocer la mitad de la información que necesitaríamos para cumplir tal ambición.

La información completa necesaria para predecir exactamente el futuro se denomina *estado clásico*. El adjetivo *clásico* hace referencia a la física tal como era entre Newton y la creación de la teoría cuántica. Así pues, resulta natural denominar a la especificación de solo la mitad de esa información *estado cuántico*. La mitad concreta es arbitraria; podemos decidir que sea solo la cantidad de movimiento o solo la posición o una combinación de ambas, siempre que dispongamos solo de la mitad de la información necesaria para predecir el futuro con exactitud, y nos falte siempre la otra mitad.

El concepto de estado cuántico es fundamental en la teoría cuántica, pero un realista empezará a hacer preguntas: ¿Es real? ¿Corresponde el estado cuántico de una partícula a la realidad física de esa partícula? ¿O es solo un útil conveniente para hacer predicciones? ¿Acaso el estado cuántico es una descripción no de la partícula sino solamente de la información de que disponemos acerca de ella? No vamos a resolver todas estas cuestiones aquí; al fin y al cabo, ni los expertos se ponen de acuerdo sobre ellas. Pronto tendremos oportunidad de centrarnos en estas y otras preguntas sobre el significado y la exactitud de la mecánica cuántica; por el momento, seamos prácticos y consideremos que un estado cuántico es una herramienta para hacer predicciones sobre el futuro.

Un estado cuántico es un recurso útil porque puede hacer exactamente eso, con lo que llegamos a nuestro siguiente principio:

Si disponemos del estado cuántico de un sistema aislado en un instante de tiempo, hay una ley que predice el estado cuántico exacto de ese sistema en cualquier otro instante de tiempo.

Llamemos a esta ley *Regla 1*, aunque también se la denomina *ecuación de Schrödinger*. El principio que afirma que existe una ley así se denomina *unitariedad*.

Así pues, si bien la relación entre el estado cuántico y el comportamiento de una partícula individual puede ser estadística, la teoría es determinista por lo que respecta a saber cómo cambia el estado cuántico en función del tiempo.

Tal como hemos dicho, los estados cuánticos con valores definidos de la energía y la cantidad de movimiento se representan mediante ondas puras con una frecuencia y longitud de onda exactas. Pero estos estados cuánticos son muy especiales. ¿Qué sucede con otros estados cuánticos cuyas cantidades de movimiento son inciertas, de modo que no vibran con una única frecuencia y una única longitud de onda? Los estados cuánticos más generales se representan por medio de ondas con perfiles arbitrarios; no están bien definidos en posición ni en cantidad de movimiento, de modo que, si se mide alguna de estas cantidades, estarán sometidas a incertidumbres.*

También hay estados con una posición bien definida y una cantidad de movimiento totalmente indefinida; si los representamos gráficamente, tienen aspecto de pico muy afilado, con un valor nulo en todas partes excepto en aquel punto en que se halla la partícula. Otros estados presentan picos en toda una región del espacio y corresponden a partículas con una localización poco definida, de modo que solo sabemos dónde se hallan con una cierta imprecisión. Una forma de crear un estado cuántico general es combinar, o «sumar», ondas puras, cada una con una frecuencia y longitud de onda diferentes. Si medimos la energía de una combinación de ondas de este tipo, obtenemos un intervalo de valores que corresponden a las diversas frecuencias que forman la onda.

* Cuando una onda representa un estado cuántico, se suele denominar *función de onda*.

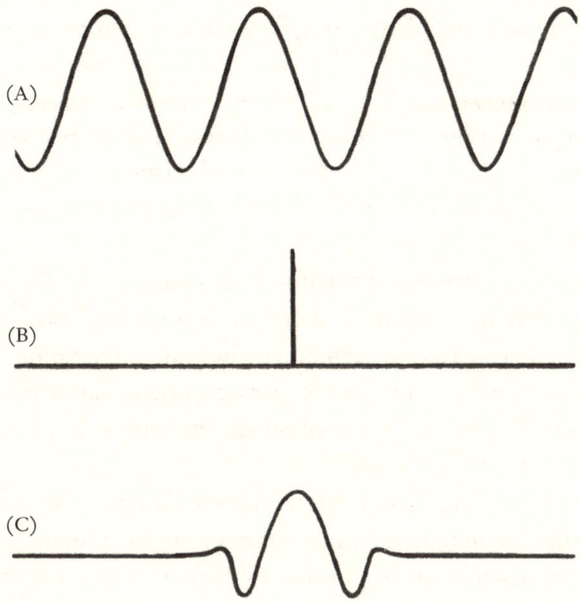

Figura 2. En esta imagen se ilustran tres funciones de onda que muestran cómo se representan diferentes tipos de estados cuánticos. El caso A muestra una onda pura de una sola longitud de onda, lo que corresponde a una cantidad de movimiento bien definida, mientras que la posición es totalmente indefinida, tal como exige el principio de incertidumbre. El pico de B representa un estado con una posición bien definida pero con una longitud de onda (y una cantidad de movimiento) indeterminada por completo. El caso C es una situación intermedia, formada por la combinación de varias longitudes de onda y en la que tanto la posición como la cantidad de movimiento tienen una cierta indefinición.

Si estuviéramos hablando de música, estas ondas serían ondas acústicas. Una onda pura con una única frecuencia es una sola nota; al tocar varias notas a la vez se genera un acorde. No hay ningún límite a la cantidad de notas que se pueden tocar a la vez, ni tampoco a la cantidad de estados cuánticos que se pueden combinar.

Combinar dos estados sumando las ondas que los representan se denomina *superponer los estados* y equivale a combinar dos formas en que la partícula puede haber viajado hasta llegar al detector. Antes, cuando dividimos los asistentes a la fiesta en amantes de los perros y amantes de los gatos y los separamos unos en la cocina y otros en la sala de estar, cada habitación representaba un estado cuántico, definido por una cierta preferencia de mascotas; luego, cuando juntamos a todos en el comedor, lo que hicimos fue superponer los dos estados. Se trata de un ejemplo de un principio general, llamado *principio de superposición*:

Dos estados cuánticos cualesquiera se pueden superponer para definir un tercer estado cuántico. Para ello, se suman las ondas correspondientes a los dos estados y el estado combinado corresponde a un proceso físico que olvida la propiedad que los distinguía.

Lógicamente, una superposición de dos estados *C* y *D* nos informa de *C* o *D* (y debemos subrayar la conjunción *o*); la persona puede ser un amante de los perros o un amante de los gatos. La conjunción *o* nos indica que algo se ha olvidado; una persona puede haber sido *C* o puede haber sido *D*, pero si hemos olvidado qué era, solo podemos afirmar que esa persona es *C* o *D*.

Tal como he remarcado, los estados cuánticos son importantes porque evolucionan a medida que pasa el tiempo siguiendo una regla concreta. La relación entre el estado cuántico y una observación es probabilística, pero la relación entre ese estado ahora y el estado en un instante de tiempo diferente está bien definida. Pero cuidado, porque la regla de evolución bien definida solo es aplicable a sistemas que están aislados del resto del universo; la regla de evolución es determinista solamente en aquellos casos en que el sistema no está sometido a perturbaciones o influencias procedentes de fuentes externas.

Cuando efectuamos una medición en un sistema, lo perturbamos, en general al obligarlo a interactuar con un aparato de medición; así, la Regla 1 no se aplica al proceso de medición. Esto no solo es cierto para las mediciones, sino para cualquier tipo de interacción entre el sistema y eventuales fuerzas externas. Nos podemos preguntar, pues, si las mediciones tienen algo de especial.

Las mediciones son especiales porque son lo que introduce las probabilidades en la teoría cuántica.

La mecánica cuántica asegura que la relación entre el estado cuántico y el resultado de una medición es probabilística. En general, hay un intervalo de posibles resultados para una determinada medición; cada uno de estos posibles resultados se dará con una cierta probabilidad, y el valor de esta depende del estado cuántico. En el caso en que medimos la posición de una partícula, tal dependencia es muy sencilla:

La probabilidad de hallar la partícula en una posición determinada del espacio es proporcional al cuadrado de la altura de su onda correspondiente en esa posición.

Esto es lo que se llama *regla de Born*, en honor al físico Max Born, que fue quien la propuso. ¿Por qué el cuadrado? La probabilidad siempre es un valor positivo, pero las ondas suelen oscilar entre valores positivos y valores negativos; en cambio, un cuadrado siempre es positivo, y es el cuadrado lo que está relacionado con la probabilidad. Lo importante aquí es recordar que cuanto más grande sea la altura de una onda, cuanto más grande sea su amplitud, más probable es que hallemos ahí la partícula correspondiente.

Estas últimas ideas son esenciales para ver cómo funciona la mecánica cuántica, de modo que vale la pena resumirlas: la onda representa el estado cuántico; cuando dejamos el sistema solo, cambia en función del tiempo de manera determinista, según la Regla 1; pero el sistema cuántico está solo indirectamente relacionado con lo que observamos al hacer una medición, y la relación no es determinista, sino que es probabilística, de modo que la aleatoriedad se introduce en la teoría en su nivel más básico.

Sin embargo, aunque el estado cuántico solo nos dé probabilidades de lo que podemos observar, cuando obtenemos el resultado de una medición sí que tenemos algo bien definido, porque justo entonces sabemos exactamente cómo es ese estado: es el estado correspondiente al resultado obtenido en la medición. Supongamos que medimos la cantidad de movimiento de un electrón y obtenemos como resultado que se está desplazando hacia el norte con un valor de la cantidad de movimiento igual a 17 (en las unidades que sean). Así, justo después de hacer la medición sabemos que el estado cuántico es NORTE, CANTIDAD DE MOVIMIENTO = 17.

Esto se recoge en la segunda regla,* que podemos llamar *Regla 2*:

El resultado de una medición solo se puede predecir probabilísticamente. Pero una vez efectuada la medición, esta modifica el estado cuántico del sistema medido y lo coloca en el estado correspondiente al resultado de la medición. Es lo que se denomina colapso de la función de onda.

* En cuanto presenté la Regla 1 supongo que era evidente que habría una Regla 2. Debo señalar que en algunos libros de texto estas dos reglas aparecen intercambiadas.

Por ejemplo, en nuestra historia sobre preferencias políticas y de mascotas, en cuanto una persona responde a una pregunta sobre alguna de esas dos preferencias, pasa a estar en un estado cuántico definido por tener esa preferencia concreta.

Como el resultado de una medición es probabilístico, también lo es el cambio en el estado cuántico especificado en la Regla 2. Ahora bien, una vez finalizada la medición, podemos considerar que el sistema vuelve a estar aislado y se cumple la Regla 1 hasta la siguiente medición.

La Regla 2 plantea un buen montón de preguntas:

— La función de onda, ¿colapsa de golpe o el proceso lleva un cierto tiempo?

— ¿Tiene lugar el colapso en cuanto el sistema interacciona con el detector? ¿O solo después, cuando se registra el resultado? ¿O quizá aún más tarde, cuando el resultado es percibido por una mente consciente?

— ¿Es el colapso un cambio físico, lo que implica que el estado cuántico es real? ¿O es solo un cambio en nuestro conocimiento del sistema, lo que conlleva que el estado cuántico no es más que una representación de nuestro conocimiento?

— ¿Cómo sabe el sistema que ha tenido lugar una interacción particular con el detector, de modo que obedezca así a la Regla 2, y solo la obedezca en tales casos?

— ¿Qué sucede si combinamos el sistema original y el detector en un único sistema más grande? ¿Es aplicable entonces la Regla 1 a todo el sistema?

Todas estas preguntas son diferentes aspectos del problema de la medición, que ya habíamos presentado en el capítulo 1. Se han propuesto muchas respuestas a todas ellas, y siempre han sido motivo de controversia, controversia que ya dura casi un siglo. Cuando dispongamos de la imagen completa, podremos analizar más a fondo el tema.

4

CÓMO SE COMPARTEN LOS CUANTOS

«Por muy útil que nos resulte en las situaciones cotidianas decir que existe el mundo «ahí afuera», independiente de nosotros, ya no se puede sostener tal punto de vista».[1]

JOHN ARCHIBALD WHEELER

La superposición de estados cuánticos plantea un problema muy serio al realismo; no obstante, hay un conjunto de obstáculos aún más perniciosos procedentes del modo en que la mecánica cuántica describe sistemas formados por la combinación de sistemas más simples.

La superposición significa la combinación de diferentes posibles estados de un mismo sistema y, tal como ya he comentado, podemos decir que corresponde a un «o». La mecánica cuántica también tiene cosas interesantes que decir acerca de la combinación de dos sistemas diferentes en un solo sistema compuesto. Supongamos que tenemos un electrón y un protón; cada uno tiene que empezar con su propio estado cuántico. Ahora podemos combinarlos para formar un átomo de hidrógeno, y este átomo completo también tendrá su propio estado cuántico, formado por la combinación de los estados de sus constituyentes. Esto corresponde a un «y». Cada estado cuántico, recordemos, representa la mitad de la información necesaria para una descripción completa de sus componentes, pero el estado cuántico conjunto también representa la mitad de la información posible sobre el átomo. Todo esto lleva a nuevos fenómenos muy interesantes.

Consideremos otra vez personas con dos propiedades cuyas mediciones son incompatibles, la inclinación política y la preferencia de mascotas. Supongamos que Ana y Berta comparten un apartamento y comentan la posibilidad de tener una mascota; individualmente, Ana prefiere los gatos y Berta también. El estado correspondiente a la pareja es simplemente la combinación de ambos. Como cada una tiene una preferencia de mascotas bien definida, sus inclinaciones políticas son del todo indeterminadas. Si les preguntamos su opinión política, cada una tendrá el 50 % de probabilidades de responder «de izquierdas» y el 50 % de responder «de derechas». Así, si les preguntamos sobre política, la mitad de las veces descubrirán que están de acuerdo y la mitad de las veces, que difieren. En el estado en cuestión, en que cada una, por su lado, tiene una preferencia de mascotas bien definida, sus opiniones políticas son aleatorias y no tienen correlación alguna. Que Ana explicite su postura política no tiene ninguna influencia en la opinión de Berta.

La física cuántica también nos permite definir estados para la pareja en su conjunto, de modo que todos sus puntos de vista individuales sean indefinidos, pero podamos tener un conocimiento bien determinado de cómo están relacionados esos puntos de vista. Un ejemplo relevante de un estado de este tipo es aquel en que la única cosa que sabemos con certeza es que, si preguntamos a Ana y a Berta la misma cuestión, estarán siempre en desacuerdo. A este estado le podemos llamar OPUESTO y se trata de un estado en que podemos plantear a ambas la misma pregunta y sea cual sea la respuesta de una, sabemos que la otra responderá lo contrario; sin embargo, nos resulta imposible predecir sus respuestas individuales.

OPUESTO es un ejemplo de un fenómeno sorprendente, que consiste en estados cuánticos para dos partículas en los que sabemos cómo están relacionadas esas dos partículas pero no sabemos nada acerca de cada partícula individual. Estos estados se denominan *estados entrelazados*. El fenómeno del entrelazamiento es algo nuevo, que entra en la física de la mano de la teoría cuántica y no tiene ningún equivalente en la física clásica.

Volviendo a Ana y Berta, la información sobre la que difieren, sea cual sea la pregunta, equivale exactamente a la mitad de la información necesaria para predecir sus respuestas concretas; la otra mitad hace referencia a esas respuestas individuales. Así, en el estado OPUESTO, no sabemos nada sobre sus opiniones individuales pero lo sabemos todo acerca de cómo están relacionadas. En definitiva, cuando están en el estado OPUESTO, Ana y Berta comparten una propiedad que no es solo la suma de propiedades que tenían antes individualmente.

Continuemos con el ejemplo. Ana y Berta pasan la noche juntas y se despiertan en el estado OPUESTO; luego van a trabajar. Durante el almuerzo, los colegas de Ana le preguntarán sobre sus opiniones políticas o sobre sus preferencias de mascotas, pero esperarán hasta el último momento para decidir cuál de las dos preguntas plantearle. Después, anotan la pregunta que le hicieron y la respuesta que dio Ana. Los colegas de Berta, por su parte, hacen lo mismo. Durante todo un año los colegas de nuestras dos amigas hacen cada día este mismo interrogatorio y, después, los dos grupos de colegas se encuentran y comparan sus anotaciones. ¿Qué descubren?

La mitad de las veces, habrán preguntado a Ana y Berta cuestiones diferentes, pero ignoremos estos casos y centrémonos solo en los días en que los dos grupos de colegas plantearon la misma pregunta a ambas: en el 100 % de estos casos, las respuestas de Ana y Berta habrán sido diferentes. Y esto sucede a pesar de que, si lo observamos individualmente, cada una de sus respuestas parece haber sido totalmente al azar.

Tal como he planteado la historia, no sería difícil hallar una explicación para este resultado. Al fin y al cabo, cada mañana, mientras desayunan, Ana y Berta podrían haber lanzado una moneda al aire para decidir quién de las dos daría cada tipo de respuesta si les preguntaban. Pero lo cierto es que hay situaciones análogas en que estudiamos parejas de fotones, en lugar de parejas de personas. Podemos preparar parejas de fotones en el estado OPUESTO y medirles diversas propiedades; el resultado es que siempre que preguntamos la misma cuestión, el resultado en ambos es opuesto. Además, podemos mostrar que tal resultado no se puede explicar por algún tipo de acuerdo previo a nuestra medición; esto quedó demostrado en un importantísimo artículo de 1964 escrito por el físico irlandés John Bell.

En el caso de los fotones, no les preguntamos sobre sus preferencias políticas ni de mascotas, sino sobre la polarización. Una onda electromagnética consta de un campo eléctrico y de un campo magnético oscilantes; estas oscilaciones son perpendiculares a la dirección en que se desplaza la onda y definen un plano, que va cambiando a medida que los campos van oscilando. Decimos que la luz está polarizada cuando el campo eléctrico oscila siempre en un mismo plano. Los fotones individuales que atraviesan una lente polarizada, como las que son comunes en las gafas de sol, tienen una polarización bien definida.

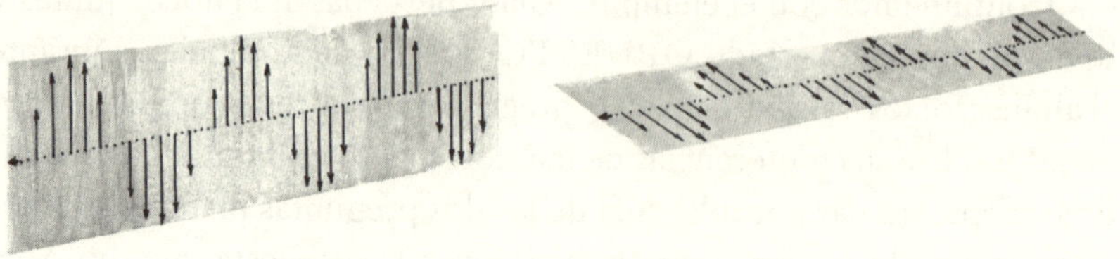

Figura 3. En esta imagen se ilustra el significado de la polarización de la radiación electromagnética. Aquí vemos el registro de dos ondas que se mueven a través de un campo eléctrico en ausencia de corrientes y cargas eléctricas externas. Fijémonos que el campo eléctrico siempre apunta en una dirección perpendicular a la dirección de movimiento de la onda. Las oscilaciones del campo, junto con la dirección de movimiento definen un plano en el espacio tridimensional: el plano de polarización. En la imagen mostramos dos planos de polarización diferentes, perpendiculares entre sí.

Podemos producir pares de fotones que, considerados conjuntamente, tienen una polarización en el estado OPUESTO. Para verlo, los dejamos viajar en direcciones contrarias hasta que están bastante lejos uno del otro; entonces, colocamos en su camino láminas de vidrio polarizado, que las atraviesan o no, según su polarización. En el estado OPUESTO, si los vidrios tienen el mismo plano de polarización, uno de los fotones atravesará el vidrio pero el otro no. Ahora bien, cuál de los dos lo atraviesa es algo totalmente aleatorio, porque en el estado OPUESTO sus propiedades individuales son por completo indeterminadas.

También podemos rotar un vidrio, lo que gira el plano de polarización hacia un lado. Ahora, los dos polarizadores están en ángulos diferentes, de modo que, algunas veces, pasarán ambos fotones, y la frecuencia con que pasan ambos depende del ángulo entre los polarizadores. Cuando el ángulo entre estos es igual a cero, estamos haciendo la misma pregunta en ambos sitios y, por tanto, nunca pasan los dos fotones; si ahora giramos un poco uno de los polarizadores, de modo que preguntemos cosas ligeramente diferentes, habrá unos pocos casos en que ambos fotones los atravesarán. Con este montaje, podemos analizar cómo aumenta la proporción de casos en que ambos fotones atraviesan los polarizadores a medida que variamos el ángulo entre los dos planos de polarización.

Bell introdujo una suposición que expresaba la idea de que la física es local, en el sentido de que la información no puede viajar más rápido que la luz. Esto exige que cuando los dos fotones están muy alejados, las preguntas que decido plantear a un fotón no pueden afectar a las respuestas que dará el otro. A partir de esta suposición, Bell obtuvo una restricción para la proporción de casos en que ambos fotones atraviesan los polarizadores, que depende del ángulo entre los planos de polarización.

Para empezar, Bell se planteó si las predicciones de la mecánica cuántica violan esta restricción y halló que, para ciertos ángulos, efectivamente, se infringen; esto significa que la mecánica cuántica viola el principio de localidad de Bell. Podemos ver sin muchas dificultades este resultado en la historia de nuestra pareja. Cuando Ana y Berta se van a trabajar, comparten un único estado cuántico, el estado OPUESTO. No es una propiedad de ninguna de las dos como sistemas individuales, sino que es una propiedad compartida; solo cobra sentido cuando se refiere a la pareja. Esta situación ya está en conflicto con la filosofía de que las propiedades físicas son locales.

Pero las cosas empeoran todavía más. Cuando los colegas de Berta le preguntan sobre sus preferencias de mascotas, ella afirma que le encantan los gatos. Esto modifica inmediatamente su estado cuántico, tal como exige la Regla 2. Antes estaba indeterminado, pero ahora es una amante de los gatos al cien por cien; si ahora le preguntamos otra vez sobre sus preferencias de mascotas, está claro que dirá que son los gatos, de modo que el estado GATOS la define. Sin embargo, siguiendo la misma lógica, como las dos amigas empezaron el día en el estado OPUESTO, en el mismo momento en que Berta responde a la pregunta, Ana se convierte en una clara amante de los perros; si sus colegas le preguntan sobre mascotas, está clarísimo que responderá que prefiere los perros.

Así pues, la medición de la preferencia de Berta parece afectar instantáneamente al estado de Ana. A pesar de que la medición se ha hecho sobre Berta, y Ana no ha hablado con nadie, la Regla 2 también se aplica a Ana. He aquí un ejemplo del fenómeno de la no localidad cuántica. La historia sería exactamente igual si a Berta le preguntan por sus inclinaciones políticas; sea cual sea su respuesta, Ana se convertirá en lo contrario de inmediato.

Cuando se le pregunta alguna preferencia a Berta, a partir de ese momento ella y Ana ya no comparten ningún estado. Berta tiene ahora un estado bien definido propio, y podemos decir que esto es el resultado de haber efectuado una medición sobre ella. Lo sorprendente es que, como las dos amigas estaban inicialmente en un estado entrelazado OPUESTO, cuando se le pregunta algo a Berta, el estado de Ana también cambia de inmediato. Gracias a la respuesta de Berta, Ana queda totalmente definida en un estado cuántico propio, que es el opuesto del que haya dicho Berta. Y esto sucede aunque nadie haya preguntado absolutamente nada a Ana. Berta y sus colegas pueden estar a años-luz de distancia, de modo que nada de lo que los colegas han preguntado a Berta ni su respuesta llegarán a oídos de Ana en muchos años, suponiendo la restricción habitual en la velocidad de transmisión de la información. Esto equivale a decir que ni tan solo Ana puede saber que su estado cuántico ha cambiado; pero si la teoría cuántica es correcta sí lo habrá hecho.

Por supuesto, la historia sería idéntica si hubiéramos preguntado a Ana primero, en lugar de a Berta. Las consecuencias de compartir un estado entrelazado son simétricas por completo.

El peculiar comportamiento del estado OPUESTO fue descubierto por Einstein y fue el tema central de un artículo que escribió en 1935 junto con sus jóvenes colegas Boris Podolsky y Nathan Rosen.[2] Los tres autores (que suelen abreviarse como EPR) emplearon un experimento como el que he descrito para justificar que la mecánica cuántica tiene que ser incompleta. Para llegar a esa conclusión presentaron un criterio para determinar cuándo debe considerarse real una propiedad de un sistema físico. El criterio es como sigue:

> Si podemos determinar una propiedad de un sistema físico con una certeza del cien por cien, sin perturbarlo en modo alguno, tiene que haber un elemento de realidad física asociado a esa propiedad.

Einstein y sus colaboradores también asumieron que solo se puede perturbar un sistema haciéndole algo físicamente. Pero, además, también conjeturaron que cualquier perturbación física es local y que, por lo tanto, está restringida a viajar, como máximo, a la velocidad de la luz. En concreto, esto implica que

> Ana no puede resultar afectada físicamente por la elección de las preguntas que se le plantean a Berta hasta que haya pasado el tiempo suficiente para que una señal luminosa transporte a Ana la información acerca de qué pregunta se le ha planteado a Berta.

Ahora bien, acabamos de ver que en cuanto los colegas preguntan a Berta sobre sus preferencias de mascotas, saben al instante las preferencias de mascotas de Ana. Einstein y sus colegas creían firmemente en el principio de localidad, que implica que, como las dos amigas están muy alejadas, Ana no puede resultar perturbada por las preguntas que se formulen a su lejana amiga Berta. En tal caso, se satisface el criterio de realidad que hemos enunciado y podemos concluir que la preferencia de mascotas de Ana es un elemento de la realidad. Pero aún hay más: lo que es real en referencia a Ana no puede resultar afectado por nada que le suceda o le deje de suceder a Berta, de modo que la preferencia de mascotas de Ana tiene que ser real, independientemente de si se le ha preguntado a Berta por sus preferencias o no.

Fijémonos, también, en que los colegas de Berta le podrían haber preguntado por sus inclinaciones políticas. En este caso, el argumento anterior funcionaría de la misma manera y, por lo tanto, tendremos que concluir que las preferencias políticas de Ana también son un elemento de la realidad; y, como antes, esto es cierto tanto si preguntamos a Berta sobre sus opiniones políticas como si no.

Así pues, llegamos a la conclusión de que tanto las preferencias de mascotas de Ana como las preferencias políticas de Ana son elementos de la realidad. Pero sabemos que los estados cuánticos no pueden describir simultáneamente tanto la opinión política de alguien como sus preferencias de mascotas; en consecuencia, el estado cuántico de Ana la describe de manera incompleta. De este modo, Einstein, Podolsky y Rosen llegaron a la conclusión de que la descripción del mundo en términos de estados cuánticos es incompleta.

He dado vueltas a esta argumentación desde mi primer año en la facultad y siempre he visto que es correcta lógicamente. Pero hay que remarcar que se basa en la suposición de que la física es local. Einstein y sus jóvenes colegas asumieron la localidad al plantear que Ana no puede resultar físicamente afectada por la elección de preguntas que se plantean a Berta cuando están alejadas.

Bell hizo exactamente la misma suposición al obtener su restricción, aunque utilizó fotones, en lugar de personas: cuando los dos fotones están muy alejados, las preguntas que planteo a uno de los fotones no pueden afectar a las respuestas que dará el otro. De hecho, es la única suposición no trivial en la argumentación de Bell. Así, dado que la restricción de Bell, tal como he dicho, no está de acuerdo con la mecánica cuántica, tiene que ser porque esta no es compatible con la localidad.

Podemos hacer más y comprobar directamente si la naturaleza viola la localidad tal como la plantearon EPR y Bell. La importancia de la restricción de Bell es que no solo se aplica a la mecánica cuántica, sino que constriñe a cualquier teoría que satisfaga el principio de localidad de Bell y EPR, lo que incluye las teorías que pretenden sustituir a la mecánica cuántica; también es aplicable a cualquier eventual teoría que pueda elaborarse en el futuro. En definitiva, podemos plantear experimentos que pongan a prueba directamente el principio de localidad.

Por suerte, la restricción de Bell se puede comprobar con un equipo experimental bastante barato, que cabe en una sola habitación y que se puede construir a mano. En consecuencia, unos pocos valientes se lanzaron en seguida a plantear experimentos para probar el teorema. Tras varios intentos que dieron resultados parciales y contradictorios, a principios de la década de 1980 Alain Aspect y sus colaboradores Jean Dalibard, Philippe Grangier y Gérard Roger llevaron a cabo los experimentos definitivos en Orsay, cerca de París.[3]

En los experimentos de Aspect, las partículas entrelazadas son fotones y las preguntas que se les plantean hacen referencia a sus planos de polarización. Estos experimentos se inician con un átomo que, gracias a un fotón de un láser, pasa de su estado fundamental a un estado excitado. Estos estados se escogen de modo que cuando el átomo excitado cae de nuevo al estado fundamental, emite un par de fotones entrelazados en el estado OPUESTO. Los fotones se emiten en direcciones contrarias y tras unos pocos metros se topan con sendos polarizadores, que miden su polarización respecto a un determinado plano. El plano de cada polarizador se puede ajustar libremente, en la posición que desee el experimentador, para así medir la correlación entre las polarizaciones de ambos fotones. Los resultados obtenidos muestran con claridad que se viola la restricción de Bell y concuerdan a la perfección con la mecánica cuántica.

En resumen, pues, los experimentos de Aspect nos dicen que la suposición de localidad de Bell que hemos remarcado antes es falsa. El mundo cuántico no cumple el principio de localidad.

Si este resultado no os parece una de las noticias más impactantes del mundo de la ciencia es que quizá no lo habéis comprendido del todo. Repito: la naturaleza no cumple el principio de localidad. Dos partículas, que de hecho son dos objetos del mundo, alejadas una de la otra, pueden compartir propiedades que no se pueden atribuir a propiedades que posee cada una por separado.

En este punto es cuando nos podemos preguntar si no podría violarse el principio de que la información no puede transmitirse a una velocidad superior a la de la luz, aprovechando el hecho de que Berta y Ana comparten un estado entrelazado. Dado que el estado de Ana cambia súbitamente cuando preguntamos algo a Berta, ¿podrían los colegas de Berta enviar un mensaje instantáneo a los colegas de Ana?

La respuesta es que la información no puede enviarse a velocidad superior a la de la luz, porque la relación entre el estado de Ana y las respuestas que da es aleatoria. Sea cual sea la cuestión planteada a Ana, sus respuestas siempre se reparten al 50% para cada caso. Esto es cierto antes de plantear cualquier pregunta a Berta, es cierto cuando comparte el estado OPUESTO con Ana y es cierto después. Solamente cuando juntamos y comparamos las listas de respuestas de cada una a las diferentes preguntas nos damos cuenta de las misteriosas correlaciones que hemos comentado; y estas listas son objetos clásicos normales y corrientes que no se pueden transmitir a mayor velocidad que la luz.

Hay otra posibilidad, relacionada con la primera, que los experimentos de Aspect y sus colegas también pueden comprobar. Tal vez, a un nivel más profundo que el descrito por la mecánica cuántica, los dos fotones sí que están en comunicación, de manera que el primero en ser medido transmite información al otro acerca de la cuestión que se le ha planteado. De este modo todavía podría satisfacerse el principio de localidad. Pero en este caso tenemos que considerar la relatividad especial, que sostiene que no se puede transmitir información a mayor velocidad que la de la luz. Para comprobar tal posibilidad, se repitió el experimento con un conmutador aleatorio en uno de los extremos, que podía escoger rápidamente qué cuestión preguntar al fotón. Este conmutador era lo bastante rápido para que la elección se produjera mientras los fotones estaban viajando (es decir, entre su emisión desde el átomo y su llegada a los polarizadores); de este modo, la conmutación se producía con más rapidez que cualquier posible comunicación al otro fotón por medio de alguna señal que viajara a la velocidad de la luz o más lenta. El resultado quedó inalterado, lo que significaba que si los dos fotones estaban en comunicación sus mensajes se transmitían mucho más rápido que la luz, lo que violaría la teoría de la relatividad.

¿Qué conclusiones podemos extraer del argumento de Einstein, Podolsky y Rosen? Por muy ingenioso que sea, a la luz de los resultados experimentales debemos considerar que el planteamiento de EPR es incorrecto, porque se basa en una suposición falsa, que es la suposición de localidad. Las pruebas experimentales de las desigualdades de Bell (que es el nombre específico que recibe la restricción que hemos discutido) nos demuestran que, en cuanto Ana y Berta están entrelazadas en el estado OPUESTO, Ana resulta afectada físicamente por la elección de preguntas planteadas a Berta; y esto sigue siendo cierto por muy alejadas que estén ambas. Los resultados experimentales implican que este hecho es ineludible en mecánica cuántica y también en cualquier teoría más profunda que quiera completar la mecánica cuántica.

En cualquier caso, el artículo de EPR tuvo una influencia enorme, porque puso de manifiesto un aspecto inesperado de la mecánica cuántica: el entrelazamiento. Es una idea que tardó décadas en ser plenamente apreciada; de hecho, el artículo de EPR se avanzó a su tiempo. Además de descubrir el entrelazamiento, el artículo fue el punto de partida de Bell y, en consecuencia, del impactante descubrimiento de que la física viola el principio de localidad. Bohr, el gran antirrealista, replicó de inmediato al artículo de EPR con un ejemplo particularmente abstruso, de acuerdo con su estilo habitual de razonamiento.[4] Se mostró en desacuerdo con el criterio de realidad de EPR, señalando que una medición de una de las partículas perturba a la otra de manera indirecta, perturbando el contexto en el que cobran sentido las propiedades de esa otra partícula.

Durante los quince años posteriores a la publicación del artículo de EPR, solo hay otro artículo que lo cite; las siguientes referencias que se pueden encontrar son unas cuantas por parte de Everett y Bohm en la década de 1950; de hecho, John Bell fue el sexto autor en citar a EPR, en su gran artículo de 1964, casi treinta años después. En cambio, el artículo de EPR ha sido citado más de sesenta veces durante 2015 y también durante 2016. Ahora sí que podemos decir que vivimos en la época del entrelazamiento.

En los últimos años, muchos experimentos han confirmado la compartición de propiedades entre parejas entrelazadas, algunos con separaciones entre las partículas de cientos de kilómetros. El entrelazamiento está pasando de ser una curiosidad de laboratorio a convertirse en una tecnología, pues este concepto es la base de un nuevo tipo de ordenador, el ordenador cuántico. En el futuro próximo, el entrelazamiento nos permitirá descifrar códigos que se han considerado indescifrables durante mucho tiempo, a la vez que permitirá crear nuevos códigos en verdad indescifrables. Ya existen satélites de comunicaciones cuánticas en órbita, que usan parejas entrelazadas para cifrar los mensajes que transmiten.

Los primeros artículos revolucionarios de Einstein se publicaron en 1905, cuando tenía veintiséis años. Treinta años después, el artículo de EPR fue el último de Einstein que zarandeó las bases de la física; muy pocas personas consiguen estar al frente de la física durante tres décadas. Einstein nunca se cansó de intentar hallar la teoría más profunda que él suponía que tenía que haber más allá de la mecánica cuántica; dos décadas más tarde aún estaba trabajando en ello con su libreta de notas en el hospital la noche en que murió. Pero Einstein fracasó en su empeño, y la razón más sencilla para ello es que nunca comprendió que la suposición central que asumía en muchos de sus artículos (el principio de que la física es local) es errónea.

No hay ninguna razón por la que el artículo de Bell de 1964 no se hubiera podido escribir a finales de la década de 1930, tras el de EPR. Y la refutación de la localidad se hubiera podido comprobar poco después. Solo podemos imaginarnos lo que hubiera pensado Einstein de haber sabido, en 1940, de los resultados de Bell y Aspect.

Todas las historias que he relatado hasta el momento ilustran la rareza del mundo cuántico. Nos han permitido explicar la dualidad onda-partícula, la superposición y el principio de incertidumbre. Y aún más raro es el hecho de que las propiedades cuánticas pueden estar entrelazadas y compartirse entre sistemas muy alejados en el espacio. Esta es la conclusión definitiva de la historia que nos han relatado Einstein, Podolsky y Rosen, pero fue solo con el *remake* de John Bell que pudimos apreciar que la moraleja de la historia era la naturaleza radical de la no localidad cuántica.

Tal como vimos, la superposición se puede entender como una versión cuántica de la conjunción «o», que a partir de ahora indicaré como O; cuando combinamos dos sistemas, usamos una versión cuántica de la conjunción «y», que escribiré como Y. Estas O e Y son algo diferentes de las *o* e *y* que usamos habitualmente en el lenguaje coloquial, pero su verdadera rareza aparece cuando actúan conjuntamente. Podemos ver esto en el famoso experimento imaginario del gato de Schrödinger.

Empecemos con un modelo muy simple de un átomo, que puede

existir en dos estados: un estado excitado, inestable, que escribiremos como EXCITADO y un estado fundamental estable de menor energía, que especificamos como FUNDAMENTAL. Como EXCITADO es inestable, caerá a FUNDAMENTAL mediante la emisión de un fotón, que se lleva la energía sobrante. Estas *desexcitaciones* se producen a un ritmo que queda determinado por la semivida* del estado excitado.

Pongamos un átomo en el estado EXCITADO dentro de una caja y esperemos un tiempo comparable a la semivida; si no miramos en el interior de la caja, solo podemos deducir que la probabilidad de que cuando abramos la caja el átomo haya caído al estado FUNDAMENTAL es aproximadamente del 50 %. Pero ¿cuál es su estado antes de mirar en el interior de la caja? Según la mecánica cuántica no es ni EXCITADO ni FUNDAMENTAL, sino una superposición de ambos, lo que podemos escribir así:

ÁTOMO = EXCITADO O FUNDAMENTAL

Según la Regla 2, esta superposición tiene el potencial de convertirse, cuando la observamos, en cualquiera de los dos estados: el EXCITADO o el FUNDAMENTAL. Si tenemos una gran cantidad de estos estados, podemos determinar las probabilidades de cada uno de los resultados. Estas probabilidades cambian a medida que pasa el tiempo; tras crear el átomo, la probabilidad de que se haya desexcitado es muy baja, mientras que cuando ha transcurrido varias veces la semivida, es casi seguro que se habrá desexcitado.

Una superposición no es lo mismo que tener un estado o el otro con probabilidades diferentes. Una razón es que cuando la energía se vuelve incierta por la superposición de dos estados de energía diferentes, habrá otro observable que se vuelva bien definido. Es parecido al proceso por el que hacíamos que los asistentes a la fiesta tuvieran opiniones políticas bien definidas superponiendo sus estados con diferentes preferencias de mascotas; al crear incerteza en un observable crea-

* La semivida o periodo de semidesintegración (*half-life*) es el tiempo necesario para que se desintegre o se desexcite la mitad de un conjunto de partículas o, en el caso de una sola partícula, el tiempo para el cual la probabilidad de que se haya desintegrado o desexcitado llega al 50 %. No debe confundirse con el concepto relacionado de vida media (*mean lifetime*), que es el tiempo necesario para que solo quede un $1/e$ de la cantidad inicial (siendo e el número 2,71828...). *(N. del t.)*

mos certeza en otro. Así, siempre podemos encontrar una pregunta, complementaria a la energía, la respuesta a la cual sea SÍ con certeza absoluta. No sería el caso si solo estuviéramos tratando con las probabilidades de estar en EXCITADO o en FUNDAMENTAL.

A continuación, colocamos un contador Geiger en la caja y lo preparamos para que envíe un impulso eléctrico siempre que detecte un fotón. Desde el punto de vista de la mecánica cuántica, el Geiger también puede existir en dos estados: el estado NO, cuando no ha visto ningún fotón, y el estado SÍ cuando sí que lo ha detectado. También puede existir en una superposición de ambos.

Colocamos el átomo en la caja con el contador Geiger. Hay que ser cuidadoso para disponerlo todo de modo que inicialmente el átomo esté en el estado EXCITADO y el contador Geiger en el estado NO.

INICIAL = EXCITADO Y NO

Al escribir Y damos a entender que estos estados, al ser estados de dos sistemas diferentes, se combinan sin más, no se superponen.

Mucho más tarde, si todo va como es debido, esperaremos encontrar al átomo en el estado FUNDAMENTAL y el Geiger en el estado SÍ, lo que corresponde a que el contador Geiger ha detectado el fotón emitido por el átomo que se desexcita.

FINAL = FUNDAMENTAL Y SÍ

Entre la situación inicial y la final, el sistema se halla en una superposición de estos dos estados combinados:

INTERMEDIO = (FUNDAMENTAL Y SÍ)
O (EXCITADO Y NO)

El sistema total es una superposición de un estado en que el átomo está en el estado EXCITADO y el contador Geiger está en el estado NO con la otra posibilidad, que es el estado en que el átomo se ha desexcitado a FUNDAMENTAL y el contador Geiger está en el estado SÍ porque ha detectado el fotón emitido. El estado INTERMEDIO es un ejemplo de estado correlacionado, así denominado porque las propiedades de los dos sistemas están correlacionadas. El estado del átomo es incierto, pero si sabemos en qué estado se halla, podemos deducir en qué estado estará el contador Geiger.

Si luego abrimos la caja y miramos en su interior, nunca veremos superposición alguna. Mirar en el interior es una medición, regida por la Regla 2. Veremos que, o bien el contador Geiger ha detectado un fotón y por tanto el átomo se ha desexcitado, o bien el átomo sigue excitado y el contador Geiger aún no ha detectado nada.

Todo esto resulta un poco extraño, porque plantea una serie de cuestiones delicadas. ¿Por qué hay dos reglas para determinar cómo cambian en el tiempo los sistemas cuánticos, en lugar de una sola? ¿Por qué tratamos las mediciones y las observaciones de modo diferente a otros procesos? Al fin y al cabo, un aparato de medición es una máquina formada por átomos. ¿No tendría que haber solo una regla para saber cómo cambian las cosas en función del tiempo, aplicable a todos los casos?

Y, de hecho, ¿qué es lo que tienen los aparatos de medición que los hace diferentes? ¿Es acaso el tamaño o la complejidad del dispositivo? ¿Se trata de la enorme cantidad de átomos que lo forman? ¿O se trata más bien de que es algo que puede utilizarse para obtener información? ¿Cuándo se produce el colapso a un estado bien definido? ¿Sucede cuando el fotón se topa con el detector? ¿O cuando se amplifica la señal? ¿O quizá cuando nosotros somos conscientes de la información recogida?

Todas estas cuestiones son aspectos diversos del problema de la medición. La respuesta más simple es que, de un modo u otro, tiene que ser de esta manera. Nunca observamos que los objetos grandes tengan propiedades indefinidas: en nuestro mundo no hay contadores Geiger que, a la vez, han detectado y no han detectado un fotón. Cualquier cuestión que planteemos tiene una respuesta bien definida. En cambio, necesitamos la superposición para explicar los átomos y la radiación.

Para hacer hincapié en la extrañeza de todo esto, Schrödinger puso a un gato dentro de la caja, junto con el contador Geiger. Conectó la señal del contador Geiger a un transformador, cuya salida estaba conectada con pinzas a las orejas del gato. Si el contador Geiger detectaba un fotón, el gato recibía una descarga eléctrica letal (por supuesto Schrödinger nunca hizo tal cosa; era solo un experimento imaginario para electrizarnos a nosotros, no a ningún gato). Esperamos tanto tiempo como la semivida y abrimos la caja. ¿Aplicamos la Regla 1 o la Regla 2? Veamos qué predice cada una de ellas.

Supongamos primero que la Regla 1 es aplicable a todo el sistema que hay dentro de la caja, incluido el gato. El sistema, pues, está formado por el átomo, el contador Geiger y el gato. Hay dos estados con interpretaciones bastante evidentes; uno es el estado inicial:

INICIAL = EXCITADO Y NO Y VIVO

Es el estado en que el átomo está excitado, el contador Geiger no ha detectado nada y el gato está vivo. Tras un tiempo bastante largo, podemos estar seguros de que el átomo se ha desexcitado y de que el gato ha muerto:

FINAL = FUNDAMENTAL Y SÍ Y MUERTO

Este estado es el resultado de la desexcitación del átomo y muestra un átomo estable en el estado fundamental, un detector que ha indicado la presencia de un fotón y un gato muerto. Entre medio, el estado es una superposición de estas dos posibilidades:

INTERMEDIO = (EXCITADO Y NO Y VIVO)
O (FUNDAMENTAL Y SÍ Y MUERTO)

Pero un gato es un mamífero, con un cerebro y tal vez una mente consciente; es casi tan complejo como nosotros. En consecuencia, ¿qué sentido tiene para el gato estar en una superposición de VIVO y MUERTO? Si para nosotros no tiene sentido existir en una superposición, seguro que tampoco lo tiene para el gato. Si aplicamos la Regla 2 a nuestra observación, también tendremos que aplicarla al gato, que, al fin y al cabo, observa la señal del detector. Así, apliquemos mejor la Regla 2. Cuando abrimos la caja, el sistema efectúa una elección y salta a un estado bien definido; encontramos un gato muerto o un gato vivo.

La Regla 1, pues, no es aplicable a humanos ni a gatos, pero ¿es aplicable a contadores Geiger? ¿Dónde está la frontera? ¿Por qué es aplicable a átomos y no a grandes conjuntos de átomos como los detectores, los gatos y los humanos?

Estamos ante la paradoja del gato de Schrödinger. Una medida de la fecundidad de la imaginación humana es la cantidad de respuestas que se han planteado para esta paradoja.

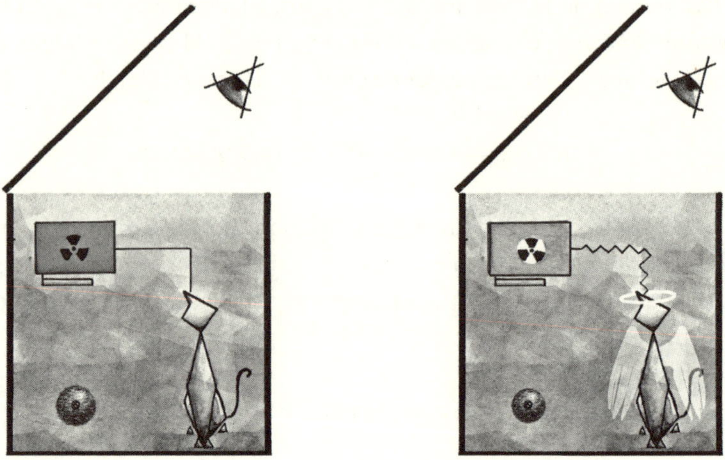

Figura 4. El experimento imaginario, o experimento mental, del gato de Schrödinger. Construimos un detector para responder con una descarga eléctrica a la detección de un fotón que puede ser emitido por un átomo que se desexcita y pasa de un estado excitado al estado fundamental. El gato está conectado al circuito, de modo que cuando el detector se active, electrocutará al gato. Tras un tiempo, el átomo está en una superposición de sus estados excitado y fundamental. La Regla 1 aplicada a este caso predice que el gato en el interior de la caja cerrada está también en una superposición de dos estados: vivo y muerto.

Pocos años después de que Bell publicara su restricción, se publicó un resultado en verdad impactante que limitaba todavía más las opciones para las teorías cuánticas realistas. Para describirlo tenemos que regresar a Bell.

Una manera de expresar lo que hay de sorprendente en el resultado de Bell es que las respuestas que da Ana a las preguntas que se le plantean tienen que depender de las preguntas planteadas a Berta. Es algo que resulta asombroso, porque Ana y Berta están muy alejadas, de modo que la localidad debería evitar tal dependencia. Pero fijémonos que la conclusión es la misma tanto si están alejadas como si no. Lo cierto es que el resultado de que las respuestas de Ana dependan de las preguntas planteadas a Berta es sorprendente por otra razón.

Antes hemos hablado de pares de mediciones incompatibles entre ellas, como la posición y la cantidad de movimiento de una partícula. En estos casos, parece que el acto de medir una cantidad interfiere o perturba el valor de la otra. Cuando describimos este fenómeno dijimos que el orden en que se efectúan las mediciones es relevante.

Pero fijémonos que el caso de Ana y Berta no es de este tipo. Las preguntas planteadas a Berta son totalmente compatibles con las preguntas planteadas a Ana; el orden en que se realicen no tiene importancia. Esto era cierto cuando las preguntas se efectuaban con las dos amigas alejadas, pero sigue siendo cierto aunque estén una al lado de la otra. De todos modos, incluso si el orden en que preguntamos es irrelevante, de manera que las cuestiones planteadas a una sean compatibles con las planteadas a la otra, sigue sucediendo que las respuestas de Ana dependen de qué preguntas decidamos plantear a Berta.

Esta dependencia se denomina *contextualidad*, porque las respuestas de Ana dependen del contexto global, hasta el punto de que dependen de las elecciones acerca de qué otras cuestiones se van a preguntar. Es una característica habitual en los sistemas mecánico-cuánticos. La contextualidad se da en situaciones en las que nuestro sistema se describe mediante tres propiedades, como mínimo, que podemos simbolizar A, B y C. A es compatible con B y con C, de modo que A se puede medir a la vez que B o que C, pero B y C no son compatibles entre sí, de modo que solo podemos medir una de ellas cada vez.

En definitiva, podemos medir A y B o podemos medir A y C. Ahora efectuamos una serie de experimentos en que elegimos ambas posibilidades y registramos todas las respuestas; al hacerlo, encontramos (suponiendo que la mecánica cuántica es correcta) que las respuestas a A dependen de si hemos decidido medir B o C junto con A. La conclusión es que la naturaleza es contextual, que es lo que vemos con la mecánica cuántica y ha quedado confirmado mediante experimentos para comprobar esta predicción teórica. En consecuencia, también tiene que ser una característica de cualquier teoría más profunda que sustituya a la mecánica cuántica.

Este resultado fue demostrado por John Bell a principios de la década de 1960, antes de publicar su trabajo sobre la no localidad. Envió el artículo a una revista, pero parece que quedó pendiente «en la mesa del editor» durante dos años, hasta que se publicó en 1966. Para esa fecha, el resultado ya había sido demostrado nuevamente por dos matemáticos, Simon Kochen y Ernst Specker, de manera que la conclusión de que la mecánica cuántica es contextual suele atribuirse a estos, aunque en rigor debería denominarse teorema de Bell-Kochen-Specker.[5]

La mecánica cuántica se creó para explicar determinados resultados experimentales desconcertantes sobre la luz, la radiación y los átomos. Pero los tres nuevos fenómenos que hemos comentado en este capítulo (entrelazamiento, no localidad y contextualidad) son, con mucho, más desconcertantes. Cada uno es tan extraño que, durante cierto tiempo, se usaron para argüir que la mecánica cuántica estaba equivocada, hasta que los experimentos confirmaron que se trata de aspectos del mundo natural, sin atisbo de duda. Nadie esperaba todo esto; el entrelazamiento, la no localidad y la contextualidad surgieron, cada uno, del estudio de los sistemas cuánticos y fueron predicciones de la teoría cuántica que resultaron ser ciertas.

Estos tres aspectos de la física cuántica plantean unos grandes desafíos al realismo. De hecho, obligan a descartar diversas clases de teorías realistas; en concreto, el entrelazamiento no local es incompatible con todas las teorías cuyos existibles se influyen mutuamente solo mediante fuerzas locales, cuyas acciones se propagan a la velocidad de la luz o a una velocidad inferior. Cualquier teoría realista que pueda imitar a la mecánica cuántica debe describir un mundo que viole esta situación y, por tanto, admita abiertamente la no localidad. Es por esto por lo que Einstein hablaba de la «espeluznante acción a distancia». La elección a la que nos enfrentamos es muy clara: podemos abandonar el realismo y aceptar la mecánica cuántica como la última palabra sobre el tema o podemos seguir adelante y mirar de comprender cómo la naturaleza viola la localidad sin dejar de tener sentido.

5

LO QUE LA MECÁNICA CUÁNTICA NO EXPLICA

La mecánica cuántica no responde a todas las cuestiones que podamos plantear sobre el mundo atómico, pero sí que consigue dar muchas respuestas correctas. En este punto, vale la pena resumir un poco lo que, tal y como hemos descubierto, la mecánica cuántica es capaz de explicar y lo que no. A grandes rasgos, la mecánica cuántica predice y explica dos tipos de propiedades: propiedades de sistemas individuales y promedios obtenidos a partir de muchos sistemas individuales. Son cosas muy diferentes.

Cuando podemos asignar un valor bien definido a una magnitud (tal como sucede al hacer una medición), obtenemos una propiedad del sistema individual que estamos midiendo. Sin embargo, en muchos casos el principio de incertidumbre nos impide hablar de otra cosa que no sean promedios.

¿A qué se refieren exactamente estos promedios? A causa del principio de incertidumbre puede suceder que dos átomos, dispuestos de manera idéntica en el mismo estado inicial, den resultados diferentes al medirlos un tiempo después. Por ejemplo, átomos situados en la misma posición inicial tenderán a dispersarse y, por tanto, un rato después se hallarán en diferentes lugares. Ahora bien, cuando las respuestas finales varían, todavía podemos medir sus valores medios y la mecánica cuántica nos dice que estos promedios se consideran sobre muchas iteraciones del mismo experimento. Un experimento nos obliga a preparar muchas copias de un sistema, esperar y medir cada una, para luego obtener el promedio de los resultados.

Un conjunto de átomos que son similares en algunas características pero diferentes en otras se denomina *colectividad*. La mecánica cuántica se ocupa de colectividades, que pueden definirse fijando una magnitud (como la energía) para que tenga un valor bien definido, mientras que otros parámetros pueden variar dentro de todo un intervalo de valores, tal como exige el principio de incertidumbre. Cuando hablamos de promedios o de probabilidad en mecánica cuántica, solemos referirnos a algo que puede medirse haciendo un promedio sobre los miembros de una colectividad formada por muchas copias del átomo en cuestión. En muchos casos, esto resulta fácil de hacer, porque muchos experimentos se ocupan de conjuntos de átomos, como en el caso de un gas. Se trata de colectividades reales, porque los átomos del conjunto son reales; no obstante, a veces la colectividad solo existe en la imaginación del teórico.

Es normal explicar los resultados de promedios sobre muchas copias de un sistema individual en términos de propiedades de esos sistemas individuales. Sin embargo, en mecánica cuántica es habitual la situación inversa, de modo que una propiedad de un átomo individual se explique a partir de los promedios sobre muchos átomos. ¿Cómo puede ser que el comportamiento colectivo determine el comportamiento individual? Estas situaciones apuntan al corazón de lo que resulta más misterioso en el mundo cuántico.

Una de las propiedades individuales que puede estudiar la mecánica cuántica es la energía de un átomo o una molécula. Un resultado de la teoría es que las energías de muchos sistemas solo pueden tener determinados valores discretos, y el conjunto de todos estos valores posibles se denomina *espectro*. El espectro energético es una propiedad de los átomos individuales, pues se puede observar en experimentos con un único átomo. Los átomos, moléculas y materiales tienen todos su espectro característico, todos ellos predichos con exactitud por la mecánica cuántica; además, la teoría explica por qué esos sistemas solo pueden tener las energías que tienen y no otras. La explicación se basa en la dualidad onda-partícula y es una situación en la que se usan los promedios sobre muchos sistemas para explicar lo que sucede en un sistema individual. Veámoslo.

Podemos dividir la explicación en dos pasos. El primero es usar la relación entre la energía y la frecuencia, que es la base de la dualidad onda-partícula. Un determinado espectro de valores discretos de la energía equivale a un determinado espectro de frecuencias discretas. El segundo paso aprovecha la imagen de un estado cuántico como una onda. Una onda que oscila a una determinada frecuencia es como una campana o una cuerda de una guitarra que genera un sonido; la cuerda vibra cuando se pulsa y la campana hace lo mismo cuando se golpea, en ambos casos vibrando a cierta frecuencia.

Ahora hay que usar la ecuación que nos dice cómo cambian los estados cuánticos a medida que transcurre el tiempo para predecir las frecuencias resonantes del sistema. La ecuación usa como datos de partida las masas de las partículas implicadas en el sistema y las fuerzas que se ejercen entre ellas, y nos proporciona el espectro de frecuencias resonantes, que luego podemos transformar en energías resonantes. Este procedimiento funciona muy bien. Por ejemplo, en el caso de un sistema formado por un protón y un electrón, unidos por su atracción eléctrica, la ecuación nos da todas las posibles energías del átomo de hidrógeno.

En la mayoría de los casos, hay un estado que es el de energía más baja, llamado *estado fundamental*; los estados de energía superior se denominan *estados excitados*. Para excitar el estado fundamental, hay que añadirle la energía necesaria (que suele proceder de fotones) para llegar al valor de uno de esos estados excitados; así, el sistema pasa del estado fundamental al estado excitado. Los estados excitados acostumbran a ser inestables, porque pueden caer de nuevo al estado fundamental emitiendo la energía sobrante en forma de un fotón. El estado fundamental no tiene ningún otro estado por debajo, con energía aún más baja, al cual caer, de modo que es estable. De hecho, la mayoría de los sistemas pasan la mayor parte del tiempo en sus estados fundamentales.

Este método se ha comprobado en una enorme cantidad de sistemas, como átomos, moléculas, núcleos y sólidos; y en todos los casos estudiados, se observan los espectros predichos. Además de predecir correctamente los espectros de energías posibles, la mecánica cuántica predice magnitudes promedio, como los valores medios de las posiciones de las partículas que forman el sistema. Para cada frecuencia resonante, se puede resolver la ecuación que define la mecánica cuántica para obtener la onda correspondiente. Luego aplicamos la regla de Born (que dice que el cuadrado de la onda es proporcional a la probabilidad de encontrar la partícula) para predecir las probabilidades de que la partícula se halle en cada lugar.

Los estados de energía bien definida tienen posiciones indeterminadas. Supongamos que preparamos un millón de átomos de hidrógeno diferentes, todos en el estado fundamental. De cada uno de estos átomos medimos la posición del electrón (respecto al protón, que consideramos fijo en el centro del átomo), con lo que obtenemos un millón de posiciones diferentes; algunos electrones estarán lejos del protón, pero la mayoría estarán acumulados cerca de este. El conjunto de posibles posiciones forma una distribución estadística y es esta distribución, más que las posiciones individuales definidas, lo que predice la mecánica cuántica. Según el principio de incertidumbre, no se puede predecir la posición de cualquiera de los electrones individuales, pero sí la distribución estadística de las posiciones, que se obtiene de medir una gran cantidad de casos. Estas distribuciones estadísticas se calculan elevando la onda al cuadrado.

En resumen, pues, la mecánica cuántica presenta dos tipos de predicciones. Realiza predicciones de los espectros discretos de energía (u otras magnitudes) que puede tener un sistema y también realiza predicciones para distribuciones estadísticas de magnitudes como las posiciones de las partículas. En todos y cada uno de los casos que yo conozco, estas dos predicciones han quedado confirmadas por los experimentos, lo que es verdaderamente impresionante.

Pero ¿explica la mecánica cuántica cómo funcionan los átomos individuales? ¿Es siempre una predicción exitosa lo mismo que una explicación?

Lo que la mecánica cuántica permite explicar es, sin duda, asombroso, pero igualmente asombroso es lo que no explica. No describe ni predice dónde se puede encontrar un electrón individual. Como la mecánica cuántica se ocupa de promedios, poco tiene que decir sobre lo que sucede en sistemas individuales.

Los promedios nos los encontramos habitualmente en muchos casos. No tenemos ningún problema en determinar la estatura media de los canadienses, por ejemplo; y podemos hacerlo porque cada canadiense tiene una estatura determinada de tantos o cuantos centímetros. Sumamos todas estas medidas de estatura, la dividimos por el número de canadienses que hemos medido y obtenemos la media.

En casos como este, la media está formada a partir de estaturas individuales, que es una propiedad de cada individuo. Podríamos trabajar con la lista completa de estaturas, pero para la mayoría de los propósitos, como diseñar muebles o automóviles, la estatura media es todo lo que necesitamos. Si hace falta algo más, es muy probable que nos baste con la *desviación estándar*, que nos dice cuál es el intervalo habitual de variación respecto a la media. Con la media y la desviación estándar, una compañía aérea podría (si quisiera) construir butacas de avión en las que se podrían sentir cómodos el 95% de los canadienses. En estos casos, la información que decidimos ignorar al usar promedios existe realmente, pero escogemos no usarla y trabajar con la media en su lugar. Las incertezas que aparecen por nuestro uso de las probabilidades son debidas exclusivamente a nuestra ignorancia.

Pero ahora supongamos que cada vez que medimos la estatura de alguien obtuviéramos un resultado diferente. En tal caso habría un elemento genuino de aleatoriedad, porque no tenemos forma de saber qué estatura tendrá alguien la próxima vez que lo midamos. Esta situación ya es más parecida a lo que nos encontramos en la teoría cuántica. ¿Qué significa la media y qué permite explicar, cuando no hay información definida sobre los casos individuales?

La mecánica cuántica realiza magníficas predicciones para los promedios, a pesar de no poder decir nada acerca de los casos individuales. Parece que nos falta el tipo de explicación que solemos esperar en casos como la estatura de los canadienses, donde el fundamento del promedio radica en el hecho de que está compuesto por casos individuales.

Uno de los aspectos más inesperados de la mecánica cuántica es que un sistema puede cambiar en función del tiempo de dos maneras diferentes, que ya he comentado en el capítulo 3. La mayor parte del tiempo, un estado cuántico evoluciona de modo determinista siguiendo la Regla 1; sin embargo, cuando efectuamos una medición del sistema, evoluciona de una manera muy diferente, siguiendo la Regla 2. La medición nos dará un valor de entre un rango de posibles valores; justo después de la medición, el estado cuántico salta a un estado que corresponde al valor bien definido medido en el experimento. La Regla 1 es continua y determinista; la Regla 2, en cambio, es abrupta y probabilística. El estado salta de modo abrupto tras la medición, pero la mecánica cuántica solo predice probabilidades para los diferentes resultados posibles y, en consecuencia, para los diferentes estados a los que puede saltar el sistema.

La mayoría de las personas se muestran perplejas cuando descubren estas dos reglas. Tal como hemos comentado antes, la situación es en verdad desconcertante. Lo primero que sorprende es el problema de la medición: ¿qué tiene de especial una medición? ¿Acaso los instrumentos de medición y las personas que los usan no están hechos de átomos, para los cuales es aplicable la Regla 1?

Al dictar cómo cambia un sistema cuántico a lo largo del tiempo, la Regla 1 tiene el mismo papel fundamental en la teoría cuántica que las leyes de Newton del movimiento tenían en la física clásica. Igual que las leyes de Newton, la Regla 1 es determinista; parte de un estado inicial y especifica cómo evoluciona este hasta un estado final en un momento posterior. Esto significa que, como datos iniciales, admite estados que están construidos como superposiciones y produce estados finales que, de modo similar, están formados a partir de superposiciones. La probabilidad no tiene ningún papel, aquí.

Pero las mediciones, según la Regla 2, no transforman superposiciones en otras superposiciones. Al medir alguna magnitud, como la posición o las preferencias de mascotas, se obtiene un valor bien definido; luego, el estado es aquel que corresponde a ese valor bien definido. Así, incluso si el estado inicial es una superposición de estados con valores definidos de alguna magnitud observable, el estado final no lo es, pues corresponde a un único valor. La Regla 2 no nos dice cuál es este valor definido, solo predice probabilidades de ocurrencia de cada uno de los posibles resultados. Estas probabilidades no son espurias; son parte de lo que predice la mecánica cuántica. La Regla 2 es básica, porque especifica cómo aparecen las probabilidades en la mecánica cuántica; y estas probabilidades son esenciales en muchos casos, pues son aquello que miden los experimentadores.

De todos modos, la mecánica cuántica exige que la Regla 1 y la Regla 2 nunca se apliquen al mismo proceso, porque se contradicen entre ellas, y esto implica que debemos distinguir siempre entre mediciones y otros procesos de la naturaleza. Pero si somos realistas, tenemos que considerar que las mediciones no son más que procesos físicos y que no hay en ellos nada especial que los diferencie de cualquier otra cosa que sucede en el mundo natural. En consecuencia, resulta muy difícil dar un papel especial a las mediciones desde un enfoque realista y, por ende, no parece sencillo hacer cuadrar la mecánica cuántica con el realismo.

En definitiva, la cuestión que debemos plantearnos se puede reducir a lo siguiente: ¿podemos vivir con estas contradicciones y paradojas o queremos, y esperamos, algo más de la ciencia?

6

EL TRIUNFO DEL ANTIRREALISMO

> «La teoría cuántica no describe la realidad física. Lo que proporciona es un algoritmo para calcular probabilidades de sucesos macroscópicos («clics en un detector») que son consecuencia de nuestras operaciones experimentales. Esta definición estricta del ámbito de la teoría cuántica es la única interpretación que han necesitado tanto experimentalistas como teóricos».[1]
>
> CHRIS FUCHS Y ASHER PERES

El primero en comprender que la física cuántica requería una teoría radicalmente nueva basada en una dualidad de ondas y partículas fue Albert Einstein. Einstein era un realista convencido, pero la revolución cuántica que él puso en marcha culminó veinte años más tarde en una teoría que exige que separemos las mediciones de todos los demás procesos y que los tratemos de un modo muy diferente, una distinción que, como he comentado en el último capítulo, es totalmente ajena al realismo. Según la mayoría de los pioneros del mundo cuántico, la solución era abandonar el realismo. ¿Cómo se produjo este abandono?

La idea de una dualidad de onda y partícula apareció por primera vez en los trabajos de Einstein sobre la naturaleza de la luz, a principios del siglo XX. En esa época, los físicos ya habían considerado teorías donde la luz se trata como una onda y teorías donde se trata como una partícula, pero siempre era una situación o la otra. Newton evaluó la teoría ondulatoria y la rechazó a favor de una teoría que suponía que la luz era un chorro de partículas que viajaban de los objetos hasta el ojo (algunos pensadores de la Antigüedad lo habían planteado en sentido contrario, como una sustancia que salía de los ojos e incidía sobre los objetos, lo que planteaba el problema de cómo es que no vemos en la oscuridad). La razón de Newton para inclinarse por la teoría corpuscular era interesante: pensaba que las partículas podían explicar mejor por qué la luz viaja en línea recta; él sabía bien que las ondas se podían desviar al difractarse alrededor de los objetos y pensaba que la luz no podía hacer tal cosa. La teoría corpuscular de la luz de Newton dominó el panorama de la física hasta que un inglés llamado Thomas Young demostró, a principios del siglo XIX, que la luz sí se desviaba y se difractaba alrededor de los obstáculos y cuando atravesaba estrechas rendijas. Young era un médico que contribuyó a diversos campos de la ciencia y de la medicina, y también de la egiptología; era experto en muchísimos ámbitos científicos, algo que el rápido avance de la ciencia haría imposible bien pronto. En ocasiones se le calificó de «la última persona en saberlo todo», pero su mayor logro fue la teoría ondulatoria de la luz, que, junto con las pruebas experimentales que aportó, provocaron el destronamiento de la teoría corpuscular de Newton.

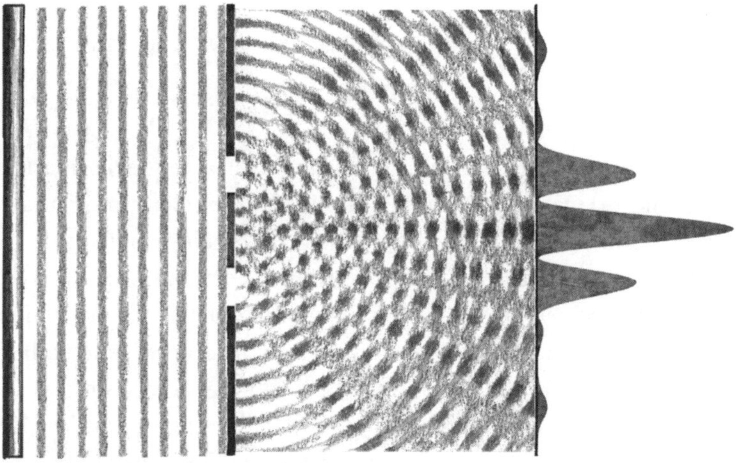

Figura 5. El experimento de la doble rendija, que demuestra que la luz se comporta como una onda.

Uno de los ejemplos que consideró Young fue el experimento de la doble rendija, que ilustramos en la figura 5. Unas ondas de agua procedentes del lado izquierdo llegan a un rompeolas con dos estrechas aberturas camino de la playa que hay a la derecha. Las ondas que atraviesan las aberturas interfieren entre ellas: la altura del agua en cada punto a la derecha del rompeolas es una combinación de las ondas procedentes de cada una de las aberturas. Cuando coinciden los picos de las dos ondas, se refuerzan mutuamente y la onda combinada llega a su máximo; cuando un pico de una onda coincide con un mínimo de la otra, se cancelan entre sí. El resultado final es el patrón que representamos a la derecha, que se denomina *patrón de interferencia*. El punto clave a recordar y entender es que el patrón de interferencia es el resultado de que llegan ondas procedentes de dos orificios.

Thomas Young pudo construir un equivalente del experimento de la doble rendija para el caso de la luz y observó un patrón de interferencia, lo que reforzaba muchísimo la hipótesis ondulatoria de la luz. El físico escocés James Clerk Maxwell aportó más apoyos a la idea de que la luz es una onda: hacia 1860, demostró que la luz es una onda que vibra a través de campos eléctricos y magnéticos que llenan el espacio y transmiten fuerzas entre cargas eléctricas e imanes.

Einstein aceptó la hipótesis de Maxwell, pero añadió una de su propia cosecha, en la que afirmaba que la energía transportada por las ondas de luz se presenta siempre en paquetes discretos, que denominó *fotones*. Así nació la idea de que la luz tiene una naturaleza dual: se desplaza como una onda pero transporta energía en unidades discretas como una partícula. Einstein asoció ondas y partículas con una hipótesis sencilla, según la cual la energía que transporta un fotón es proporcional a la frecuencia de la onda luminosa. La luz visible abarca un cierto intervalo de frecuencias, con la luz roja en las frecuencias más bajas, mientras que la luz azul corresponde a las frecuencias más altas que puede detectar nuestro ojo, con un valor que es casi el doble que el de la luz roja; así, un fotón azul transporta casi el doble de energía que un fotón rojo.

¿Qué llevó a Einstein a plantear una propuesta tan radical? Conocía bien los experimentos que podían distinguir el efecto de aumentar la intensidad de un haz de luz de los efectos de modificar su color o frecuencia. Estos experimentos hacían incidir luz sobre un metal, lo que provocaba la expulsión algunos electrones de aquel, y estos electrones podían formar una corriente eléctrica fácilmente detectable mediante los instrumentos simples de cualquier electricista.

Los experimentos medían cuánta energía adquirían los electrones expulsados de la luz que incidía sobre el metal. Los resultados mostraban que si queremos aumentar la energía de cada electrón tenemos que incrementar la frecuencia de la luz. En cambio, aumentar la intensidad de la luz no tiene ningún efecto (o es casi negligible);

solo hace crecer el número de fotones que chocan con el metal, sin modificar la energía que, de los fotones individuales, adquieren los electrones. Esto coincide con la hipótesis de Einstein de que los electrones adquieren energía de la luz absorbiendo fotones, cuya energía es proporcional a la frecuencia de la luz.

Los electrones suelen estar atrapados en el metal. La energía que un fotón da a un electrón es como el pago de una fianza atómica: libera al electrón y le permite desplazarse con libertad, sin el aprisionamiento del metal. Pero esta fianza tiene un valor mínimo; los fotones que llevan una energía insuficiente no tienen ningún efecto. Para que el electrón escape, este tiene que obtener su energía de un solo fotón; no puede ir absorbiéndola poco a poco en pequeños incrementos. Así, por ejemplo, la luz roja no podrá provocar ninguna corriente de electrones, pero sí bastará con unos pocos fotones de luz azul, porque cada uno de ellos transporta suficiente energía para liberar un electrón.

Para Einstein, el hecho de que la luz roja, por muy intensa que sea, no pueda arrancar electrones del metal, pero que una pequeñísima cantidad de luz azul sí que lo consiga fue una pista casi definitiva de que la energía de la luz se transporta en paquetes discretos, cada uno proporcional a la frecuencia. Una pista aún más clara llegó gracias a mediciones efectuadas en 1902 que mostraban que, una vez llegado al umbral para la liberación, el electrón expulsado tenía una energía proporcional al valor en que la energía del fotón incidente superaba ese umbral. Este fenómeno es el efecto fotoeléctrico, y Einstein fue el único que lo interpretó correctamente como la chispa de una revolución en la ciencia. Su artículo sobre este tema fue uno de los cuatro que escribió en su «año milagroso» de 1905, cuando tenía veintiséis años y trabajaba en una oficina de patentes.

En esa época, la teoría dominante de la luz era la de Maxwell, que afirmaba que la luz es una onda que se mueve a través de los campos eléctrico y magnético. Einstein conocía la teoría de Maxwell al dedillo, e incluso se había llevado el libro de Maxwell en la mochila durante el año que pasó haciendo excursiones por las montañas, cuando aún era adolescente. Nadie sabía mejor que él que, a pesar de su extraordinaria potencia y elegancia, la teoría ondulatoria de la luz de Maxwell no podía explicar el efecto fotoeléctrico, porque, si Maxwell estuviera en lo cierto, la energía transmitida por una onda a un electrón aumentaría con la intensidad de la onda, que es justo lo que no se observaba en los experimentos.

El efecto fotoeléctrico no fue la única pista. La generación de los mentores de Einstein había desarrollado muchísimo el estudio de la luz emitida por los cuerpos calientes, como el brillo de un pedazo de carbón al rojo vivo. Se habían obtenido hermosos resultados experimentales (que los teóricos tenían la esperanza de poder explicar) que mostraban que los colores de la luz emitida cambian a medida que aumenta la temperatura del material. En 1900, el físico teórico Max Planck explicó este resultado por medio de una derivación que incluía una de las más creativas confusiones de la historia de la ciencia. Para atisbar un poco este culebrón, hay que tener presente que, al empezar el siglo XX, el consenso entre los físicos era que no había átomos, sino que la materia era totalmente continua, opinión compartida por Planck. Algunos físicos destacados, como Ludwig Boltzmann en Viena, sí que creían en la existencia de los átomos; de hecho, Boltzmann había ideado un método para obtener las propiedades de los gases considerándolos un conjunto de átomos.

Aunque Planck era escéptico por lo que respecta a la hipótesis atómica, utilizó los métodos empleados por Boltzmann para estudiar los gases y los aplicó a las propiedades de la luz.* Sin proponérselo, estaba describiendo la luz como un gas formado por fotones, en lugar de por átomos. A partir de aquí, y navegando por aguas poco familiares, descubrió que podía obtener una respuesta que coincidía con los experimentos, siempre y cuando considerara que la energía de cada fotón era proporcional a la frecuencia de la luz.

Planck no creía en la realidad de los átomos de luz, tal como no creía en los átomos de materia y, por ello, no comprendió que había hecho el descubrimiento revolucionario de que la luz está formada por partículas. Pero Einstein sí creía en ambos conceptos, y casi en solitario logró entender que el éxito de la teoría de Planck se basaba en que trataba la luz como un gas de fotones. Cuando supo acerca del efecto fotoeléctrico, pensó de inmediato en analizarlo usando la proporcionalidad entre la energía de un fotón y la frecuencia de la luz que aparecía en el trabajo de Planck. Así pues, fue Einstein, y no Planck, quien tuvo la buena fortuna de hacer uno de los grandes descubrimientos de la historia de la ciencia: la luz tiene una naturaleza dual, en parte corpuscular y en parte ondulatoria.

* Para conocer más cosas acerca de cómo Planck aprovechó de forma «fraudulenta» los métodos de Boltzmann, véase la obra de Thomas Kuhn *La teoría del cuerpo negro y la discontinuidad cuántica 1894-1912*, o la encantadora biografía de Paul Ehrenfest escrita por Martin Klein. Las referencias de estas dos obras están en el apartado «Lecturas adicionales» al final del libro.

Al principio, la propuesta de Einstein fue recibida con una buena dosis de escepticismo. Al fin y al cabo, el experimento de la doble rendija era tan válido y definitivo como antes y mostraba con claridad que la luz viajaba como una onda al atravesar las rendijas. De algún modo, la luz tiene, a la vez, un carácter corpuscular y un carácter ondulatorio y Einstein se dedicó a luchar con esta aparente contradicción durante toda su vida. De todos modos, en 1921 ya se habían confirmado algunas predicciones detalladas que había planteado en su artículo de 1905 y Einstein recibió el premio Nobel por su explicación del efecto fotoeléctrico.

Como nota al margen de esta historia, vale la pena mencionar que otro de los cuatro artículos que escribió Einstein en 1905 aportó la demostración final y definitiva de que la materia está formada por átomos. Los átomos son demasiado pequeños para poderse observar incluso con los mejores microscopios de esa época, de modo que Einstein se centró en objetos lo bastante grandes para ser observados a través de un microscopio: granos de polen. Se sabía que, cuando estaban en suspensión en el agua, estos granos se movían sin cesar, algo que resultaba muy misterioso. Einstein explicó que esta danza de los granos de polen era debida a las colisiones que sufrían con moléculas de agua, que están también en continuo movimiento.* Los otros dos artículos que escribió Einstein durante ese año maravilloso crearon la teoría de la relatividad y presentaron la icónica relación entre masa y energía: $E = mc^2$.

Si quisiéramos hallar un equivalente a lo que logró Einstein en aquel año de 1905, solo nos queda echar la mirada a Newton. Einstein hizo estallar dos revoluciones: la relatividad y la física cuántica. De esta última había arrancado dos valiosísimas ideas: la naturaleza dual de la luz y la relación entre la energía de una partícula y la frecuencia de la onda, que vincula los dos lados de esa dualidad. El cuarto artículo de Einstein, que demostraba la existencia de los átomos, no decía nada de la naturaleza cuántica de la luz, pero contenía dos misterios que solo la teoría cuántica sería capaz de resolver. ¿Cómo pueden ser estables los átomos? Y ¿por qué los átomos de un mismo elemento químico se comportan de forma idéntica?

* Por desgracia, este resultado llegó demasiado tarde para Boltzmann, quien, deprimido por su incapacidad de convencer a sus colegas de la realidad de los átomos, se suicidó al año siguiente. Y si se me permite añadir una nota al pie a una nota al pie, un joven estudiante de física vienés llamado Ludwig Wittgenstein quedó tan consternado por la noticia del suicidio de Boltzmann que se pasó a la filosofía.

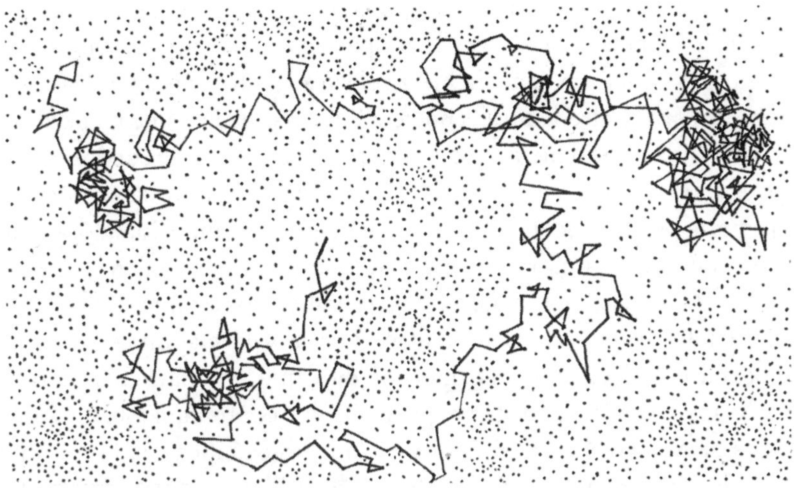

Figura 6. Movimiento browniano. El movimiento browniano es el desplazamiento aleatorio de moléculas y otras partículas pequeñas de la naturaleza. Einstein explicó que es el resultado de las frecuentes colisiones con las moléculas que forman el aire o el agua y pudo predecir la magnitud de este efecto en función de la densidad de átomos.

Mientras los teóricos se peleaban por si los átomos existían o no, los experimentalistas estaban ocupados intentando separar sus componentes. El primero en ser identificado fue el electrón, que resultó ser una partícula que contenía carga eléctrica negativa y de una masa pequeñísima, de una dosmilésima de la del átomo de hidrógeno. Se entendió que los elementos químicos se podían clasificar en función de cuántos electrones tenían; así, el carbono tiene seis electrones, mientras que el uranio tiene 92. Los átomos son neutros eléctricamente, de modo que si un átomo contiene, por ejemplo, seis electrones, significa que si eliminamos esos seis electrones nos quedamos con algo que tiene seis cargas eléctricas positivas. Como los electrones son muy ligeros, este algo tiene que contener casi toda la masa del átomo y es lo que denominamos *núcleo*.

En 1911, Ernest Rutherford determinó que el núcleo atómico es diminuto en comparación con el átomo entero. Si el átomo fuera una ciudad pequeña, el núcleo sería tan pequeño como una canica, y ahí, en ese minúsculo volumen, está concentrada casi toda la masa del átomo. Los electrones orbitan alrededor del núcleo por el vastísimo espacio que es la mayor parte del átomo.

La analogía con el sistema solar resulta inevitable. Los electrones y el núcleo tienen cargas eléctricas opuestas y las cargas opuestas se atraen entre ellas mediante la fuerza eléctrica; esto mantiene a los electrones en órbita alrededor del núcleo. Es una situación que recuerda en gran medida a los planetas que se mantienen en órbita alrededor de una estrella gracias a su atracción gravitatoria mutua. Pero la analogía es equívoca, porque esconde los dos enigmas que he mencionado, y cada uno proporciona una razón por la que la física newtoniana, que tan bien explica el sistema solar, no puede explicar los átomos.

Los electrones son partículas cargadas, y la magnífica teoría de Maxwell del electromagnetismo nos dice que una partícula cargada que se mueve en círculos tiene que emitir luz continuamente. Según la teoría de Maxwell (es decir, antes de la física cuántica), la luz emitida ha de tener la frecuencia de la órbita. Ahora bien, si emite luz, esta luz se lleva parte de la energía que tenía el electrón, de modo que este debería caer a una órbita más cercana al núcleo porque ha disminuido su energía. En definitiva, el resultado final sería una rápida caída en espiral hacia el núcleo, acompañada de un destello de luz. Si la teoría de Maxwell fuese siempre correcta, no podría haber electrones girando en órbitas estables alrededor del núcleo; este resultado puede denominarse la *crisis de estabilidad de las órbitas electrónicas*.

Podríamos preguntarnos por qué no se da este mismo problema en el caso de las órbitas planetarias. Los planetas son eléctricamente neutros, de modo que no emiten luz de la misma manera. Sin embargo, según la teoría general de la relatividad, los planetas en órbita sí que emiten energía en forma de ondas gravitacionales y caen en espiral hacia su estrella, pero la gravedad es una fuerza debilísima y este proceso, en consecuencia, es extraordinariamente lento. El efecto se ha podido observar en sistemas formados por dos estrellas de neutrones en órbitas muy cercanas, y, de forma incluso más espectacular, las antenas de ondas gravitacionales han detectado la radiación emitida por parejas de enormes agujeros negros que caen en espiral uno hacia el otro hasta combinarse en uno solo.

El segundo enigma que había citado es por qué los átomos con una determinada cantidad de electrones tienen propiedades idénticas. Dos sistemas solares con seis planetas no serán, en general, muy parecidos; los planetas tendrán diferentes masas y órbitas, etc. Pero si la química funciona es porque dos átomos de carbono cualesquiera interaccionan con otros átomos siempre de la misma manera y estos lo hacen de modo diferente a como lo hacen dos átomos de oxígeno, que son siempre idénticos entre sí. Este es el misterio de la estabilidad de las propiedades químicas. La analogía con el sistema solar se derrumba porque la física newtoniana, que funciona de maravilla para explicar sistemas solares, no puede explicar por qué todos los átomos con seis electrones tienen las mismas propiedades químicas.

Para hallar la respuesta a estas dos cuestiones fue necesario aplicar a los átomos las nuevas y radicales ideas que Einstein estaba desarrollando acerca de la naturaleza de la luz. Era un paso muy atrevido, del tipo que Einstein era perfectamente capaz de dar, pero ni tan solo él llegó a hacerlo. El físico que tuvo esta brillante idea fue el joven danés Niels Bohr y, así, fue él y no Einstein quien asumió el liderazgo de los revolucionarios que crearon la mecánica cuántica. Durante toda su vida, Bohr fue un antirrealista radical y fue él, más que ningún otro físico, quien convirtió la revolución cuántica en un triunfo del antirrealismo. A lo largo de su carrera, Bohr elaboró una serie de argumentaciones para dejar claro que el comportamiento de los átomos y de la luz no se podía comprender desde un punto de vista realista.

Bohr creció en el seno de una familia universitaria, hijo de un catedrático de fisiología y hermano de un matemático. Fue una de esas personas afortunadas de vivir siempre en su ciudad natal y en el mismo entorno que sus padres. Pero en este caso, un ambiente sencillo y conservador fue el germen de un pensamiento radical. En este entorno agradable e intelectual, él y su esposa tuvieron seis hijos, varios de los cuales acabaron siendo también catedráticos y uno incluso siguió los pasos de su padre con un premio Nobel; otro de sus hijos, el mayor, murió ahogado mientras navegaba con su padre y otro representó a Dinamarca en los Juegos Olímpicos, al igual que uno de los tíos.

Dinamarca es un país pequeño que otorga un gran valor a la ciencia, y el liderazgo de Bohr en la revolución cuántica también fue facilitado por la creación de un instituto de investigación para respaldar sus actividades, financiado por el gobierno danés y la empresa cervecera Carlsberg. Esta situación ofreció a Bohr el ambiente perfecto para extender su influencia, rodeándose de los mejores jóvenes físicos teóricos de todo el mundo. La investigación en el instituto de Bohr se vio estimulada por un auténtico torrente de visitantes que venían a colaborar y a discutir con Bohr acerca de la teoría cuántica. El instituto proporcionó a Bohr una casa cómoda y espaciosa, donde él y su familia acogieron a muchos de los invitados.

Los hijos de Bohr se vieron obligados a compartir a su padre con muchos de estos jóvenes revolucionarios, que lo veían como su maestro y mentor. La esposa de Bohr los cuidaba como a sus hijos y en más de una ocasión hizo de casamentera y les presentó a las mujeres que se convertirían en sus esposas (en el círculo de Bohr solo había unas pocas mujeres científicas). Bohr dejaba fascinados a todos aquellos que trabajaban con él. Consideraba la ciencia como un diálogo con la naturaleza y su método de trabajo también se basaba en el diálogo (si bien era un diálogo que a menudo se transformaba en monólogo). Empleaba a colaboradores como escribas, que ponían por escrito sus pensamientos, susurrados en forma de enigmas y corregidos una y otra vez mientras Bohr daba vueltas por la habitación.

Bohr empezó a trabajar en la física cuántica poco después de recibir su doctorado. Se abalanzó sobre el corazón del problema proponiendo un modelo simple pero radical del átomo, basado en la incipiente teoría cuántica de Einstein, especialmente en la idea de que la energía es transportada por fotones. Para tratar el problema de la estabilidad de las órbitas electrónicas, Bohr se limitó a postular que la teoría de Maxwell era incorrecta a escala atómica; en su lugar, planteó que solo son estables una pequeña cantidad de posibles órbitas de los electrones. Para identificar estas órbitas «buenas» utilizó la constante de Planck, que es el factor de conversión entre la frecuencia y la energía. Este factor de conversión se expresa en unidades de una magnitud llamada *momento angular*, que es equivalente a la cantidad de movimiento (que recordemos que también se denomina *momento lineal*) pero para movimientos circulares. Un cuerpo que gira tiene una cierta inercia para continuar girando; esto sucede porque el cuerpo tiene un determinado momento angular que, como la energía y la cantidad de movimiento, no se puede crear ni destruir. Esta conservación del momento angular es lo que hace que una rueda de bicicleta siga girando y lo que provoca que un patinador acrobático gire más deprisa cuando encoge los brazos.

Pensemos en un átomo de hidrógeno, que solo tiene un electrón. Bohr postuló que las órbitas «buenas» son aquellas en que el electrón tiene ciertos valores especiales del momento angular; estos valores especiales son múltiplos enteros de la unidad básica de momento angular, que viene dada por la constante de Planck. A estas órbitas, Bohr las denominó *estados estacionarios*. De todas estas órbitas hay una que tiene momento angular igual a cero y que también es la que tiene el valor más bajo posible de la energía para un electrón en órbita alrededor del núcleo: es un estado estable, el estado fundamental. Por encima del estado fundamental hay una serie discreta de energías posibles que son los estados excitados.

Los átomos pueden absorber luz y, en consecuencia, ganar energía, y también pueden perderla emitiendo luz. Bohr postuló que estos procesos tienen lugar cuando el electrón salta entre dos estados estacionarios. Para describir tales saltos, Bohr aprovechó la hipótesis del fotón de Einstein. Cuando un electrón cae de un estado excitado al estado fundamental, emite un fotón y este fotón tiene una energía igual a la diferencia de energías entre los dos estados, de modo que la energía total permanece inalterada. La frecuencia del fotón emitido corresponde a una determinada energía, que viene dada por la relación de Planck y Einstein entre ambas cantidades. Si invertimos el proceso, podemos hacer que un electrón salte del estado fundamental a un estado excitado, aportándole un fotón con una energía que sea igual a la diferencia de energía entre esos dos estados.

En definitiva, pues, un átomo puede emitir o absorber energía solo a las frecuencias específicas que coinciden con las diferencias de energía entre los estados estacionarios de sus electrones. El conjunto de todas estas frecuencias se denomina *espectro atómico*. Cuando Bohr consiguió llegar a estas conclusiones, en 1912, los químicos habían medido el espectro del hidrógeno. Gracias a las ideas que acabo de exponer, Bohr fue capaz de calcular el espectro del hidrógeno, y su sencilla teoría pudo reproducir fielmente lo que estaban observando los experimentalistas.

Sin duda, esto fue un gran paso adelante, pero solo el primero para llegar a comprender el mundo cuántico. Quedaban muchos problemas y cuestiones por resolver. ¿Cómo es que un electrón puede viajar libremente fuera del átomo pero cuando está en un átomo solo puede hallarse en uno de los estados estacionarios? Y, lo que era más apremiante, ¿se podía aplicar esta teoría a otros átomos que no fueran el de hidrógeno?

Durante la siguiente década muchos físicos se enfrascaron en aplicar la teoría de Bohr a otros átomos y demás sistemas. Siendo generosos, podemos decir que los resultados fueron dispares, aunque hay que reconocer el ingenio y la brillantez de muchos de esos intentos. Así estaba la situación cuando un joven aristócrata francés, Louis de Broglie, inició su doctorado en París, hacia 1920.

Louis Victor Pierre Raymond, duque de De Broglie, era hijo de una familia noble, nacido a finales del XIX y que estudió historia antes de pasarse a la física. Sirvió en el ejército durante la Primera Guerra Mundial en un regimiento de radiotelegrafía y fue destinado al emisor situado en la torre Eiffel.

En esa época, el pequeño mundo de la física teórica, como hoy en día, era intensamente social. Durante la época crucial de desarrollo de la mecánica cuántica, los protagonistas estaban en contacto casi permanente mediante cartas y postales y hacían numerosos viajes en tren para visitarse y discutir. El aristócrata De Broglie era algo ajeno a este mundo a causa de su personalidad y porque en ese momento París era un lugar bastante secundario en el campo de la física teórica. Louis de Broglie solo hablaba habitualmente de su trabajo con una persona: su hermano Maurice, un físico experimental que trabajaba con rayos X.

El aislamiento suele ser un obstáculo para los científicos, pero a veces puede llevar a dar con una idea que todos los demás han pasado por alto. De Broglie todavía era estudiante de doctorado cuando sacudió toda la física planteando una hipótesis en verdad audaz: que la dualidad onda-partícula no era solo una característica de la luz, sino que era universal; en concreto, que los electrones, igual que la luz, son a la vez ondas y partículas.

Tal como señaló, «cuando en 1920 retomé mis estudios [...] lo que me atrajo [...] a la física teórica fue [...] el misterio en que se estaba envolviendo la estructura de la materia y la radiación a medida que el singular concepto del cuanto, introducido por Planck en 1900 en sus investigaciones sobre la radiación del cuerpo negro, penetraba cada vez más, día a día, en toda la física».[2]

El poder de una mente fresca que aporta una mirada original a un problema es una de las maravillas del mundo. El joven De Broglie llegó a una idea obvia que, de algún modo, había eludido a Einstein y a Bohr. Mientras que estos intentaban evitar la turbación de la dualidad onda-partícula, De Broglie abundó en ella. Si la luz era tanto una onda como una partícula, ¿por qué no podía ser cierto también en el caso de los electrones? ¿Por qué no plantear la hipótesis de que la dualidad onda-partícula se aplica de manera universal a toda la materia y la radiación? Como el mismo De Broglie recordaba, «como en las charlas con mi hermano siempre llegábamos a la conclusión de que en el caso de los rayos X uno tenía tanto ondas como corpúsculos, de golpe [...] me asaltó la idea de que se tenía que ampliar esta dualidad a las partículas materiales, sobre todo al electrón».[3]

¿Qué llevó a De Broglie a una idea que muchos físicos más experimentados habían pasado por alto? De Broglie estaba enfrascado en un ambicioso proyecto para reformular la física desde la base incorporando la dualidad onda-partícula. Empezó por la luz, para la cual había ya pruebas bien claras de una dualidad de rasgos ondulatorios y corpusculares, y se planteó una pregunta muy simple que pocos se habían hecho antes: ¿cómo se mueven los cuantos de luz?

Recordemos que Newton había sido partidario de una teoría corpuscular de la luz porque creía que las partículas se mueven en líneas rectas. La misma suposición había llevado a Young a abandonar la imagen corpuscular y abrazar la idea de que la luz es una onda, al observar que la luz podía desviarse al difractarse en un obstáculo o al refractarse al atravesar el límite entre dos medios. Parece razonable asumir que, si la luz no siempre se propaga en línea recta, no estará formada por partículas. Pero entonces, ¿qué sucede con los fotones? ¿Acaso no están obligados a ir en línea recta por ser partículas? La idea de De Broglie es que no es necesario porque son guiados por las ondas, que sí se difractan y se refractan.

La idea es tremendamente revolucionaria. El hecho de que las partículas viajan en línea recta es consecuencia de uno de los principios más básicos de la física, la primera ley del movimiento de Newton. También llamado *principio de inercia*, afirma que una partícula sobre la que no actúa ninguna fuerza se mueve en línea recta a velocidad constante. De ello se deriva que la cantidad de movimiento se conserva y que la velocidad es una cantidad totalmente relativa, lo que se denomina *principio de relatividad*. De Broglie comprendió que los cuantos de luz tendrían que desviarse alrededor de los obstáculos, violando así todos esos principios fundamentales. El objetivo de su tesis fue formular una nueva teoría del movimiento que pudiera aplicarse a las partículas consideradas en la dualidad onda-partícula. En este contexto, era un paso pequeño pero necesario ampliar la dualidad onda-partícula de la luz a todas las formas de materia y energía.

En 1924, redactó todas estas ideas para presentar su tesis doctoral. Era una tesis breve y contundente; se dice que si no hubiera sido miembro de la aristocracia, su tesis no habría sido admitida. Sin saber qué hacer, su tribunal de tesis envió el texto a Einstein para que lo valorara; este apreció el punto de vista de De Broglie y recomendó aceptarla, pero también reenvió la tesis a unas pocas personas que sabía que estarían interesadas en las ideas que exponía.

Una de estas personas era su amigo Max Born, por aquel entonces un joven profesor en Alemania; además, un colega suyo experimentalista, Walter Elsasser, tuvo noticias de la hipótesis y sugirió que la predicción de De Broglie de la difracción de electrones podía comprobarse lanzando electrones contra un cristal y observando cómo se dispersaban. Max Born transmitió esta sugerencia a varios físicos experimentales del Reino Unido; ninguno tuvo éxito, pero mientras tanto, dos físicos estadounidenses que trabajaban en los laboratorios Bell, Clinton Davisson y Lester Germer, estaban estudiando, por otras razones, la dispersión de electrones sobre superficies metálicas. En 1925, descubrieron por accidente la difracción de electrones al intentar un nuevo procedimiento que tuvo la involuntaria consecuencia de crear, sobre la superficie de su muestra, una capa de átomos organizados en el patrón regular típico de los cristales. Al medir dónde iban a parar los electrones dispersados sobre el metal con la superficie cristalina, descubrieron patrones de interferencia. Davisson no fue consciente de la importancia de este resultado hasta que asistió a un congreso en Oxford en verano de 1926 y escuchó una conferencia de Max Born que presentaba una figura de uno de los artículos del propio Davisson como prueba de la revolucionaria hipótesis de De Broglie de las ondas de materia. Cuando Davisson regresó, él y Germer volvieron al laboratorio y pudieron confirmar definitivamente que los electrones se difractan, tal como había predicho De Broglie.

Erwin Schrödinger era un brillante físico matemático de Viena que en aquellos años ejercía de profesor en la universidad de Zúrich. Schrödinger se acercaba a la cuarentena y no formaba parte de la joven generación de De Broglie y los demás físicos que estaban revolucionando este campo. El 23 de noviembre de 1925 asistió a una charla de Peter Debye, en la que este hizo una entusiasta presentación de la hipótesis de ondas de materia de De Broglie y la finalizó afirmando que solo faltaba una cosa en la hermosa imagen de De Broglie: una ecuación para describir cómo se desplazaban por el espacio las ondas de los electrones. Tras dejar a su esposa en Zúrich, Schrödinger se llevó los artículos de De Broglie a unas vacaciones navideñas en las montañas, donde también se llevó a su amante (mientras su esposa, asimismo, pasaba las navidades con su amante, el gran matemático Hermann Weyl, que era también el mejor amigo de Schrödinger). Durante el primer día de asueto decidió no salir a esquiar y se quedó en la habitación de su chalé, leyendo los textos de De Broglie y planteándose el reto de crear esa ecuación que pudiera regir la onda de materia para el caso del electrón. Un día después, lo había logrado, y cuando regresó de las montañas, había formulado la ecuación que lleva su nombre y que es la ecuación fundamental de la teoría cuántica.

Además, poco después de volver, y con ayuda de Weyl, Schrödinger consiguió resolver su ecuación para el caso de un único electrón en órbita alrededor de un núcleo y con ello logró reproducir la teoría de Bohr de los estados estacionarios y su predicción del espectro del átomo de hidrógeno. La idea clave es que las ondas correspondientes a los electrones tienen que encajar en una órbita, tal como se muestra en la figura 7. No sabemos lo que pudo pensar su amante durante esas vacaciones, ni tan solo sabemos su nombre, pero cuenta la leyenda que cuando Schrödinger fue a Estocolmo a recibir el premio Nobel, se presentó con su esposa y con su amante.

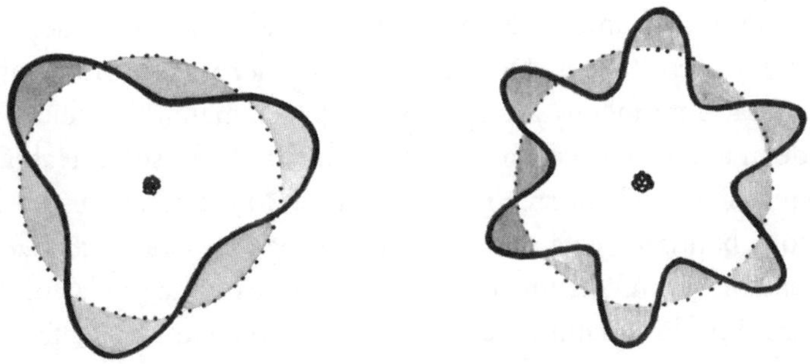

Figura 7. Ondas electrónicas en un átomo. La onda de la izquierda encaja alrededor del núcleo en tres oscilaciones, de modo que la longitud de onda es aproximadamente igual al diámetro del átomo. En la derecha, la longitud de onda es la mitad, por lo que encaja en seis oscilaciones.

Así nació la mecánica cuántica. La cuestión ahora era cómo interpretar la onda electrónica que había inventado De Broglie y que Schrödinger había domesticado. Al principio, Schrödinger pensaba que el electrón era una onda, sin más, pero esta idea no se podía sostener porque era muy fácil mostrar que la onda tendía a esparcirse por el espacio al desplazarse, mientras que una partícula siempre se podía localizar en un lugar. Luego, Max Born planteó su idea de que la onda está relacionada con la probabilidad de encontrar la partícula.

Para Einstein, la dualidad onda-partícula, si bien era una idea desafiante, se había quedado limitada a una especulación acerca de la naturaleza de la luz. Restringida a ese dominio, poco daño podía hacer, porque las teorías corpuscular y ondulatoria de la luz tenían ambas una venerable historia y virtudes reconocidas. Pero la idea de las ondas de materia fue un auténtico bombazo. De Broglie y Schrödinger transformaron la física al llevar la dualidad onda-partícula al mismísimo corazón de esta ciencia, donde se consagró como el misterio central de la nueva y revolucionaria física cuántica. La pregunta ya no era «¿Cómo puede la luz ser, a la vez, una onda y una partícula?», sino «¿Cómo puede *todo* ser, a la vez, una onda y una partícula?»

Einstein, que había sido el primero en formular la dualidad onda-partícula, se quedó sin respuesta. A pesar de que, tal como reconocía, había dedicado mucho más tiempo a la física cuántica que a la relatividad, fue incapaz de hacer ningún avance convincente. Su intuición sin par le fallaba en este caso, y vale la pena preguntarse por qué; tal vez le frenaba su realismo, su exigencia de claridad conceptual total. Durante una temporada, también Schrödinger quedó desconcertado, al igual que tantos otros físicos. De los grandes pioneros, solo Bohr supo qué hacer. Era su momento y lo aprovechó, proclamando el nacimiento no solo de una nueva física, sino de toda una nueva filosofía. Había llegado el momento del antirrealismo radical, y Bohr estaba preparado.

Bohr bautizó a esta nueva filosofía como *complementariedad* y su explicación seguía las líneas siguientes: ni las ondas ni las partículas son atributos de la naturaleza, solo son ideas de nuestra mente, que imponemos al mundo natural; son útiles como imágenes intuitivas que dibujamos a partir de la observación de objetos macroscópicos, como canicas u ondas en el agua. Los electrones no son ni una cosa ni la otra; son entidades microscópicas que no podemos observar directamente y, por lo tanto, de las que no poseemos ninguna intuición. Para estudiar los electrones tenemos que construir grandes dispositivos experimentales que nos permitan interaccionar con ellos, y lo que observamos con tales aparatos nunca es el electrón propiamente dicho, sino solo las respuestas que dan nuestros grandes dispositivos a los diminutos e invisibles electrones.

Para describir cómo responden los aparatos experimentales ante los electrones, nos resulta útil emplear imágenes intuitivas como la imagen ondulatoria o la imagen corpuscular, pero no podemos tomarnos muy en serio tales representaciones porque experimentos diferentes exigen imágenes también diferentes. Si olvidamos el contexto y aplicamos las diversas representaciones a los propios electrones, nos toparemos con contradicciones. Ahora bien, no habrá contradicción alguna si recordamos siempre dos cosas: en primer lugar, que esas imágenes son útiles solo como una descripción de un electrón en un contexto determinado, que es lo mismo que decir en un dispositivo experimental específico; y, en segundo lugar, que no hay ningún artilugio experimental que nos obligue a aplicar ambas imágenes contradictorias simultáneamente.

La postura de Bohr es antirrealista en extremo, porque llega a negar que podamos describir o incluso hablar de un electrón tal como es en sí mismo, fuera del contexto experimental en que estemos inmersos. De acuerdo con este punto de vista, la ciencia nada puede decir sobre los electrones, sino solo acerca de cómo describimos nuestras interacciones con ellos.

Para Niels Bohr, la complementariedad era algo más que un principio; era una propuesta para toda una filosofía de la ciencia. Y sin duda era una propuesta en verdad radical. Bohr abogó por la complementariedad durante toda su vida, tal como hicieron muchos otros fundadores de la mecánica cuántica, como el mismo Heisenberg (hasta cierto punto). Según Bohr, la ciencia no se puede ocupar de la naturaleza; no nos ofrece ninguna imagen objetiva de cómo es esa naturaleza, porque no puede. Es imposible, porque nunca interactuamos de modo directo con la naturaleza; obtenemos conocimiento del mundo natural exclusivamente por medio de intermediarios, que son los aparatos experimentales que inventamos y construimos.

En definitiva, nos vemos obligados a abandonar la idea de que la ciencia nos proporciona un retrato objetivo de la realidad o de que tenga nada que decir acerca de cómo es la naturaleza en ausencia de nuestra existencia y de nuestras intervenciones. La ciencia es más bien una extensión del lenguaje coloquial que utilizamos para comunicarnos los resultados de nuestras intervenciones sobre la naturaleza.

En diversos textos y libros, Niels Bohr argumentó que su filosofía de la complementariedad tenía una gran aplicabilidad. Se ha dicho alguna vez que sacó la idea de complementariedad de la cábala, la tradición mística judía, que habla de la complementariedad entre el amor de Dios y la justicia de Dios. Bohr conversaba sobre la complementariedad entre la vida y la física, entre la energía y la causalidad y, de hecho, entre el conocimiento y la sabiduría. Para Bohr, la lección de la mecánica cuántica era una revolución que se extendía mucho más allá de la física y de la ciencia.

Una de las razones por las que la mecánica cuántica cautivó a la generación más joven de físicos era que uno podía aproximarse a ella desde varias perspectivas. Hasta el momento he relatado la historia de una de las maneras en que se creó la teoría cuántica, centrada en la dualidad onda-partícula, pero hubo otra ruta, descubierta poco antes de que Schrödinger se marchara de vacaciones navideñas. Fue una ruta abierta por Werner Heisenberg, un joven teórico alemán lleno de confianza que había completado su formación con el grupo de Max Born en Gotinga y luego, en 1925, consiguió una beca de investigación para trabajar con Bohr en Copenhague. Los siguientes años se los pasó yendo y viniendo entre Copenhague y Gotinga, por lo que estaba en estrecho contacto con dos de las más dinámicas personalidades científicas del momento: Born y Bohr. Max Born y varios de sus estudiantes y ayudantes tuvieron también un papel destacado en esta historia; de hecho, el relato detallado de la creación de la mecánica cuántica implica a, por lo menos, media docena de teóricos que estaban en contacto frecuente.

Heisenberg trabajó a partir de una peculiar idea sobre la física, una idea antirrealista, para empezar. Afirmaba que la física no ofrecía una descripción de lo que existe, tal como suponen los realistas, sino que es tan solo una forma de llevar un registro de lo observable. Para objetos macroscópicos, estamos acostumbrados a confundir ambas cosas, pero si queremos que la física atómica tenga sentido, debemos ceñirnos estrictamente a la máxima que afirma que la ciencia solo puede hacer referencia a lo que se puede observar.

En consecuencia, Heisenberg afirma que no tiene sentido hablar acerca de cómo el electrón se mueve por el átomo, a no ser que ese movimiento tenga consecuencias que afecten a los aparatos de medición macroscópicos. Según el modelo de Bohr, un electrón atómico pasa la mayor parte del tiempo en estados estacionarios, durante el cual no tiene ninguna interacción con nada externo al átomo. Por ende, no sirve de nada preguntar cómo se mueve el electrón mientras se halla en un estado estacionario. El átomo interacciona con el mundo exterior solo cuando el electrón salta entre estados estacionarios, porque el salto viene acompañado de una absorción o una emisión de un fotón, cuya energía puede medirse mediante un espectrómetro.

La recomendación de Heisenberg de no intentar modelizar las trayectorias de los electrones en estados estacionarios debió de haber sido como un soplo de aire fresco para los demás físicos de su generación, que estaban enfrascados en desalentadores, y en última instancia infructuosos, intentos de hacer justamente eso.

Las ideas de Heisenberg estaban inspiradas por su pretensión de crear un nuevo método para representar la energía del electrón. El punto fundamental era no representarlo mediante un único número, porque hacerlo así sería equivalente a afirmar que la energía es una propiedad del átomo a solas. Lo relevante para la física es qué aspecto de la energía afecta a un dispositivo de medición, y este aspecto son las energías transportadas por los fotones emitidos o absorbidos por el átomo cuando los electrones saltan entre diferentes niveles de energía; esas energías son las diferencias entre las energías de los estados estacionarios.

Heisenberg dispuso estas energías en una tabla de números y luego imaginó que estas tablas podían representar aspectos observables de otras cantidades, como la posición y la cantidad de movimiento del electrón. Pero para convertir todo esto en una teoría necesitaba algo más, que era encontrar una manera de escribir ecuaciones que relacionaran este tipo de tablas de números. En las ecuaciones de la física solemos sumar o multiplicar números; Heisenberg quería hacer lo mismo pero con tablas de números, de modo que tenía que inventar unas reglas para hacerlo.

Como miembro del instituto de Niels Bohr y del grupo de investigación de Max Born, Heisenberg recibía la influencia de dos mentores con unos estilos de trabajo muy diferentes y no cabe duda de que el contraste entre ambos estimuló su línea de pensamiento. Sin embargo, para llevar a buen puerto las ideas que estaba barajando, necesitaba algo de aislamiento, como Einstein, De Broglie y Schrödinger. Al igual que este último, Heisenberg decidió tomarse unos días de vacaciones, en este caso en una pequeña isla del mar del Norte llamada Heligoland.

Una vez llegó a la isla, solo le llevó unos pocos días recorrer el camino intelectual que necesitaba e inventar formas de escribir y resolver ecuaciones con sus tablas de cantidades observables. Comprobó sus ideas en un modelo sencillo de un átomo, en que el electrón está ligado al núcleo mediante una fuerza creciente, como si se tratara de un muelle. No pretendía ser algo realista, sino una simple prueba, porque la respuesta ya se sabía; pero su método funcionó correctamente. Solo había un problema: descubrió que el orden en que multiplicaba las tablas de números era relevante. En la terminología que he introducido antes, diríamos que las tablas de Heisenberg no conmutan. Por supuesto, esto no sucede con los números normales, y Heisenberg quedó un poco abatido con su resultado, pero en cualquier caso, redactó sus trabajos en un artículo publicado a finales de 1925. En la introducción al artículo presentaba su programa de construcción de leyes de la física que dejaran de lado los modelos mecanicistas que describen las trayectorias de los electrones y que solo tuvieran en cuenta relaciones entre cantidades observables, como los espectros de la luz emitida y absorbida por los átomos.

Era un gran avance, pero todavía no era una teoría completa. Regresó a Gotinga y se puso a trabajar con Max Born y uno de sus brillantes estudiantes, Pascual Jordan. En esos momentos, Born y Jordan estaban a medio camino de completar una nueva teoría y explicaron a Heisenberg que sus tablas de números eran ya conocidas entre los matemáticos con el nombre de *matrices*; además, pudieron convencerle de que su falta de conmutatividad era un rasgo definitorio de ellas y no un problema. Heisenberg comprendió que, como las tablas o matrices representan un proceso de medición, el orden es relevante, porque es importante el orden en que efectuamos mediciones. Conjuntamente, los tres teóricos completaron el resto de la nueva teoría, que denominaron *mecánica cuántica*. Un artículo conjunto de los tres fue la primera presentación completa de la nueva teoría.

El joven prodigio austriaco Wolfgang Pauli se apresuró a aprovechar esta nueva teoría y la aplicó para hallar el espectro del átomo de hidrógeno, y el resultado fue una coincidencia exacta con los experimentos. De este modo, por una segunda ruta, también nació la mecánica cuántica, y de un modo inspirado directamente por los principios antirrealistas que Heisenberg había afirmado en su artículo de 1925. La nueva teoría de Born, Heisenberg y Jordan se expresa en términos de cantidades que describen cómo responde un átomo al ser sondeado por un dispositivo de medición externo; no hay ninguna magnitud que describa las trayectorias exactas de los electrones, independientes de nuestras interacciones con ellos.

Tener una teoría cuántica del átomo es magnífico, pero tener dos es más bien un problema, y sobre todo cuando ambas reproducen correctamente el espectro del átomo de hidrógeno. Las dos teorías no podían ser más diferentes, como no podía ser de otro modo al reflejar las filosofías de sus creadores. Einstein, De Broglie y Schrödinger eran realistas; aunque quedaban algunos misterios, creían que el electrón era real y que, de algún modo existía a la vez como partícula y como onda. Bohr y Heisenberg eran antirrealistas entusiastas que creían que no podemos acceder a la realidad, sino solo a tablas de números que representan las interacciones con el átomo y no el átomo como tal.

La tensión duró unos cuantos meses, hasta su inesperada resolución cuando Schrödinger demostró que las dos formas de la mecánica cuántica eran totalmente equivalentes. Como si fueran dos idiomas, podemos hablar en términos de ondas o hablar en el lenguaje de las matrices, pero los problemas matemáticos que tenemos que resolver resultan ser expresiones diferentes de una misma lógica.

Heisenberg y Bohr, reunidos en Copenhague, compartían un punto de vista antirrealista e intentaban hallar una manera de hablar de forma coherente acerca de propiedades que no se podían explicitar simultáneamente, como ondas frente a partículas o posiciones frente a cantidades de movimiento. La respuesta de Bohr a estas aparentes paradojas era su principio de complementariedad; la de Heisenberg fue su famoso principio de incertidumbre, del cual hemos hablado en el capítulo 2.

El principio de incertidumbre es un principio muy general, que afirma que no podemos saber con exactitud y a la vez dónde se halla una partícula y qué cantidad de movimiento tiene; sus consecuencias son asombrosas, tal como Heisenberg y Bohr se dieron cuenta de inmediato. Una de estas es que el determinismo de la física newtoniana no puede sobrevivir en el mundo cuántico, porque para predecir el movimiento futuro de una partícula es necesario saber tanto su posición actual como en qué dirección se está moviendo y con qué celeridad, es decir, su cantidad de movimiento. Si no se pueden conocer ambas con exactitud, es imposible predecir dónde se hallará la partícula en cualquier momento posterior. En consecuencia, lo máximo que puede hacer la teoría cuántica es ofrecernos predicciones probabilísticas sobre el futuro.

La coherencia de la complementariedad depende de que no se dé nunca ningún caso en que estemos obligados a usar simultáneamente el punto de vista corpuscular y el punto de vista ondulatorio para un mismo experimento. La imposibilidad de tal cosa queda amparada por el principio de incertidumbre de Heisenberg, que este presentó en 1927, tras haberse mudado a Copenhague y mantener un estrecho contacto con Bohr.

Los historiadores nos dicen que la suerte tiene un gran papel en la ciencia. Heisenberg fue doblemente afortunado, pues, como pupilo de Max Born y de Niels Bohr, se hallaba en el lugar adecuado y en el momento justo ¡por partida doble! De su maestro Bohr se sintió impulsado a abandonar el realismo y a modelizar el átomo solo en términos de las energías que intercambia con nuestros dispositivos de medición, mientras que de Born recibió las herramientas matemáticas que necesitaba para poder expresar con precisión todas estas ideas.

Sin duda, Heisenberg era bien consciente de su buena suerte y fue el que pudo aportar un marco preciso a la nueva teoría. En esos momentos había tal vez media docena de jóvenes teóricos en las órbitas de Bohr y de Born, que también aportaron su grano de arena, como Wolfgang Pauli; que se quedaron a medio camino, como Pascual Jordan; o que hicieron tarde por unos pocos meses pero aportaron una gran elegancia al nuevo marco conceptual, como el teórico inglés Paul Dirac. La historia completa de la creación de la formulación matricial de la mecánica cuántica es mucho más compleja que lo que he bosquejado aquí, y muestra un esfuerzo colectivo y dinámico por parte de una comunidad muy diversa de físicos teóricos en contacto permanente.

De todos modos, por muy diversos que fuesen, en 1927 los físicos de esta mecánica matricial enmarcaban la nueva teoría en términos de la filosofía antirrealista radical que preconizaba Bohr. La única resistencia procedía de aquellos que habían llegado a la mecánica cuántica a través de la dualidad onda-partícula, como Einstein, De Broglie y Schrödinger, que se mantenían como realistas convencidos. Sin embargo, en cuanto se demostró que la mecánica ondulatoria de Schrödinger es equivalente a la mecánica matricial de Heisenberg, se podía despachar e ignorar a los realistas como un terco grupo de físicos que se aferraba sin razón a viejas fantasías metafísicas.

La esencia de la filosofía de Bohr es la necesidad de fundamentar la ciencia en imágenes y lenguajes incompatibles. Heisenberg abogaba por un punto de vista que difería del de Bohr por el hincapié que hacía sobre este punto, pero ambos eran vagamente concordantes. Heisenberg remarcaba que la ciencia solo hace referencia a cantidades medibles y que no puede ofrecer imágenes intuitivas de lo que sucede a escala atómica. Las cantidades observables relevantes para la interacción con un átomo son las energías y las semividas de los estados estacionarios, pero no las posiciones ni las trayectorias de los electrones en sus órbitas alrededor del núcleo. Así pues, la física cuántica solo tiene que dar una respuesta a la pregunta de dónde está un electrón si lo obligamos a estar en un contexto en que se mide la posición. Según Heisenberg, las cantidades observables solo cobran existencia por el hecho de medirlas. Cuando un átomo no está interactuando con algún aparato de medida, no hay ninguna cantidad que lo describa.

A esta postura se la puede denominar *punto de vista operacionalista*. Sin duda, es antirrealista, pues Heisenberg recalcó que era una condición necesaria. Según él, era imposible observar con más detalle el átomo para determinar cómo se mueven los electrones en sus órbitas; su principio de incertidumbre lo impedía.

Heisenberg explicó que la incertidumbre y la complementariedad eran dos aspectos estrechamente vinculados:

> Cuando se trata de los componentes mínimos de la materia, en cambio, aquel proceso de observación representa un trastorno considerable, hasta el punto de que no puede ya hablarse del comportamiento de la partícula prescindiendo del proceso de observación. Resulta de ello, en definitiva, que las leyes naturales que se formulan matemáticamente en la teoría cuántica no se refieren ya a las partículas elementales en sí, sino a nuestro conocimiento de dichas partículas. [...]
>
> En la medida en que en nuestro tiempo puede hablarse de una imagen de la Naturaleza propia de la ciencia natural exacta, la imagen no lo es en último análisis de la Naturaleza en sí; se trata de una imagen de nuestra relación con la Naturaleza. [...] La ciencia natural no es ya un espectador situado ante la Naturaleza, antes se reconoce a sí misma como parte de la interacción de hombre y Naturaleza. El método científico consistente en abstraer, explicar y ordenar ha adquirido conciencia de las limitaciones que le impone el hecho de que la incidencia del método modifica su objeto y lo transforma, hasta el punto de que el método no puede distinguirse del objeto. [...]
>
> [Las] diferentes imágenes intuitivas destinadas a describir los sistemas atómicos pueden ser todas perfectamente adecuadas a determinados experimentos, a pesar de que se excluyan mutuamente. Una de ellas, por ejemplo, es la que describe al átomo de Bohr como un pequeño sistema planetario: un núcleo atómico en el centro, y una corteza de electrones que dan vueltas alrededor del núcleo. Pero para otros experimentos puede resultar conveniente imaginar que el núcleo atómico se halla rodeado por un sistema de ondas estacionarias, siendo la frecuencia de las ondas determinante de la radiación emitida por el átomo. Finalmente, el átomo

> puede ser considerado como un objeto de la Química. [Las] distintas imágenes son verdaderas en cuanto se las utiliza en el momento apropiado, pero son incompatibles unas con otras; por lo cual se las llama recíprocamente complementarias.[4]

La postura de Bohr era aún más radical; para él,

> No se puede adscribir una realidad independiente en el sentido físico habitual [...] ni a los fenómenos ni a las acciones de observación. [...] Es posible que una elucidación completa de un mismo y único objeto requiera diversos puntos de vista irreducibles a una descripción única. Estrictamente, el análisis consciente de cualquier concepto surge en una relación de exclusión respecto a su aplicación inmediata.[5]

Otras celebridades de la cuántica no dudaron en propagar variantes de estas filosofías antirrealistas, como Wolfgang Pauli, un prodigio que publicó un libro de texto sobre relatividad general cuando tenía veintiún años, o John von Neumann, un matemático húngaro famoso por sus aportaciones a muchísimos campos, desde la arquitectura de los ordenadores a la matemática de la teoría cuántica. Sus puntos de vista diferían en detalles diversos, pero todos sus textos se pueden clasificar dentro de la llamada *interpretación de Copenhague* de la mecánica cuántica. Esta denominación reconocía el liderazgo de Bohr en tanto que el más veterano del grupo y mentor de muchos de sus miembros, amén de creador de una nueva manera de considerar la ciencia. El nombre también reconocía al instituto de Bohr como el nexo de toda la red de físicos cuánticos, el lugar en el que todos ellos estudiaron, trabajaron o que visitaron.

Una de las cosas más difíciles de aceptar en el mundo académico (y, para mí, una de las más desconcertantes) es la velocidad con que una revolución radical puede convertirse en ortodoxia oficial. En pocos años, una generación de estudiantes partidarios de una idea nueva y peligrosa, encumbrados por sus éxitos iniciales, empieza a copar las cátedras universitarias; luego, desde esa posición de influencia forman una poderosa red académica que permite proseguir la revolución. Esto fue lo que sucedió con la generación de revolucionarios cuánticos. En 1920, Heisenberg era un estudiante, igual que Dirac, Pauli y Jordan; hacia 1925 todos ellos estaban enfrascados en la creación de la teoría cuántica como jóvenes investigadores; en 1930 ya eran profesores o catedráticos y se había completado la revolución. El hecho de que quedaran algunos núcleos de resistencia (Einstein y Schrödinger de la generación anterior y De Broglie entre sus contemporáneos) no menoscabó su triunfo, pues los estudiantes veían con claridad de dónde soplaba el viento dominante en ese momento y siguieron la nueva ortodoxia en su ascenso meteórico. Durante el siguiente medio siglo, el antirrealismo de la escuela de Copenhague sería la única versión de la mecánica cuántica que se enseñaría.

SEGUNDA PARTE

EL RENACIMIENTO DEL REALISMO

7

EL DESAFÍO REALISTA: DE BROGLIE Y EINSTEIN

Nunca hubo una única interpretación de Copenhague. Bohr, Heisenberg y Von Neumann explicaban historias ligeramente diferentes, pero todos estaban de acuerdo en que la ciencia había cruzado un umbral y en que no había vuelta atrás posible hacia una versión realista de la física. Aportaron argumentos diversos para justificar tal imposibilidad, todos los cuales llevaban a la conclusión de que la física cuántica es inconsistente con el realismo; ninguna versión de la física atómica podía ser válida si incluía electrones con posiciones y trayectorias bien definidas. Visto esto, se podría pensar que una forma de derrotar todos estos argumentos sería que apareciera alguien con una teoría cuántica alternativa basada en ideas realistas.

Lo sorprendente (al menos si lo miramos con la ventaja de la perspectiva histórica) es que ya desde 1927 existía una versión realista de la mecánica cuántica, y basada en una idea de pasmosa simplicidad. Tal vez ya se os habrá ocurrido: se trata de plantear que en realidad sí que hay ondas y partículas a la vez; ambas existen. Lo que se crea y se detecta, lo que se mide, es una partícula; mientras tanto, una onda se propaga por el experimento. La onda guía a la partícula y el resultado de esta guía es que la partícula va a parar allí donde la onda es más alta. Enfrentada a una elección de qué camino seguir para rodear a un obstáculo, como en el experimento de la doble rendija, la onda sigue ambos; la partícula, por su parte, pasa solo por uno de ellos, pero una vez superado el obstáculo o atravesada la rendija, el lugar donde va a parar está guiado por la onda y, por tanto, muestra la influencia de ambos caminos.

Esta solución obvia al desafío planteado por la dualidad onda-partícula fue descubierta por Louis de Broglie, quien la elaboró en detalle y la denominó *teoría de la onda piloto*. De Broglie presentó la teoría en un famoso congreso celebrado en Bruselas en 1927, el Quinto Congreso Solvay (así nombrado por su patrocinador), donde dieron conferencias la mayoría de los revolucionarios de la nueva física cuántica.

El núcleo de la teoría de la onda piloto era la idea de De Broglie de que el electrón está formado, en realidad, por dos entidades, una corpuscular y otra ondulatoria. La partícula siempre se halla situada en algún lugar y sigue una trayectoria determinada; mientras tanto, la onda se propaga por el espacio, pasando simultáneamente por todos los posibles caminos del experimento. La onda indica a la partícula adónde ir y esta guía estará basada en las condiciones que se dan en cada uno de los caminos posibles. Aunque la partícula está obligada a tomar una ruta u otra, la que finalmente toma queda determinada por la onda, que se ha propagado por todos los caminos posibles.

Esta influencia de una onda sobre una partícula es el aspecto novedoso responsable de la mayor parte de extraños fenómenos del mundo cuántico y provoca que haya dos leyes: una para la onda y otra para la partícula. La ley para la onda resulta bastante familiar y no es muy diferente de las leyes que usan los físicos para describir las ondas de luz o las ondas acústicas. Las ondas se propagan y al desplazarse se difractan e interfieren; al igual que el agua y el sonido, estas ondas cuánticas pasarán por cualquier orificio abierto, y cuando se encuentren ondas procedentes de dos orificios diferentes, interferirán. La onda en cuestión se denomina *función de onda* y se propaga de acuerdo con la sencilla ecuación que obtuvo Schrödinger durante su romántica escapada invernal. Esta es la Regla 1 y es la ecuación básica en cualquier acercamiento a la física cuántica.

En este nuevo marco no hay ninguna Regla 2, pero sí que hay una nueva ley que obliga a la partícula a seguir la onda; esta ley se expresa mediante la llamada *ecuación guía*. El sistema definido por la función de onda junto con la partícula evoluciona de modo determinista, lo que sugiere que es una descripción completa.

En otras interpretaciones de la mecánica cuántica, se postula que la partícula se hallará allí donde la onda sea más alta. En concreto, la probabilidad de encontrar la partícula en algún punto determinado es proporcional al cuadrado de la función de onda en ese punto. Esta versión es lo que antes hemos denominado *regla de Born*. En la teoría de la onda piloto también sucede que es más probable hallar la partícula allí donde la onda es más alta, pero esto no se postula, sino que es una consecuencia de la ley que obliga a la partícula a seguir la onda.

Imaginemos que situamos una canica en una pendiente y observamos cómo rueda cuesta abajo. Podemos ver que la canica tiende a seguir la ruta de pendiente más pronunciada, lo que podríamos denominar *ley del descenso con mayor pendiente*. A grandes rasgos, la ecuación guía de De Broglie viene a hacer justo lo opuesto, pues guía a la partícula por el camino ascendente de mayor pendiente hacia lo alto de la función de onda,* de modo que podemos denominar a esto *ley del ascenso con mayor pendiente*. Un alpinista que siguiera esta ley siempre escogería, en cada momento de su ascenso, proseguir en la dirección en la que la montaña estuviera más empinada.

De Broglie pudo demostrar que la ley de probabilidad postulada por Max Born es una consecuencia del hecho de que la partícula siga el ascenso con mayor pendiente. Para ilustrar este relevante aspecto, imaginemos que lanzamos un montón de partículas cuesta abajo por una pendiente que representa la función de onda; las lancemos donde las lancemos, las partículas se dispondrán rápidamente de modo que sea más probable hallarlas allí donde el cuadrado de la función de onda es más alto, lo que reproduce, precisamente, la ley de Born.

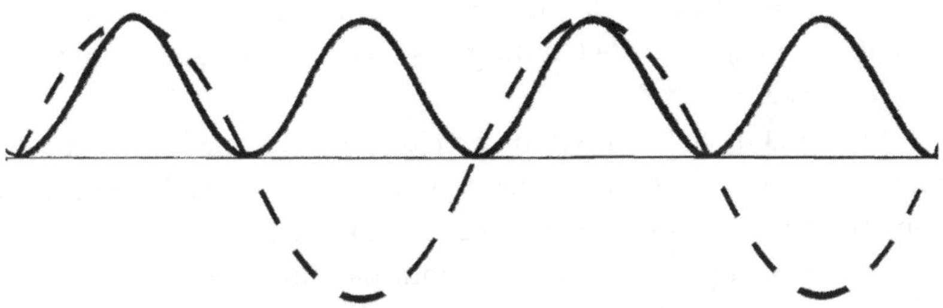

Figura 8. Elevar al cuadrado la función de onda. La línea discontinua muestra una onda que se desplaza hacia la derecha; fijémonos que pasa tanto tiempo en valores negativos (por debajo de la línea horizontal) como en valores positivos (por encima de la línea horizontal). La línea continua es el cuadrado de la función de onda, que siempre es igual o superior a cero.

La teoría de la onda piloto predice todo lo que también predice la mecánica cuántica, pero permite explicar bastantes más cosas. La forma misteriosa en que la colectividad parece influir en lo individual se aclara de golpe y se puede explicar como la influencia de la onda en la partícula. Ambas son reales y ambas existen para cada átomo indivi-

* En esta descripción estoy simplificando bastante. La partícula sigue una componente de la función de onda que se denomina *fase*.

dual. Todo lo misterioso y desconcertante de la mecánica cuántica resulta ser una consecuencia del hecho de que esta teoría se deja siempre la mitad de la historia.

A pesar de lo que digan Heisenberg y Bohr, el electrón siempre tiene una posición definida y sigue una trayectoria también definida que es perfectamente predecible si conoces la ley correcta. No necesitamos para nada el operacionalismo y desaparece esa sensación de pérdida de tiempo al intentar dar sentido a las oscuras afirmaciones de Bohr sobre la complementariedad. Las ondas y las partículas no se contradicen; siempre están ambas presentes y, conjuntamente, permiten explicar la física atómica. Lo que es, es; así de sencillo.

Podemos imaginar una historia alternativa en la que todos los brillantes y ambiciosos estudiantes de la época se dirigen a París para trabajar con De Broglie y redactan libros de texto sobre la teoría de la onda piloto, mientras que Bohr queda reducido a unos breves comentarios, denigrado por la opacidad de su innecesaria filosofía. Pero la historia no fue así, por desgracia. En cualquier caso, sí es necesario reflexionar por qué triunfó la retorcida filosofía de la complementariedad mientras que la onda piloto de De Broglie se convirtió en una breve nota a pie de página.

La teoría de la onda piloto coincide con la mecánica cuántica en muchos aspectos, pero también difiere de ella en otros. La Regla 1 es común a ambas, pero la teoría de la onda piloto, en cambio, no tiene Regla 2; en su lugar hay una ley que guía determinísticamente a la partícula. Las leyes de la teoría de la onda piloto son deterministas. Sin Regla 2, el estado cuántico en la teoría de la onda piloto nunca colapsa, lo que lleva a unas consecuencias peculiares que los partidarios de la teoría tardaron cierto tiempo en comprender y sobre las cuales abundaremos en el siguiente capítulo.

En el Congreso Solvay, las conferencias dieron paso a profundas discusiones, que luego se transcribieron y publicaron en un libro de actas. No hay muchas pruebas de que la charla de De Broglie provocara ningún cambio de opinión, aunque sí se discutió; y una de las personas que la comentó y la discutió fue Albert Einstein.

Aunque él no lo afirma en la transcripción que se publicó, Einstein había pensado en la idea de la teoría de la onda piloto. En mayo de 1927, Einstein dio una conferencia en la Academia Prusiana de Ciencias en la que presentó una versión bastante complicada de la idea. Comentó el tema por carta con Heisenberg y otros y envió a publicar un artículo basado en la conferencia, pero justo antes de publicarse, retiró el artículo.* Parece ser que se dio cuenta de que su versión de la teoría de la onda piloto presentaba varios problemas, algunos de los cuales impedían que la teoría reprodujese todas las predicciones de la mecánica cuántica. Por lo que se sabe, nunca más volvió a mencionar el dichoso artículo.

Estaba programado que Einstein diera una charla en el Congreso Solvay, seguramente acerca de ese artículo, pero renunció a última hora y escribió al organizador del congreso: «Esperaba poder contribuir con algo valioso en Bruselas, pero he abandonado tal esperanza [...] No me lo he tomado a la ligera y lo he intentado por todos los medios».[1] De todos modos, Einstein asistió y, qué duda cabe, contribuyó a las discusiones que surgieron acerca de la nueva teoría cuántica. Entre estos debates se hallan las primeras discusiones entre él y Bohr, en las cuales Einstein intentaba hallar incoherencias en la nueva mecánica cuántica. Estas intensas discusiones eran informales y, por desgracia, no se transcribieron, pero mucho después Bohr publicó sus recuerdos de esos debates en un texto que es una de las lecturas más cautivadoras de la historia de la física y, al mismo tiempo, una obra maestra de propaganda académica.

Durante las comidas y las pausas del congreso, Einstein presentó a Bohr varios argumentos según los cuales la mecánica cuántica es incoherente. Planteó que para proporcionar una descripción completa se necesitarían variables adicionales que quedan ocultas en la descripción mecánico-cuántica. Bohr no menciona que esto es precisamente lo que De Broglie había logrado con su teoría de la onda piloto; al contrario, en el relato de Bohr, este consigue, tras una noche sin dormir, rebatir la objeción de Einstein y anclar con firmeza su punto de vista respecto a la coherencia e incluso la inevitabilidad de la complementariedad.

Einstein reaccionó favorablemente a la charla de De Broglie en la discusión posterior. Tras plantear una objeción a la versión de Copenhague, afirmó: «En mi opinión, solo se puede eliminar esta objeción del siguiente modo: que no se describa este proceso exclusivamente por medio de la onda de Schrödinger, sino que, al mismo tiempo, se localice la partícula durante la propagación. Creo que el señor De Broglie está en lo correcto investigando en esta dirección».[2]

* Antony Valentini me dio una copia de este artículo de Einstein durante una charla en mi boda, que yo perdí diligentemente.

Pocos físicos cuánticos mencionaron la teoría de De Broglie durante los años siguientes a su presentación en 1927. A pesar de ser justamente admirado por su idea de ampliar la dualidad onda-partícula a la materia, y a pesar de haber presentado su teoría de la onda piloto en el congreso más importante de física cuántica, ante una audiencia formada por casi todo el mundo relevante en física atómica, parecía como si De Broglie nunca hubiera presentado o publicado su teoría. Por lo que sé, ningún libro de texto la mencionó durante décadas; no había libros de texto de la interpretación de Copenhague y libros de texto de la interpretación de la onda piloto, solo había libros de texto de la primera, y estos o ignoraban los problemas fundamentales de la teoría o presentaban una afirmación complaciente de que todas las cuestiones relevantes ya habían sido respondidas por Bohr y Heisenberg.

Una razón de peso para el triunfo del antirrealismo fue que el matemático John von Neumann publicó una demostración que, según él, mostraba que no podía haber ninguna alternativa coherente a la mecánica cuántica. La demostración apareció pocos años después del Congreso Solvay en un libro sobre la estructura matemática de la mecánica cuántica. La conclusión de la demostración tenía que ser falsa, pues implicaba que la teoría de la onda piloto de De Broglie era incoherente, cosa que no era. Vale la pena preguntarse cómo es que nadie mencionó este detalle.

La demostración errónea de Von Neumann parece ser uno de esos casos, demasiado frecuentes en la historia de la ciencia, donde la influencia de un resultado es tan grande como la magnitud de su error. Von Neumann gozaba de una enorme reputación y, así, la oposición al punto de vista de que la mecánica cuántica era la teoría más completa, enfrentada a su teorema, cedió por completo. En concreto, el propio De Broglie se rindió ante las críticas conjuntas de Von Neumann y otros teóricos, incluido Wolfgang Pauli.

No es del todo cierto que nadie se diera cuenta de que el teorema de Von Neumann contenía un error. Una joven matemática llamada Grete Hermann se interesó por la mecánica cuántica y, obviamente, estudió el libro de Von Neumann. Hermann era estudiante de doctorado de Emmy Noether,* y entre sus logros se cuentan varios resultados que se adelan-

* Emmy Noether fue una de las más grandes matemáticas del siglo XX, entre cuyos descubrimientos se cuenta un teorema fundamental sobre las simetrías en física, sobre el cual volveremos más adelante.

taron al estudio moderno de los algoritmos en informática. También tenía un profundo interés por la filosofía y estaba preocupada por las implicaciones de la mecánica cuántica sobre la filosofía neokantiana tan en boga por aquella época en los ambientes académicos germanohablantes.

Grete Hermann enseguida se apercibió de un error en la demostración del teorema sobre la imposibilidad de variables ocultas presentado en el libro de Von Neumann. Una de las suposiciones del teorema en realidad era equivalente a postular la estructura básica de la mecánica cuántica, de modo que todo lo que demostraba el teorema era que cualquier teoría equivalente a la mecánica cuántica sería equivalente a la mecánica cuántica. Por desgracia, el artículo que redactó en el que explicaba el fallo en la demostración de Von Neumann apenas tuvo impacto.[3] En parte, esto pudo ser debido a que lo publicó en una revista poco conocida, pero cuesta no pensar que nadie se la tomó en serio a causa de su sexo, así como al hecho de que su artículo atacaba directamente uno de los principales argumentos empleados para afirmar la inevitabilidad de la mecánica cuántica.

Tuvieron que pasar dos largas décadas para que alguien más se diera cuenta de que la demostración de Von Neumann tenía que ser errónea, porque no cuadraba con la existencia manifiesta de la teoría de la onda piloto; esta persona fue David Bohm, que será el protagonista del siguiente capítulo. Diez años más tarde, John Bell identificó el error como una suposición incorrecta, tal como expresó:

> La demostración de Von Neumann, si consigues captar su significado, ¡se desmorona ante tus propios ojos! No contiene *nada*. No es solo errónea, sino que es *absurda* [...] Cuando traduces [sus suposiciones] en términos de una situación física, son una tontería. Puedes citarme sin problemas con esta frase: la demostración de Von Neumann no se limita a ser falsa, ¡sino que es *estúpida*![4]

David Mermin, en una brillante reseña de diversos teoremas de imposibilidad, se lamentaba de que «muchas generaciones de doctorandos que tal vez hubieran intentado formular teorías de variables ocultas [...] capitularon ante la afirmación de que Von Neumann [...] había demostrado que no podía lograrse tal cosa». Mermin se preguntaba «si la demostración llegó a ser estudiada por los estudiantes o por aquellos que recurrían a ello para salvar a esos estudiantes de aventuras especulativas».[5]

Hoy en día resulta difícil, con la ventaja que nos aporta la perspectiva histórica y en un momento en que surgen diversas interpretaciones rivales acerca de cómo entender la teoría cuántica, apreciar el estado de ánimo de las primeras generaciones de físicos cuánticos. A pesar de los persistentes e influyentes puntos de vista discrepantes de Einstein, De Broglie y Schrödinger, como mínimo durante el primer medio siglo que siguió a la invención de la mecánica cuántica en 1925, la filosofía antirrealista iniciada por Bohr dominó todas las discusiones sobre mecánica cuántica.

En todos esos años, si alguien planteaba la posibilidad de una versión realista de la mecánica cuántica, la respuesta era una buena dosis de cháchara copenhagueana que, si el interlocutor no se daba por vencido, concluía con un «Von Neumann demostró que no hay alternativa». Podemos imaginar que las cosas hubieran sido un poco diferentes si el artículo de Grete Hermann que demostraba que no, que Von Neumann no había demostrado nada, no hubiera caído en el olvido. Pero no fue así.

8

BOHM: EL NUEVO ASALTO REALISTA

«En 1952, David Bohm resolvió el mayor problema de la mecánica cuántica, que es proporcionar una explicación de la mecánica cuántica. [...] Por desgracia, poca gente lo aprecia como se merece. Logra algo que a menudo se había considerado imposible (antes de 1952 e incluso después): explicar las reglas de la mecánica cuántica mediante una imagen consistente de la realidad microscópica».

RODERICH TUMULKA[1]

Hacia 1930, De Broglie había tirado la toalla. A partir de ese momento, la interpretación de Copenhague, antirrealista, dominó la enseñanza y la aplicación de la mecánica cuántica y la mayoría de las discusiones sobre las implicaciones de la nueva teoría. Las únicas excepciones destacables fueron Einstein y Schrödinger, que continuaron desafiando a la escuela de Copenhague e insistiendo en una formulación realista de la teoría cuántica, pero su disidencia tuvo poco impacto.

Así estaban las cosas a principios de la década de 1950, cuando el joven teórico estadounidense David Bohm decidió escribir un libro de texto sobre mecánica cuántica. Bohm era un personaje fascinante, destinado a tener una vida igualmente fascinante. En ese momento era profesor adjunto de Física en la Universidad de Princeton, especializado en física del plasma, y había llegado procedente de Berkeley, donde había sido alumno de Robert Oppenheimer. Como mucha gente del entorno de Oppenheimer, simpatizaba con las ideas comunistas y durante un breve periodo había sido miembro del Partido Comunista de los Estados Unidos antes de la Segunda Guerra Mundial; como consecuencia, el ejército estadounidense rechazó la petición de Oppenheimer de incorporar a Bohm para sus trabajos sobre la bomba atómica en Los Álamos.

No hay ninguna prueba de que Bohm hubiera sido nunca un espía o un agente soviético, pero al igual que otras personas íntegras, cuando en 1950 fue llamado a declarar ante el Comité de Actividades Antiamericanas, apeló a los derechos que le concedía la Quinta Enmienda y, por tanto, se negó a dar información sobre terceras personas. Fue detenido y se le acusó de desacato al Congreso, pero fue absuelto. Para bochorno de Princeton, la universidad lo expulsó temporalmente y luego se negó a renovarle el contrato de profesor. Einstein propuso que fuera admitido en el Instituto de Estudios Avanzados de Princeton, pero no consiguió superar la oposición de la administración. Justo en ese momento, cuando Bohm se encontró sin trabajo y con poquísimas perspectivas de poder encontrar alguno en Estados Unidos, salió a la venta su libro y recibió excelentes críticas.

Sin duda, no ha habido escasez de libros de texto publicados sobre mecánica cuántica; el primero, en 1930, lo escribió Dirac, uno de los creadores de la teoría, pero el de Bohm es uno de los mejores. Y, a pesar de la persistente sombra de duda que durante años se ha arrojado sobre él, en lo tocante a los problemas de interpretación, Bohm se mantiene fiel a la ortodoxia de Copenhague. Un apartado de su libro se titula «Demostración de que la teoría cuántica es incoherente con variables ocultas»; otro es sobre la «Improbabilidad de leyes totalmente deterministas a un nivel más profundo».

Einstein le emplazó a reunirse con él. Expresó su admiración por la lucidez con que Bohm defendía la interpretación de Copenhague, pero le pidió una oportunidad para explicarle su propio punto de vista y, tal vez, hacerle cambiar de opinión. Parece que Einstein tuvo éxito, pues tras hablar con él, Bohm empezó a cavilar acerca de si podría existir una teoría más profunda que fuera realista y determinista. Quizá fuera el atractivo que desprende el realismo para un materialista marxista o acaso fuese la claridad de las ideas de Einstein, pero lo cierto es que Bohm no tardó mucho en crear una compleción realista de la mecánica cuántica. En el fondo, lo que hizo fue, a grandes rasgos, reinventar la teoría de la onda piloto de De Broglie.

Hay que remarcar que hay una diferencia entre las teorías de De Broglie y de Bohm, pues este último escogió una ley diferente para la ecuación guía que determina adónde van las partículas. Tal como he explicado antes, la ecuación guía de De Broglie hace que la partícula siga la trayectoria de ascenso de mayor pendiente hacia el máximo de la función de onda, y esto determina la velocidad y dirección de movimiento de la partícula. En la teoría de Bohm, la ley que guía a la partícula es una versión de la ley del movimiento de Newton: describe cómo acelera una partícula como respuesta a una fuerza ejercida sobre ella. La novedad es que, en este caso, hay una fuerza que obliga a la partícula a moverse hacia donde la función de onda es más grande. Además, Bohm tiene que presuponer otra condición, que es que en el momento inicial las velocidades de las partículas son las que vienen determinadas por la ecuación guía de De Broglie.

Aparte de esta diferencia, las teorías de De Broglie y de Bohm son versiones distintas de la misma idea, la idea de que tanto la función de onda como la partícula son reales y las ondas guían a las partículas. Tal como se presentaron originalmente, son teorías equivalentes porque predicen las mismas trayectorias de las partículas; así, ambas predicen que si una colectividad de partículas empieza distribuida de acuerdo con la regla de Born, esta regla continuará cumpliéndose a medida que se modifica la función de onda y las partículas se desplazan.

Bohm no tardó mucho en escribir dos artículos en los que presentaba su nueva teoría y los envió a la revista más prestigiosa del momento, *Physical Review*.[2] También envió borradores a diversas personas, como De Broglie, quien enseguida publicó un breve artículo donde explicaba por qué la teoría de Bohm, igual que la suya de antaño, era incorrecta.

Bohm añadió una frase muy reveladora en su manuscrito: «Tras completar este artículo, la atención del autor se dirigió a propuestas similares relativas a una interpretación alternativa de la teoría cuántica planteadas por De Broglie en 1926, pero luego abandonadas por él mismo». Esta frase afirma con claridad que Bohm no conocía la teoría de la onda piloto de De Broglie cuando creó su propia versión. Esto resulta un poco sorprendente, pues De Broglie era un premio Nobel de fama mundial, admirado por haber propuesto que los electrones y otras partículas tienen ondas asociadas, pero así son las cosas. En un apartado del segundo artículo, Bohm también explicaba por qué el teorema de Von Neumann no es aplicable a la teoría que él propone.

El primer artículo de Bohm sobre la teoría de la onda piloto apareció en enero de 1952. En ese momento había aceptado una cátedra en Sao Paulo (Brasil) y desde ese lugar alejado y aislado, agobiado por una comida que le resultaba poco familiar, esperó que llegaran por carta las respuestas a sus artículos revolucionarios.

Una de las personas de las que Bohm podía esperar algo de apoyo era Einstein. Al fin y al cabo, el gran sabio había alabado la teoría de la onda piloto cuando De Broglie la presentó por primera vez, pero parece que cuando Bohm publicó sus artículos, veinticinco años después, Einstein había cambiado de opinión. Einstein describió su reacción en una carta a Max Born: «¿Te has fijado que Bohm cree (tal como hizo De Broglie hace veinticinco años) que puede interpretar la teoría cuántica en términos deterministas? Me parece una manera demasiado ordinaria».[3] Y luego añadió: «Es un camino que se me antoja demasiado fácil; [se trata de un] cuento de hadas físico para niños, que ha desorientado a Bohm y De Broglie».[4] Einstein explicó su postura en un artículo en honor a Born, planteando una objeción a la teoría de Bohm. Esta predice el movimiento de una partícula, y una consecuencia de ello es que, en un estado estacionario de un átomo, la predicción es que el electrón está quieto. Tal como remarcó Einstein, «la anulación de la velocidad contradice el requisito bien fundamentado de que, en el caso de un macrosistema, el movimiento debe coincidir aproximadamente con el movimiento que se deriva de la mecánica clásica»,[5] pero no lo hace porque, según la mecánica clásica, el electrón debería estar orbitando alrededor del núcleo, no quieto sin más.

Lo cierto es que debería de haber sido evidente que la objeción de Einstein falla, porque los átomos no son «macrosistemas». En cualquier caso, la réplica de Einstein subraya cuán diferentes son las partículas de la teoría de la onda piloto de las partículas de la física newtoniana. Tal como he remarcado antes, De Broglie había comprendido desde buen principio que sus partículas se desplazarían de modos que violarían los principios de la física newtoniana, como el principio de inercia y la ley de conservación de la cantidad de movimiento; era un sacrificio necesario para que los cuantos de luz pudieran desviar sus trayectorias y así difractarse alrededor de los objetos. Las ecuaciones guía de De Broglie y de Bohm llevan a trayectorias que pueden difractarse y refractarse, pero hay que pagar un precio: la aparente violación de principios básicos de la física. Que las partículas pudieran quedarse inmóviles en un átomo y no necesitaran orbitar entorno al núcleo para no caer sobre este, también contradecía esos principios. Para Einstein, este precio era demasiado alto.

El rechazo de Einstein a la teoría de la onda piloto no le impidió escribir a Bohm con empatía cuando, por medio de un amigo mutuo, supo de «la angustia [de Bohm] por sentirse, a la vez, excluido y recluido. Lo que más me ha impactado ha sido su flojera intestinal, algo con lo que tengo una amplia experiencia».[6] De hecho, las otras respuestas que recibió Bohm, o aquellas de las que tuvo noticia, no debieron de ayudarle mucho con sus problemas digestivos.

Heisenberg contestó que, desde su punto de vista operacional, las trayectorias de las partículas en la teoría de Bohm eran una «superestructura ideológica» superflua. Para Heisenberg, había dos posibles destinos para cualquier propuesta alternativa a la mecánica cuántica: o bien la nueva teoría hacía predicciones que no coincidían con las de la mecánica cuántica (y en tal caso, lo más probable es que fuera una teoría errónea), o bien predecía los mismos fenómenos (y, en consecuencia, no tenía nada nuevo que ofrecer a la física). Escribió que «la interpretación de Bohm no se puede refutar mediante experimentos [...] Desde un punto de vista fundamentalmente "positivista" (o quizá mejor decir "puramente físico"), no nos preocupan las contrapropuestas a la interpretación de Copenhague, sino las que son una repetición exacta de esta expresada en un lenguaje diferente».[7]

Pauli expresó una crítica parecida, pero tras un estudio más detallado admitió: «No veo posibilidad de contradicción lógica siempre que sus resultados concuerden con los resultados habituales de la mecánica ondulatoria y siempre y cuando no se dé significado alguno a los valores de sus parámetros ocultos».[8] De hecho, hay circunstancias en que las predicciones de la teoría de la onda piloto difieren de las de la mecánica cuántica, pero llevó un cierto tiempo clarificar esta situación, sobre la que volveremos de aquí a unos cuantos párrafos.

No todo el mundo fue tan educado con Bohm. En Princeton, Robert Oppenheimer se negó a leer los artículos de Bohm, considerándolo una pérdida de tiempo. Sin embargo, ello no le impidió afirmar que el trabajo de Bohm era «desviacionismo juvenil».[9] ¿No es este el lenguaje que usaría un marxista para atacar a otro? Las últimas palabras de Oppenheimer sobre el tema fueron: «Si no podemos refutar a Bohm, debemos ponernos de acuerdo en ignorarlo».[10]

El matemático John Nash, ahora famoso por su teorema sobre equilibrios en economía, escribió a Oppenheimer quejándose de las actitudes dogmáticas que observaba entre los físicos de Princeton, que trataban a cualquiera que «expresara algún tipo de cuestionamiento o de creencia en "parámetros ocultos" [...] como un estúpido o, en el mejor de los casos, como un ignorante». En cambio, él se alineaba con el otro grupo de «perdedores», porque confesó que quería «hallar una imagen subyacente diferente y más satisfactoria de una realidad no observable».[11]

El total rechazo de las aportaciones de Bohm por parte de Oppenheimer, que había sido un maestro y una figura paternal para él, debió de haberle dolido profundamente. Bohm se encontraba en un doble exilio de Princeton (entonces el auténtico centro de la física estadounidense): por su rebeldía contra la filosofía de Copenhague y por su rechazo a claudicar ante la caza de brujas macartista. Es necesario reconocer la valentía que mostró y recordar el precio que pagó; Bohm estaba aislado en lo que para él no debía de distar mucho del fin del mundo.

Los amigos de Bohm y su biógrafo dan a entender que Oppenheimer tenía motivos para distanciarse de un «rojo» sospechoso, pues él también estaba en peligro, a punto de ser víctima de la misma caza de brujas. De todos modos, sería ingenuo por nuestra parte pensar que, sin toda la catastrófica situación política y el exilio, un Bohm que hubiera permanecido en Princeton hubiese tenido más éxito en despertar interés por su subversiva alternativa a la ideología de Copenhague.

Sea como fuere, la respuesta que llegó desde la ciudad de Copenhague resultó igual de desdeñosa. En una narración del filósofo Paul Feyerabend, que visitó Copenhague por esa época, se nos dice que Bohr quedó momentáneamente estupefacto por los artículos de Bohm, pero si en verdad tuvo esa reacción, no fue lo bastante intensa como para que lo mencionara en ninguno de sus textos, y aún menos como para que escribiera a Bohm directamente. En cambio, Bohm sí que recibió una carta de un pupilo de Bohr, Léon Rosenfeld, que es un buen ejemplo de la cháchara copenhaguista:

> No voy a enfrascarme en ninguna controversia con usted, ni con nadie, sobre el tema de la complementariedad, por la simple razón de que no existe la más mínima controversia acerca de esto [...] No es cierta su sospecha de que lo que nos lleva a convencernos de la complementariedad es una cierta infatuación mágica. Más bien, me inclino a replicarle que es entre sus admiradores parisinos donde aprecio algunas inquietantes señales de mentalidad primitiva.
>
> La dificultad de acceder a las ideas de la complementariedad que usted menciona es el resultado de la postura esencialmente metafísica que se inculca a la mayoría de la gente desde la infancia por medio de la influencia dominante de la religión o la filosofía idealista en la educación. Sin duda, la cura a esta situación no va a llegar evitando el tema, sino expulsando esta metafísica y aprendiendo a analizar las cosas dialécticamente.[12]

Tras leer esto en su solitario apartamento de Sao Paulo, David Bohm se debió de sentir tan alejado de Pennsylvania como Dorothy de Kansas, en *El mago de Oz*.

A pesar de todos estos chascos, Bohm fue productivo durante sus años en Brasil. Continuó contribuyendo a la física del plasma mientras se centraba en su nueva teoría cuántica, y empezó a colaborar con Jean-Pierre Vigier, un estudiante y colega de De Broglie. De todos modos, no era feliz en Brasil y en 1955 se trasladó al Technion en Israel y unos años más tarde, a Inglaterra. Tras una estancia en Bristol, finalizó su periplo en el Birkbeck College de la Universidad de Londres, donde permaneció durante el resto de su vida.

En Londres, Bohm atemperó sus simpatías comunistas; como muchos otros que habían concedido a la Unión Soviética el beneficio de la duda, quedó impactado cuando el deshielo político que se dio durante la presidencia de Nikita Jrushchov demostró que las purgas estalinistas habían sido tan sanguinarias como se rumoreaba. Tras esto, el deseo de Bohm de un camino hacia la perfectibilidad del ser humano se desvió hacia el misticismo y, tras una breve inmersión en las enseñanzas del místico Gurdjieff, cayó bajo la influencia del gurú indio Krishnamurti.

Mientras tanto, Bohm prosiguió su incansable búsqueda de un punto de vista más profundo sobre la naturaleza que le llevara más allá de la teoría cuántica. Todo esto le impulsó a elaborar una línea de pensamiento muy original, sin duda especulativa y filosófica, relacionada con su física y, a la vez, destinada a trascenderla. Escribió varios libros, con los cuales llegó a una nueva audiencia de artistas, filósofos y aspirantes espirituales y sus diálogos con Krishnamurti se hicieron muy populares en todo el mundo.

Aunque su obra posterior no es de incumbencia para valorar la importancia de sus trabajos sobre la teoría de la onda piloto, creo que sería irreflexivo y miedoso no intentar un resumen de toda la obra de este sabio complejo y contradictorio. David Bohm es una persona con la que siento una afinidad genuina, con su búsqueda de trascendencia, primero mediante una visión marxista de una nueva psicología humana que surge del sueño de una sociedad justa e igualitaria y luego, cuando se reveló que esa fantasía no era más que un cruel espejismo, mediante su inmersión en la mística.* De Oppenheimer a Krishnamur-

* Si se me permite una observación personal, soy nieto de un marxista que continuó siendo miembro del Partido Comunista de los Estados Unidos mucho después de que el sueño hubiera quedado enterrado, y también soy hijo de aspirantes espiri-

ti, ciertas debilidades de Bohm le hicieron susceptible a ese tipo de personalidades dominantes y tan seguras de sí mismas.

De todos modos, por mucho que uno pueda criticar a Bohm por lo que, retrospectivamente, parece una negación ingenua e ignorante de su capacidad de análisis, sus años de arduos e incansables esfuerzos en busca de la ciencia que pueda haber más allá de la cuántica, rescata la obra de su vida y le devuelve integridad, seriedad y compromiso. Se embarcó en una búsqueda de una nueva forma de ciencia trascendente, basada, a la vez, en las tendencias más profundas de lo que podemos llamar pensamiento religioso y los problemas más espinosos de la física teórica. Es un campo que pocos físicos han explorado; tal vez solo podamos nombrar a David Finkelstein. Resulta fácil decir que Bohm fracasó y que sus mayores logros son, con diferencia, sus primeras contribuciones a la física cuántica. Al mismo tiempo, exploró un camino en el que pocos de nosotros hemos tenido la audacia o el coraje de dar ni tan solo el primer paso, a pesar de la obviedad de que los mayores peligros a que nos enfrentamos como especie pueden vincularse a la total incoherencia de la cultura humana, una brecha que está enraizada en la inconmensurabilidad entre las comprensiones científica y espiritual del mundo.

Después de todo lo que hemos aprendido sobre Bohm, recapitulemos un poco. La teoría de la onda piloto explica todo lo que explica la mecánica cuántica ordinaria, sin la incomodidad de tener que lidiar con la Regla 2. La función de onda evoluciona siguiendo la Regla 1, de forma que nunca salta ni colapsa. La novedad es que hay una partícula que se desplaza de acuerdo con su propia ley, guiada por la función de onda. Estas dos leyes, conjuntamente, proporcionan una descripción por completo realista de los fenómenos cuánticos.

---

tuales que pasaron muchos años con la obra de Gurdjieff. En buena medida, los errores de mis padres y de mis abuelos me vacunaron contra el riesgo de encapricharme con espiritualistas organizados, persiguiendo sueños de trascendencia. Es fácil para mí criticar a Bohm y a tantos otros de su generación por la asombrosa ingenuidad que mostraron ante la peculiar combinación de compasión sincera por el sufrimiento humano y la tremenda falsedad y narcisismo que gurús como Gurdjieff y Krishnamurti compartían con los líderes «revolucionarios» de la izquierda. Sin embargo, también creo que se atisba algo de verdad detrás de las enseñanzas de los diversos clones de Gurdjieffs y Krushnamurtis, que mostraron a los occidentales una síntesis de las prácticas espirituales orientales.

Además, la teoría de la onda piloto explica lo que la teoría cuántica no explica. Ofrece una descripción completa de lo que sucede en cada proceso individual. Explica cómo y por qué se mueven los electrones; explica de dónde surgen las incertezas y las probabilidades, que es nuestra ignorancia sobre las posiciones iniciales de las partículas, como veremos dentro de unos párrafos. Y también resuelve el problema de la medición porque no hay necesidad alguna de diferenciar los experimentos del resto de procesos.

En el segundo artículo que escribió Bohm en 1952, sobre la nueva teoría, estudió el proceso de medición con detalle y demostró que, en el caso de un átomo que interacciona con un detector dispuesto para medir alguna de sus propiedades, el detector acaba correlacionado con el átomo, en términos de dónde están las partículas así como en términos de las funciones de onda. Así, las mediciones funcionan correctamente en ambos lados de la doble ontología.

Desde un punto de vista realista, la teoría de la onda piloto es muy superior a la interpretación de Copenhague; por su propia existencia, desmiente la argumentación de Bohr y Heisenberg de que es imposible disponer de una descripción realista de la física cuántica. En consecuencia, uno podría esperar que la comunidad científica se hubiese lanzado a los brazos de la teoría de la onda piloto, ya fuera en 1927, cuando De Broglie la propuso por primera vez en el Congreso Solvay, o en 1952, cuando Bohm la propuso de nuevo. Sin duda, esto es lo que esperaba Bohm, y su decepción mientras esperaba respuestas en Sao Paulo es también la nuestra.

Algunos historiadores han sugerido que la aceptación del antirrealismo por parte de la comunidad de físicos europeos en la década de 1920 formaba parte de un movimiento cultural más amplio que se refugiaba en la irracionalidad como respuesta a la carnicería en las trincheras que toda esa generación acababa de sufrir. Pero esto no explica el rechazo similar a la teoría de la onda piloto que se produjo en la década de 1950, una época que empezaba a estar dominada por el espíritu americano optimista, pragmático y triunfador. Algunos lo explican por el poder de las escuelas dominantes en la investigación en física, lideradas por personajes carismáticos, como Niels Bohr, que inspiró y tuteló a muchos revolucionarios cuánticos que acudían a él para formarse procedentes de todas partes. De Broglie, en cambio, apenas tuvo un puñado de alumnos durante toda su vida y, por lo que sé, todos fueron franceses; su reducido grupo de acólitos estaba aislado incluso dentro de la comunidad de físicos franceses.

Bohm inspiró el desarrollo de una comunidad de teóricos en Brasil, algo por lo que poco crédito se le concede fuera de las fronteras de ese país. Después de Brasil, en Israel y en Londres, tuvo unos pocos buenos estudiantes, uno de los cuales, Yakir Aharonov, se convirtió en un distinguido teórico con unas ideas y propuestas bastante diferentes de las de Bohm. Un puñado de estudiantes de Bohm fueron especialistas en la fundamentación de la cuántica, pero siguieron ideas diversas y no se cohesionaron en ninguna «escuela bohmiana» de pensamiento. Tampoco ayudó que, cuando Bohm se instaló en Londres y estaba en un lugar donde podía reivindicar su influencia, buena parte de su atención ya estaba centrada en el misticismo.

A pesar de todo, el interés por la teoría de la onda piloto fue creciendo sin prisa pero sin pausa durante los años siguientes y un pequeño número de científicos de todo el mundo tomó el relevo y desarrolló la teoría. Hacia la década de 1990, lo que a veces se llamaba *mecánica bohmiana* ya era una subcultura, pequeña pero bien visible, de la comunidad de científicos, matemáticos y filósofos, dedicados a desentrañar los enigmas que plagan los fundamentos de la teoría cuántica.

Gracias al trabajo de estos «bohmianos», se han planteado y resuelto varias cuestiones sutiles sobre la teoría de la onda piloto. Una de las cuestiones más peliagudas tiene relación con la forma en la que aparecen las probabilidades en la teoría de la onda piloto. La teoría es determinista; es decir, dada una función de onda en un momento determinado, podemos usar la Regla 1 para determinar la función de onda en cualquier otro instante de tiempo. La ecuación que describe cómo la función de onda guía a la partícula también es determinista, y si especificamos dónde se halla la partícula en un instante inicial, nos dirá exactamente cómo se moverá la partícula a partir de ese punto; cada partícula tiene una trayectoria bien definida.

Así pues, ¿cómo surgen las probabilidades? La respuesta es que aparecen por la misma razón que pueden aparecer en la física newtoniana: nuestra ignorancia sobre las posiciones exactas de las partículas. Como no podemos saber dónde empieza la partícula, no tenemos certeza de dónde se hallará en el futuro. En la teoría de la onda piloto, las probabilidades expresan nuestra ignorancia de las posiciones iniciales de las partículas.

Para dar sentido a las probabilidades en la nueva teoría, tenemos que imaginar un conjunto de sistemas con la misma función de onda pero con diferentes posiciones iniciales de las partículas. Las partículas se distribuyen inicialmente según una función de distribución de probabilidades, que nos dice cuán frecuente es cada grupo de posiciones iniciales en todo el conjunto. Podemos escoger libremente las posiciones iniciales de las partículas, para que la función de distribución de probabilidades sea tal como nosotros queremos; luego, dejamos evolucionar el sistema, empleando la Regla 1 para ver cómo cambia la función de onda y la ley guía para desplazar las partículas. Al hacerlo, la distribución de probabilidad también cambia en función del tiempo, lo que refleja el movimiento de las partículas.

En mecánica cuántica, tal como he descrito antes, las probabilidades de hallar las partículas en diferentes lugares vienen dadas por la regla de Born, de acuerdo con el cuadrado de la función de onda, algo que simplemente se postula como parte de la Regla 2. En la teoría de la onda piloto, las partículas son reales y podemos escoger libremente la distribución de probabilidades inicial. Así, en concreto, podemos decidir que esta distribución esté dada, al igual que en mecánica cuántica, por la regla de Born; para ello, distribuimos las partículas de modo que cuanto mayor sea el cuadrado de la función de onda, más partículas del conjunto estén situadas en ese punto. Cuando hacemos esta elección de distribución de probabilidades, se mantiene a lo largo del tiempo; las partículas se desplazan y la función de onda cambia en función del tiempo, pero sigue cumpliéndose que el cuadrado de la función de onda da la probabilidad de hallar la partícula.

Sin embargo, en la formulación de De Broglie aún hay más. Supongamos que decidimos que la distribución de probabilidades inicial de las partículas no sea la que proporciona el cuadrado de la función de onda. En este caso, el sistema evolucionará de un modo en que la distribución de probabilidades acabará por coincidir con la correspondiente a la del cuadrado de la función de onda. Este importante resultado fue demostrado por Antony Valentini[13] y luego ha sido confirmado mediante simulaciones numéricas.[14]

Esta situación es análoga a la de la termodinámica. Cuando un sistema de muchas partículas está en equilibrio con su entorno, la entropía es máxima, porque la entropía es una medida del desorden, que suele aumentar con el tiempo. Si el sistema empieza en una configuración diferente, una configuración más ordenada que la correspondiente al equilibrio, lo más probable es que el desorden aumente hasta que el sistema llegue al equilibrio. El caso de la teoría de la onda piloto de De Broglie es muy parecido. Podemos decir que un sistema cuántico se halla fuera del equilibrio cuántico si la distribución de probabilidades de la ubicación de una partícula es diferente de la proporcionada por el cuadrado de su función de onda. Cuando ambas coinciden, el sistema está en equilibrio cuántico. El teorema de Valentini nos dice que lo más probable es que un sistema cuántico que no se halla en equilibrio cuántico evolucione hasta alcanzar el estado de equilibrio cuántico.

Cuando un sistema está en equilibrio cuántico, las predicciones de la teoría de la onda piloto concuerdan con las de la mecánica cuántica convencional. En consecuencia, si queremos preparar una situación experimental que permita distinguir la teoría de la onda piloto de la mecánica cuántica tendremos que, de algún modo, desequilibrar un sistema cuántico. Y lo cierto es que la física de situaciones alejadas del equilibrio nos depara varias sorpresas. Una es que resulta posible enviar información a velocidades superiores a la de la luz, lo que es consecuencia de otro resultado de Valentini, que afirma que mientras el sistema se halla fuera del equilibrio cuántico, la información y la energía se pueden transmitir instantáneamente, contradiciendo así la relatividad especial.[15] Huelga decir que si tal cosa se confirmara experimentalmente sería un resultado de importancia capital para nuestra comprensión de la naturaleza y, tal vez, para tecnologías que solo hemos visto en las obras de ciencia-ficción; se trata de un experimento que podría distinguir con claridad entre la teoría de la onda piloto y la mecánica cuántica convencional. Ha habido algunos intentos de alejar a sistemas cuánticos del equilibrio cuántico y comprobar estas predicciones, pero hasta la fecha no han conseguido ni descubrir situaciones de no-equilibrio cuántico ni descartar la teoría de la onda piloto.

Un lugar donde buscar física alejada del equilibrio cuántico es en el universo muy temprano. Valentini y sus colaboradores han planteado la hipótesis de que el universo se inició en un Big Bang alejado del equilibrio y que se fue equilibrando a medida que se expandía. Este proceso puede haber dejado pistas en la radiación de fondo de microondas, pistas que se están buscando activamente, pero sin resultados concluyentes hasta el momento.[16]

Volvamos al experimento del gato de Schrödinger y veamos cómo lo explica la teoría de la onda piloto.

La teoría de la onda piloto afirma que la mecánica cuántica se aplica universalmente; solo existe la Regla 1, aplicable a todos los casos posibles. Esto significa que las mediciones no son diferentes de cualquier otro proceso. Todo tiene una existencia dual, como onda y como partícula, ya sean átomos, fotones, contadores Geiger, gatos o personas. Ambos lados de esta existencia doble son complejos para los objetos macroscópicos, como contadores Geiger o gatos, formados por muchas partículas interrelacionadas. Necesitamos una palabra para referirnos a todas las posibles maneras en que se pueden disponer en el espacio todas las partículas que forman un gato, y esta palabra es *configuración* de los átomos. Si nos referimos al lugar en que están situados los átomos que conforman el gato respecto los unos de los otros, estamos describiendo la configuración del gato. Pero como hay muchísimos átomos, se necesita una enorme cantidad de información para describir la configuración del gato.

Toda esta información debe codificarse en una lista de números. ¿Cuántos números se necesitan para describir un gato? Para un solo átomo necesitamos tres números, que lo sitúan en el espacio tridimensional; para dos átomos, necesitamos seis números, tres para cada uno; así, para ubicar los átomos de un gato, son necesarios tres números por átomo. Ahora bien, en un gato hay, más o menos, unos 10^{25} átomos, de modo que necesitamos 3 multiplicado por 10^{25} para describir la configuración de nuestro felino.

Lo relevante de la teoría de la onda piloto es que los átomos son reales y están situados en algún lugar bien definido del espacio. Cada átomo tiene una localización, que es un punto en el espacio y cada gato tiene una configuración, que es lo mismo que decir que cada uno de sus átomos se halla situado en algún lugar bien definido del espacio. Ahora bien, un átomo también tiene una onda, que está situada en el espacio tridimensional, y cada gato tiene asimismo una onda asociada con él. Lo extraño es dónde está situada esta última onda. No se trata de una onda en el espacio tridimensional, sino que está situada en un espacio de muchísimas dimensiones, llamado el *espacio de configuraciones* (véase la figura 9). Cada punto de este espacio corresponde a una de las posibles configuraciones del gato.

Es muy difícil, si no imposible, visualizar un espacio de muchas dimensiones. Una vez presencié anonadado cómo Roger Penrose realizaba un cálculo en la pizarra para el cual tenía que desplazar una superficie bidimensional alrededor de un obstáculo de seis dimensiones en un espacio de ocho dimensiones; seguir su cálculo paso a paso fue sin duda electrizante, pero hasta ahí llega mi capacidad. La mayoría de los matemáticos no tenemos esta capacidad de visualización, pero sí podemos razonar en un espacio de muchas dimensiones. Cuando dibujo un objeto de tres dimensiones, en realidad estoy dibujando una proyección de este en dos dimensiones. De modo parecido, lo que veo en mi mente cuando imagino un espacio de configuración como el del gato, con quizá 3×10^{25} dimensiones, es una proyección tridimensional, junto con una callada advertencia de ir con cuidado y no extraer conclusiones falsas de esta visualización insuficiente por completo.

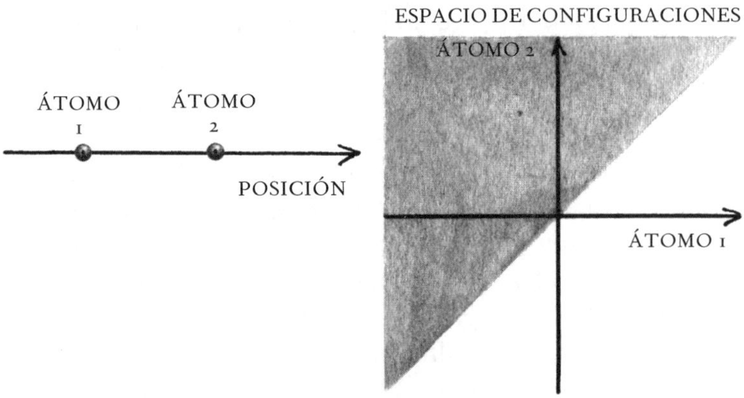

Figura 9. Espacio de configuraciones. Dos átomos se hallan sobre una línea, en una dimensión, de modo que la configuración de cada uno se especifica mediante un único número (su posición sobre la línea). La configuración del conjunto de los dos átomos se especifica, pues, mediante dos números, de modo que el espacio de configuración del conjunto es un plano y su configuración queda indicada mediante un punto en ese plano (tratamos a los dos átomos como idénticos, de modo que el átomo 2 siempre es el situado más a la derecha).

En el espacio de configuraciones, una onda lleva una enorme cantidad de información. Recordemos, por ejemplo, el estado OPUESTO, que describe correlaciones entre las respuestas a preguntas planteadas simultáneamente a dos partículas, aunque no nos dice nada en absoluto acerca de cada partícula por separado. Para codificar estados cuánticos como estos, de la manera más general posible, necesitamos algo más que una onda tridimensional para cada átomo del gato; necesitamos una onda que se propague por el espacio de todas las posibles configuraciones del gato.

Cuando uno acepta la existencia de una onda en el espacio de todas las configuraciones de un gato, la resolución de los enigmas cuánticos llega por sí sola. Solo hay un gato, que en todo momento se halla en alguna configuración. Esta puede ser una en que el gato está vivo o una en que el gato está muerto. Tiene que ser una o la otra, pero no ambas, de modo que en cualquier momento el gato o está vivo o está muerto.

La función de onda del gato puede ser la suma de dos ondas, porque las ondas siempre se pueden sumar; de hecho, es lo que hacen: se superponen, que es lo mismo que sumarse. La onda guía la configuración del mismo modo que guía a un solo electrón. La función de onda se puede propagar simultáneamente en configuraciones de un gato muerto y en configuraciones de un gato vivo. Del mismo modo que un río se puede bifurcar y pasar por ambos cauces a la vez, una función de onda se puede bifurcar y pasar por la rama donde están las configuraciones vivas y también por la rama donde están las configuraciones muertas.

La función de onda termina estando asociada a la probabilidad de hallar las diversas configuraciones. Cuando la función de onda es grande en alguna configuración, también lo es la probabilidad de esa configuración. Así, la probabilidad de hallar el gato en una configuración viva o en una configuración muerta puede ser del 50% más o menos. Pero solo hay un gato, y del mismo modo que un electrón solo puede estar en un sitio en cada momento, el gato o está muerto o está vivo.

¿No resulta raro que la función de onda se bifurque por ramas que se propagan hacia donde no se hallan las partículas o sus configuraciones? Un poco, pero así debe ser, porque la partícula solo puede pasar por una de las ramas. Una rama vacía puede tener consecuencias futuras, pues las diversas ramas pueden volver a unirse en el futuro creando patrones de interferencia que influyen en los lugares a los que puede ir la partícula.

Hace dieciocho años, tuve que tomar una decisión difícil. Me veía impelido hacia dos futuros, cada uno de los cuales parecía atractivo, de acuerdo con toda la información de que disponía. Está claro que nadie tiene nunca la información suficiente para tomar una decisión de este tipo, pues estaba en juego todo mi futuro. La cuestión era: ¿en qué país y en qué ciudad me iba a instalar? Esta decisión podría influir en muchísimos aspectos: con quién me casaría, quiénes serían mis hijos, qué idiomas hablarían y cuántos años podría vivir.

Incapaz de decidirme, pregunté a unos amigos de un laboratorio de física cuántica y dejé que un átomo radiactivo decidiera por mí. Si el átomo se desintegraba en un tiempo inferior a su semivida, aprovecharía la nueva oportunidad que me brindaba otra ciudad y otro país; en caso contrario, me quedaría en mi entorno familiar. Bueno, el átomo se desintegró antes de llegar a su semivida, de modo que aquí estoy, en Toronto, con mi familia, mis amigos y mis vecinos, ninguno de los cuales hubiera conocido si ese átomo se hubiera desintegrado un poco más tarde. Nada en mí es especial. Todos estamos hechos de partículas que han sido guiadas hasta su situación presente por una función de onda de nuestro enorme espacio de configuraciones posibles.

La función de onda está a mi alrededor, allí donde me hallo en estos momentos, pero también tiene otras ramas en los lugares donde podría estar pero no estoy. Algunas de estas ramas se bifurcaron en ese experimento con el átomo radiactivo y recorren la historia vacía que no emprendí, pero que hubiera emprendido si el átomo hubiese tardado más en desintegrarse. La función de onda vacía de la partícula se sigue propagando desde entonces, hasta el día de hoy; esta rama de mi función de onda continúa «viviendo» en Londres. ¿Acaso no nos hemos sentido todos un poco nostálgicos al contemplar las vidas que pudimos haber tenido de haber modificado alguna de nuestras decisiones? Si la teoría de la onda piloto es correcta, estas vidas no realizadas son rastreadas por una función de onda vacía, lista para guiar a mis átomos, pero resulta que mis átomos están en otra parte.

Unos pocos años antes de esa decisión, mi función de onda se enfrentó a otra bifurcación que creó dos ramas muy diferentes. Tomé una de las ramas, pero si hubiera tomado la otra, mi destino sería muy distinto. Había reservado un vuelo de Swissair de Nueva York a Viena, para asistir a un congreso; la noche antes del vuelo, supe que los organizadores habían programado mi charla hacia el final del congreso, de modo que se me antojó, por alguna razón que soy incapaz de recordar, llamar a mi agencia de viajes y cambiar la reserva para un día después. A la noche siguiente, antes de ir a dormir, puse la radio y me enteré de que el vuelo que habría cogido de no ser por mi cambio de última hora se había estrellado cerca de Halifax. Si la teoría de la onda piloto es correcta, una rama de la función de onda de los átomos de los cuales estaba formado en ese momento se halla ahora mismo en el fondo de la bahía de St. Margarets, ante el pueblo de Peggy's Cove, en Nueva Escocia.

Esa rama está vacía, como lo están incontables otras, pero si la teoría de la onda piloto es correcta, son reales. La única diferencia entre ellas y la rama que me guía en estos momentos es que solo una rama coincide con los átomos que me forman y los guía; el resto de las ramas siguen propagándose, vacías. ¿Me importan esas otras ramas? ¿Deberían importarme? Siempre hay la posibilidad de que en el futuro una rama vacía se recombine con mi rama actual y provoque interferencias, lo que puede modificar mi vida súbitamente.

Ahora bien, las probabilidades de que ocurra tal cosa son increíblemente pequeñas. Es una cosa que entra en la categoría de esos posibles sucesos que se pueden producir según las leyes de la física pero que, en realidad, no se dan nunca. Por ejemplo, todos los átomos del aire que hay en la habitación en que estoy escribiendo ahora mismo, podrían, por casualidad, acumularse al lado de la ventana abierta y precipitarse al exterior, dejándome sin aire para respirar. Pero se trata de un suceso extraordinariamente improbable, teniendo en cuenta que los átomos están chocando continuamente entre ellos.

Así pues, no hay ninguna probabilidad de que las ramas vacías que representan las vidas que no hemos vivido y las elecciones que no hemos tomado tengan efecto alguno en nuestros futuros. Pero si fuéramos simples átomos, las interferencias entre las ramas llenas y las ramas vacías de la función de onda se estarían produciendo continuamente.

En resumen, a efectos prácticos (y morales), si la teoría de la onda piloto es correcta, podemos ignorar las ramas vacías. Somos reales una sola vez y vivimos esa vida en esa rama ocupada de la función de onda. Solo tenemos que preocuparnos y responsabilizarnos de lo que hace esa versión real de nosotros.

9

EL COLAPSO FÍSICO DE LOS ESTADOS CUÁNTICOS

Los experimentos y el sentido común sugieren que no hay superposiciones de objetos macroscópicos, porque cualquier cuerpo de grandes dimensiones siempre está en algún sitio en concreto. La Regla 2 se creó para adaptarse a este hecho, al menos por lo que respecta al comportamiento de los instrumentos de medición y de los sistemas que entran en contacto con ellos. Para evitar superposiciones de los estados de un aparato de medición, la Regla 2 dicta que justo tras la medición de la posición de una partícula, su función de onda colapsa de inmediato a un estado correspondiente a la posición que se ha medido.

Antes de la medición, la función de onda de un determinado átomo puede haberse propagado por toda la Tierra, implicando una probabilidad igual de encontrarlo en cualquier punto del planeta. Pero cuando se efectúa una medición de su posición, si el resultado es que la ubicación del átomo está en algún lugar de la ciudad de Nueva York, en el momento en el que se presenta el resultado, la función de onda del átomo colapsa hasta reducirse solo a un lugar de los cinco distritos de la ciudad.

En la mecánica cuántica convencional, este colapso de la función de onda se produce solo como resultado de la medición, lo que plantea un problema al realismo, porque es solamente nuestro uso e interpretación del resultado lo que determina si una interacción con un cuerpo macroscópico es una medición o no. De acuerdo con un punto de vista realista, un instrumento de medición es un sistema físico, que da la casualidad de que es grande y que tiene el poder especial de amplificar diferencias minúsculas en el comportamiento de un átomo y así transformarlas en diferencias macroscópicas que permiten obtener un registro de lo observado. Pero como es un sistema físico, tiene que obedecer a las mismas leyes que los átomos que lo componen; en consecuencia, si los átomos pueden estar en superposiciones, también deberían poder estarlo los enormes conjuntos de átomos que forman el dispositivo de medición. Recordemos que en el último capítulo vimos que, en la teoría de la onda piloto, parte del precio a pagar por el realismo es un mundo lleno de vacías ramificaciones de las funciones de onda, desconectadas desde hace mucho tiempo de los objetos que podrían guiar.

Pero ¿qué sucedería si el colapso fuera un proceso físico real que se produce siempre que un cuerpo macroscópico está implicado en una interacción? El colapso sería provocado por el tamaño del objeto, medido según su masa o por el número de átomos que lo componen, independientemente de su uso como instrumento de medición. Las funciones de onda de todos los cuerpos grandes colapsarían, borrando sus superposiciones; los sistemas de medición, formados por miríadas de átomos, también colapsarían. Esto nos señala una estrategia para una versión realista de la física cuántica.

La idea sería modificar la mecánica cuántica combinando la Regla 1 y la Regla 2 en una única regla que especifique cómo evolucionan las funciones de onda en el tiempo. Cuando el sistema sobre el que se aplica es microscópico, la vieja Regla 1 resulta una buena aproximación; se pueden producir colapsos de las funciones de onda de átomos, pero muy raramente. En cambio, cuando el sistema es grande, el colapso se produce con frecuencia, de modo que parece que el cuerpo se halle siempre en un lugar bien definido.

Desde la década de 1960 se han ido formulando teorías de este tipo, que reciben el nombre de *modelos de colapso físico.*

El primer modelo de colapso físico fue creado en 1966 por Jeffrey Bub, un estudiante de David Bohm, y desarrollado por ellos dos.[1] Ese mismo año, Frigyes Károlyházy publicó un artículo donde planteaba que las fluctuaciones aleatorias en la geometría del espacio-tiempo podían provocar el colapso de la función de onda. Tal como pasó con la teoría de la onda piloto y la obra de Bell de la misma época, la respuesta a estos artículos vanguardistas fue más bien fría. La primera persona en elaborar una versión completa y precisa de una teoría de este tipo fue Philip Pearle, un teórico estadounidense, que ha publicado trabajos muy destacables, a pesar de pasar toda su carrera en una pequeña facultad. Durante más de una década forcejeó para lograr una teoría coherente del colapso de la función de onda, y en 1976 publicó su primera teoría que incorporaba un colapso físico de la función de onda.[2]

La versión de Pearle del colapso incorpora un elemento de aleatoriedad, de modo que hay algo no muy diferente del lanzamiento de un dado que decide cuándo y dónde colapsa la función de onda. Estas tiradas son poco frecuentes en el caso de funciones de onda de átomos y, en consecuencia, el colapso en los sistemas pequeños formados por un puñado de átomos es poco frecuente. En cambio, el colapso ocurre muy a menudo en el caso de sistemas macroscópicos de muchos átomos. Pearle bautizó su teoría con el nombre de *localización espontánea continua* (o CSL, por sus siglas en inglés).

Durante muchos años, Pearle fue casi el único que trabajaba en este enfoque realista. Después, en 1986, tres italianos que trabajaban en Trieste propusieron una versión muy elegante de la misma idea, que desde entonces se conoce como *teoría GRW* (por las iniciales de sus apellidos: Ghirardi, Rimini y Weber).[3] Otras personas se fueron añadiendo para desarrollar estos modelos de colapso físico, como Lajos Diósi, Lane Hughston y Nicolas Gisin.

Todas estas teorías difieren entre ellas en cuestiones de detalle, pero comparten el rasgo fundamental de que el comportamiento de cualquier sistema cuántico es una mezcla de la Regla 1 y la Regla 2. La mayor parte del tiempo, la función de onda de un sistema atómico cambia de forma lenta y uniforme, siguiendo la Regla 1; de vez en cuando, sin embargo, salta de modo abrupto a un estado bien definido, siguiendo una versión de la Regla 2.

Un defecto que tienen todas estas teorías del colapso espontáneo es que necesitan especificar cuidadosamente el ritmo al que se producen los colapsos espontáneos, de modo que sean lo bastante escasos como para no alterar los patrones de interferencia creados por las delicadas superposiciones de los sistemas atómicos. De este modo se garantiza el éxito de la mecánica cuántica al preservar la coherencia de las superposiciones de sistemas microscópicos siempre que sea necesario. En cambio, la función de onda de un cuerpo macroscópico sufrirá un colapso mucho más a menudo, porque está formado por muchísimos átomos. Sucesos que, para un solo átomo, son muy infrecuentes, se dan con mucha frecuencia en un átomo u otro de un gran conjunto de ellos; ahora bien, si un átomo colapsa, también deben hacerlo los otros que forman el mismo cuerpo. El resultado es que el modelo puede ajustarse de forma que las funciones de onda que describen objetos macroscópicos colapsen con más frecuencia y, así, explica por qué los grandes objetos siempre están en un lugar bien definido. De esta forma, se soluciona el problema de la medición.

Estas teorías no necesitan partículas en el sentido en que lo hace la teoría de la onda piloto. Solo hay ondas, pero el resultado de un colapso espontáneo será una onda muy concentrada alrededor de un punto determinado, tan concentrada, de hecho, que será difícil distinguirla de una partícula. Como no hay partículas, se esfuman los problemas de la dualidad onda-partícula. Solo falta comprender por qué las ondas evolucionan sometidas a dos procesos muy diferentes.

Las teorías del colapso físico son realistas por completo. La función de onda *es* el sistema y no hay misterio alguno acerca de cómo interpretarla. Al hacer colapsar la función de onda en aquello que es físicamente relevante, y solo en eso, la teoría evita la extravagante proliferación de ramas vacías que empañan la teoría de la onda piloto. No hay ningún problema de la medición porque los objetos grandes, incluyendo los aparatos de medición, siempre se hallan en estados colapsados. Ni la conciencia ni la información ni la medición tienen ningún papel especial aquí; lo que tienes es lo que ves, punto.

Para definir una de estas teorías hay que decidir a cuál de las cuestiones incompatibles tiene que responder la función de onda colapsada. La respuesta habitual es la posición en el espacio. La función de onda colapsada tiene un máximo en algún lugar del espacio, que la hace asemejarse a una partícula. Una consecuencia es que la energía ya no se conserva con exactitud: un bloque metálico debería calentarse lentamente como resultado de todos los colapsos que sufren las funciones de onda de sus átomos. En mi opinión, este es el rasgo más insatisfactorio de los modelos de colapso espontáneo, pero ya se están planificando experimentos que intentarán detectar este calentamiento.

Como sucede a menudo con teorías nuevas, proporcionan mucha libertad; uno puede ajustar a voluntad el ritmo con el que se produce el colapso y puede hacer depender este ritmo de la masa o de la energía de los átomos. Para que la hipótesis del colapso espontáneo sea viable, tiene que haber un modo de ajustar los ritmos de manera que las funciones de onda de átomos y partículas elementales colapsen muy pocas veces, mientras que las de cuerpos macroscópicos lo hagan tan a menudo que estos siempre se hallen en lugares bien definidos. Además, hay que asegurarse de que todas las consecuencias accidentales (como el calentamiento de la materia) se mantengan en límites indetectables. Lo remarcable es que se pueden satisfacer todas estas condiciones, de modo que estas teorías son, en principio, viables.

En algunos de estos modelos, los colapsos espontáneos son procesos aleatorios; la teoría especifica solo una probabilidad para el colapso. Esto lleva a incertezas y probabilidades, que quedan incorporadas en la teoría desde el principio; las probabilidades quedan incrustadas en las leyes fundamentales, más que ser una consecuencia de nuestra ignorancia o nuestras convicciones. La aleatoriedad intrínseca del proceso de colapso explica, así, las incertidumbres en la física cuántica y lo hace de una manera que no singulariza los procesos de medición. En definitiva, pues, las probabilidades se explican de una manera totalmente compatible con el realismo, lo que representa una ventaja considerable (ahora bien, si uno quiere una teoría determinista, se trata de un inconveniente, sin duda). Además, las leyes fundamentales resultan ser irreversibles, de modo que la flecha del tiempo (la dirección en que fluye el tiempo) queda determinada a un nivel fundamental. Algunos teóricos consideran estos rasgos como defectos, pero en mi opinión son características muy positivas de los modelos de colapso físico.

Un aspecto inquietante de los modelos de colapso espontáneo es que el colapso de la función de onda tiene lugar en un único instante de tiempo. Como la función de onda está dispersa por el espacio, su colapso define un instante de simultaneidad en toda una región del espacio, lo que parece contradecir la teoría de la relatividad, que afirma que el concepto de *simultaneidad* no tiene sentido físico sobre regiones extensas del espacio. Si bien esto es un problema para los modelos originales de colapso dinámico, se han presentado propuestas para modelos de colapso consistentes con la relatividad especial.[4]

El rasgo más atractivo de todos los modelos de colapso es que predicen fenómenos nuevos, sujetos a comprobación experimental. Los colapsos aleatorios introducen ruido en el sistema y, para algunos valores de los parámetros, el efecto sería lo bastante grande como para poder ser observado. En varios experimentos recientes no se ha detectado la necesidad de una fuente de ruido de este tipo, lo que obliga a descartar algunos valores de los parámetros, si no la propia teoría. Esto es ciencia de verdad, y los experimentos continúan; nada sería más espectacular que descubrir un efecto que contradiga la mecánica cuántica y confirme una predicción de una de sus alternativas realistas.

Sin embargo, un punto débil de algunos de estos modelos de colapso es que no hacen ninguna referencia a otras cuestiones clave de la física, ni se sirven de ellas. Sería más convincente si las modificaciones que hacemos a la mecánica cuántica estuvieran motivadas por algún otro problema además del de la medición, como por ejemplo el problema de la gravedad cuántica. Esto nos lleva al trabajo de Roger Penrose.

Si hay algún teórico vivo cuyas consecuciones, profundidad de análisis e influencia estén a la par con las de los sabios de principios del siglo XX, ese es Roger Penrose. En pocas palabras, él es el auténtico *crack*.

Penrose sigue siempre sus propios caminos y, como resultado, siempre tiene cosas novedosas y sorprendentes a decir sobre la mayoría de los problemas de la física fundamental, como la gravedad cuántica y la fundamentación de la cuántica. Como todo lo que concibe está relacionado mediante una coherencia que a menudo queda oculta, el mejor modo de acercarse a su propuesta para la teoría cuántica es remontarse hasta su época de joven matemático a principios de la década de 1960, cuando estaba fascinado por la fundamentación de nuestra comprensión del espacio, el tiempo y los cuantos.

Sería fácil, pero insuficiente, describir a Penrose como la persona que más ha contribuido a la relatividad general desde Einstein. A principios de los sesenta inventó nuevos y revolucionarios útiles matemáticos para describir la geometría del espacio-tiempo, basados en la causalidad. En lugar de hablar de lo alejados que están dos sucesos o de cuánto tiempo transcurre en un reloj, describió el espacio-tiempo en términos de qué sucesos eran la causa de otros. Esto le llevó a plantear y demostrar teoremas que mostraban que, si la relatividad general es correcta, el campo gravitatorio se vuelve infinitamente intenso en el núcleo de los agujeros negros;[5] cuando sucede esto, la teoría se desmorona, porque sus ecuaciones ya no pueden predecir el futuro. Estos lugares, donde el tiempo se detiene o se inicia, se denominan *singularidades*. Más tarde, en colaboración con Stephen Hawking, amplió su método para ocuparse del universo en expansión y demostró que la relatividad general predice que el tiempo se inició en un determinado momento antes del presente, cuando todo el universo inició su expansión en un estado de densidad infinita.[6]

Por si estas contribuciones transformadoras a la relatividad general no fueran suficientes, sus otras aportaciones llegan a superarlas. Como Einstein, Penrose se preocupa muchísimo por la coherencia de nuestra comprensión del mundo; y, tal como pasó en los casos de David Bohm y David Finkelstein, esta pasión ha llevado a Penrose a desarrollar una perspectiva única de la física fundamental, que lleva su marca indeleble. Además, su punto de vista también le ha llevado, durante una larga carrera creativa, a crear estructuras matemáticas que luego han utilizado muchos otros.

Tras transformar la práctica de la relatividad general, Penrose se fijó en la física fundamental. Le impactó la afinidad entre el entrelazamiento cuántico y el principio de Mach (la idea, que había inspirado a Einstein para crear la relatividad general, de que lo que es real en relatividad general son las relaciones). Ambas ideas insinuaban una armonía global que conecta y une todo el mundo. Penrose fue el primero en preguntarse si las relaciones que definen el espacio y el tiempo podrían surgir del entrelazamiento cuántico. Buscando la respuesta a esta cuestión, se sintió inspirado para crear un juego simple basado en dibujar diagramas, las reglas del cual representaban simultáneamente el entrelazamiento cuántico y aspectos diversos de geometría física. A este juego, que es su primera idea de una geometría cuántica finita y discreta, le llamó *redes de espín*.

La mayoría de los físicos teóricos trabajan sus ideas haciendo cálculos con las teorías ya existentes; en cambio, de vez en cuando, Penrose inventa juegos. Su simplicidad captura cuestiones profundas, que se pueden investigar jugando. Como es típico de Penrose, su artículo más importante sobre las redes de espín no solo no se publicó, sino que no se llegó a mecanografiar nunca; las copias ciclostiladas de sus notas manuscritas circularon entre sus estudiantes y se fueron pasando entre amigos. Estas notas eran una lectura estimulante, a pesar de que terminaban a media demostración de su resultado más importante.*

Durante décadas, las redes de espín fueron poco más que un juego de manos filosófico, que se transmitía y explicaba con esbozos en servilletas durante los postres de las comidas de los congresos. Pero años más tarde, las redes se convirtieron en la estructura central de una aproximación a la gravedad cuántica llamada *gravedad cuántica de bucles*. En este contexto, las redes de espín encarnan una manera en que pueden coexistir los principios de la teoría cuántica y la relatividad general.

Al ampliar las redes de espín, Penrose creó la *teoría de twistores*, que es una formulación elegantísima de la geometría subyacente a la propagación de electrones, fotones y neutrinos. En la teoría aparece de manera intrínseca una hermosa asimetría de la física de los neutrinos, la *paridad*. Decimos que un sistema tiene simetría de paridad si en la naturaleza existe su imagen especular. Nosotros tenemos dos manos, que son imágenes especulares una de la otra, de modo que nuestras manos tienen simetría de paridad; pero el cuerpo humano en su con-

* Demostración que fue completada en una tesis de doctorado de un estudiante de Penrose llamado John Moussouris. La tesis también se quedó sin publicar y también fue pasando de mano en mano.

junto no presenta esta simetría, porque el corazón y nuestros órganos internos están dispuestos asimétricamente, y tendemos a favorecer una mano sobre la otra. Los neutrinos existen en estados cuyas imágenes especulares no existen, y por lo tanto, no presentan simetría de paridad. La teoría de twistores de Penrose expresa este rasgo de los neutrinos, porque emplea estructuras matemáticas que no son iguales cuando se reflejan en un espejo.

Durante unos años, Penrose y un puñado de estudiantes desarrollaron la teoría de twistores en Oxford y aislados de otros grupos de investigación. A finales de la década de 1970 captaron la atención de Edward Witten, quien muchos años después haría de los twistores la pieza clave de una potente reformulación de la teoría cuántica de campos que él inventó con algunos teóricos más jóvenes y sobre la que todavía se está trabajando.

Lo que encuentro remarcable de Penrose es que tiene un relato interior que conecta todo lo que hace y lo une en una historia coherente. Así pues, no debería sorprender que su idea global de una nueva física le llevara a una reinvención de la mecánica cuántica. Este proyecto formaba parte de una estrategia más amplia para combinar la teoría cuántica con la relatividad general, para obtener una teoría cuántica de la gravedad.

Como es habitual en él, Penrose lanzó su ataque a la gravedad cuántica ignorando las estrategias planteadas por casi todos los demás. El camino habitual es construir una descripción cuántica de un sistema, un procedimiento llamado *cuantización*. La cuantización parte de una descripción del sistema en el lenguaje de la física newtoniana; luego «cuantizamos» esa descripción aplicando un determinado algoritmo. Los detalles no nos incumben ahora, pero baste decir que el resultado es una teoría cuántica totalmente convencional. Esta técnica funciona en muchos casos y nos proporciona adecuadas teorías cuánticas de átomos, partículas elementales y radiación. Se puede aplicar también a la gravedad y, de hecho, la gravedad cuántica de bucles se creó cuantizando la relatividad general.

Penrose emprendió un camino diferente. La teoría cuántica y la relatividad general discrepan en unos pocos puntos fundamentales, el más relevante de los cuales es que dan descripciones radicalmente diferentes del tiempo. La mecánica cuántica considera un único tiempo universal; la relatividad general, en cambio, considera muchos tiempos (si por *tiempo* nos referimos a la duración entre sucesos medida por un reloj). Las teorías de la relatividad de Einstein se inician con una discusión sobre la sincronización de dos relojes; puedes empezar sincronizándolos, pero no suelen permanecer sincronizados; se desincronizan a una velocidad que depende de sus movimientos relativos y de sus posiciones respectivas dentro el campo gravitatorio.

Otro punto de conflicto entre las dos teorías es el principio de superposición. Tal como hemos comentado, si tenemos dos estados de un sistema cuántico, podemos crear nuevos estados «sumándolos». Algo que no hemos tenido necesidad de mencionar hasta ahora es que podemos crear muchos estados diferentes superponiendo los mismos dos estados iniciales, sin más que modificar la contribución de cada uno de ellos a la superposición. Así, podemos superponer GATO y PERRO (de nuestro ejemplo anterior) a partes iguales:

ESTADO = GATO + PERRO

Pero podemos escoger también

ESTADO = 3 GATO + PERRO

o

ESTADO = GATO + 3 PERRO

El número por el que multiplicamos cada estado se denomina *amplitud* y su cuadrado está relacionado con la probabilidad. Así, en el estado GATO + PERRO, tenemos la misma probabilidad de encontrar un amante de los perros que un amante de los gatos, mientras que alguien que esté en el estado 3 GATO + PERRO es nueve veces más probable que prefiera a los gatos.

La relatividad general no tiene ningún principio de superposición. No se pueden sumar dos soluciones de las ecuaciones de la teoría para obtener una nueva solución. En la jerga matemática decimos que la mecánica cuántica es lineal, mientras que la relatividad general es no lineal.

Estas dos diferencias están relacionadas. El principio de superposición es posible en mecánica cuántica porque hay un único tiempo universal que podemos usar para medir cómo evolucionan los estados en función del tiempo. En cambio, en relatividad, como los relojes alejados se desincronizan más y más, no hay forma de sumar o combinar dos espacio-tiempos para obtener un nuevo espacio-tiempo.

Penrose acepta como verdades básicas la naturaleza plural del tiempo en relatividad general y la ausencia de superposiciones, y sospecha que es necesario violar el principio de superposición cuando los fenómenos cuánticos se describen en el lenguaje de la relatividad general. Para él, la simplicidad y la linealidad del principio de superposición son solo verdaderos en parte y el principio se cumple siempre y cuando pueda ignorarse el papel de la gravedad. Así, Penrose se opone a cuantizar la gravedad; lo que sugiere es lo contrario: tenemos que intentar «relativizar lo cuántico». Con esto quiere decir introducir la noción de un tiempo múltiple en la teoría cuántica, sacrificando el principio de superposición y haciendo que los estados cuánticos sean no lineales.

Penrose es un realista, pero se sitúa en una posición poco habitual para un realista sobre la teoría cuántica. En lugar de atribuir realidad a ondas y a partículas, o inventar nuevas «variables ocultas», Penrose considera que la realidad consiste solo en la función de onda, lo que le lleva a abrazar la sugerencia de Pearle y otros de que el colapso de la función de onda durante una medición es un proceso físico real. El súbito cambio de la función de onda no es debido, como sostienen algunos, a una actualización de nuestro conocimiento sobre la localización de la partícula, sino que es un proceso físico genuino.

Penrose, siguiendo los trabajos previos de Pearle y de GRW, propuso que el colapso de la función de onda es un proceso físico que sucede de vez en cuando,[7] interrumpiendo los cambios continuos regidos por la Regla 1. Asimismo, adoptó una sugerencia de Diósi y Károlyházy, a saber: que el proceso de colapso está relacionado de alguna manera con la gravedad.[8] Cuando una función de onda colapsa, las superposiciones desaparecen y la frecuencia con que colapsa la función de onda de un sistema depende del tamaño y la masa de este. Tal como hemos comentado antes, esta asiduidad se puede especificar de modo que los sistemas atómicos no colapsen casi nunca, mientras que los objetos macroscópicos lo hagan a menudo y, así, se imposibilite la superposición de objetos macroscópicos.

Lo que es apasionante del trabajo de Diósi, Károlyházy y Penrose es que propusieron un criterio para el momento en que se producen los colapsos que hace que estos sean un efecto de la gravedad. A grandes rasgos, una superposición de un átomo aquí y el mismo átomo allí colapsa en una de las dos ubicaciones cuando la localización del átomo se vuelve medible por el efecto de su atracción gravitatoria.

Esto está relacionado con el tiempo plural de la relatividad general. Imaginemos que la función de onda es una superposición de un átomo en la sala de estar con el átomo en la cocina. Allí donde esté la partícula, su masa genera un campo gravitatorio que afecta a los relojes. Una de las predicciones más sorprendentes de la relatividad general es que los relojes parecen ralentizarse cuanto más intenso es el campo gravitatorio en el que están situados. Es una predicción que se ha comprobado muchísimas veces. Se ha observado que los átomos en la superficie del Sol vibran con más lentitud que los mismos átomos en la Tierra; incluso se ha comprobado el efecto comparando las velocidades a las que avanzan relojes en el sótano de un edificio con las velocidades a las que avanzan relojes en el techo del mismo edificio.

Volviendo a nuestro ejemplo, el resultado es que los relojes que haya en la habitación donde se encuentra la partícula avanzarán más lentamente que los de la otra habitación. Pero ¿qué sucede con un estado que es la superposición del átomo en la sala de estar y del átomo en la cocina? Parecería que estamos obligados a aceptar que el campo gravitatorio tiene que estar en una superposición de estados en que los relojes de ambas habitaciones van más lentos. El problema es que no existe tal estado, porque no podemos sumar geometrías del espacio-tiempo para obtener nuevas geometrías del espacio-tiempo; en consecuencia, la función de onda tendrá que colapsar.

Penrose presenta una predicción acerca de cuándo colapsará la función de onda y en estos momentos se trabaja en diseñar un experimento que permita comprobar tal predicción. Hace muy poco, dos equipos experimentales han propuesto que se podrían construir superposiciones de diferentes campos gravitatorios, contradiciendo la hipótesis de Penrose.[9] Todo esto es fantástico, pero lo preocupante es que Penrose no ha presentado ninguna teoría detallada que unifique la gravedad y la teoría cuántica de la cual se pueda derivar su modelo heurístico. Por lo menos sí que ha propuesto un modelo de cómo podría funcionar todo esto, que combina la evolución habitual del estado cuántico, según la Regla 1, con el colapso de la función de onda, según la Regla 2; ambas reglas se unen en una única regla de evolución. La teoría de Penrose no es mecánica cuántica; es una teoría nueva que incorpora mecánica cuántica en un marco realista y se basa en una nueva ley de evolución, llamada *ley de Schrödinger-Newton*, que unifica la Regla 1 y la Regla 2 en una sola ley dinámica.

Si nos centramos en el comportamiento de átomos y radiación, esta única ley de evolución remeda la mecánica cuántica convencional. El principio de superposición se satisface en buena aproximación; la función de onda se comporta como una onda y se satisface también la Regla 1. Así, se vuelve a la ecuación de Schrödinger en el caso de sistemas atómicos. Pero si nos alejamos un poco para describir el mundo macroscópico, el modelo de Penrose describe una función de onda que colapsa y se concentra en configuraciones únicas. Estas funciones de onda concentradas se comportan como partículas y, por tanto, a escala macroscópica recuperamos las leyes de movimiento de Newton. En definitiva, pues, a escala microscópica esta teoría reproduce la mecánica cuántica mientras que en el extremo opuesto predice que los objetos macroscópicos se comportan como partículas y siguen las leyes de Newton.

Los modelos de colapso físico siguen estando en la brecha y se continúa trabajando en ellos. Hace poco, Pearle ha logrado avances en la construcción de un modelo de colapso consistente con la relatividad especial.[10] La idea de que la gravedad es responsable de que el estado cuántico pierda la coherencia y, por ende, colapse, también ha sido trabajada por Rodolfo Gambini y Jorge Pullin, que han bautizado su propuesta como la *interpretación de Montevideo* de la mecánica cuántica.[11] Asimismo, Steve Adler ha encontrado un papel para el colapso espontáneo en un modelo de variables ocultas que ha estado desarrollando.[12]

La teoría de la onda piloto y los modelos de colapso han ofrecido varias opciones a los físicos que queremos ser realistas. Las diferencias son notables, pero también sus similitudes.

Una opción es creer que hay ondas y partículas, y esto lleva a la teoría de la onda piloto. La teoría soluciona el problema de la medición, pero a un precio. La teoría de la onda piloto es extravagante por partida doble; tiene una ontología duplicada pero una dinámica asimétrica por la cual la función de onda guía las partículas sin que haya ninguna acción recíproca mediante la cual las partículas influyen sobre la onda. Además, nos vemos obligados a vivir en un mundo enorme donde la función de onda tiene muchísimas ramificaciones vacías, casi fantasmagóricas.

Los modelos de colapso evitan todos estos problemas. Solo hay ondas, de modo que no duplicamos ontologías ni tenemos problemas con la reciprocidad de las acciones; tampoco hay ramas vacías, porque quedan eliminadas por los colapsos. Estos modelos solucionan asimismo el problema de la medición, pero también tienen que pagar un precio, y este es el hecho de que la teoría contiene nuevos parámetros modificables que deben ajustarse para que la teoría no provoque demasiados problemas.

Ambos enfoques coinciden en dos aspectos básicos: primero, que la función de onda es un elemento de la realidad y, segundo, que existen puntos de fricción con la teoría de la relatividad. Estos dos aspectos son, de hecho, unas pistas básicas para ver por dónde puede ir el futuro de la física.

10

EL REALISMO MÁGICO

«Cada transición cuántica que tiene lugar en cada estrella, en cada galaxia, en cada rincón recóndito del universo divide nuestro mundo local en la Tierra en una miríada de copias de sí mismo».

BRYCE DEWITT[1]

En los últimos capítulos hemos visto que los realistas disponemos de unas cuantas opciones, pero debemos señalar que todas exigen modificar la teoría. Los modelos de colapso espontáneo incorporan el colapso súbito de la función de onda como parte de la dinámica de la teoría; el colapso sucede tanto si hay medición como si no, y sin importar qué es lo que nosotros sabemos. Las teorías resultantes discrepan de la mecánica cuántica en muchos aspectos, pero mantienen un acuerdo suficiente para no contradecir los experimentos realizados hasta la fecha.

La teoría de la onda piloto es otra opción para los realistas. La Regla 2 queda anulada, de manera que la función de onda evoluciona siempre de acuerdo con la Regla 1. Pero se añade un elemento nuevo: las partículas, cuya trayectoria está guiada por la función de onda. Así, esta teoría también difiere de la mecánica cuántica. Cuando las partículas se hallan en equilibrio cuántico, las predicciones de ambas teorías coinciden, pero fuera del equilibrio cuántico, las predicciones de la teoría de la onda piloto difieren de las que hace la mecánica cuántica.

Sería fabuloso si algún día los experimentos confirmaran que la naturaleza se decanta por una de estas teorías realistas en lugar de por la mecánica cuántica. Pero supongamos que tras muchos años, o incluso siglos, no tenemos ningún resultado experimental que exija una modificación o compleción de la mecánica cuántica. En concreto, ¿qué sucede si no se encuentra ningún límite a las dimensiones o la complejidad que deba tener un sistema para poder estar en una superposición? Dicho de otro modo, supongamos que la mecánica cuántica en su forma original parece ser absolutamente correcta, entonces ¿quedarían opciones para los realistas?

La razón por la que cuesta mucho ser realista y aceptar la mecánica cuántica es la Regla 2, que otorga un papel especial a la medición. Lo repentino del colapso de la función de onda en el momento de la medición, tal como exige esta Regla 2, significa que los estados cuánticos se modifican en función del tiempo de una manera que hace oídos sordos a la localidad o a la energía y que, en cambio, parece depender de lo que sabemos o creemos. Como hace que un estado cuántico dependa de nuestro conocimiento, no puede formar parte de ninguna teoría realista.

Una teoría de este tipo, pues, no puede incorporar la Regla 2 en sus postulados, porque entraría en contradicción con el realismo; en consecuencia, tenemos que edificar nuestra teoría solamente sobre la Regla 1. Hacer tal cosa también es una modificación de la teoría, compartida con la teoría de la onda piloto, de modo que tal vez sea un cambio que valga la pena explorar. Una teoría de este tipo no remite de forma evidente a ningún experimento ni presenta ninguna noción aparente de incertidumbre o probabilidad, porque la Regla 1 es determinista y no hace referencia alguna a probabilidades. ¿Podemos hacer una teoría así que funcione y que siga siendo consistente con el realismo?

Una manera de logarlo sería derivar la Regla 2 de una teoría que no la postule. El colapso de la función de onda solo se produciría en determinadas circunstancias especiales, como cuando un átomo interacciona con un instrumento de medida macroscópico. Si hacemos esto, tendremos que encontrar cómo surgen la incertidumbre y la probabilidad en un mundo descrito por una teoría que no los incluye.

El proyecto de dar sentido a la mecánica cuántica basándose solo en la Regla 1, y de una forma coherente con el realismo, tiene una larga historia. Empezó en 1957, con un estudiante de John Wheeler, Hugh Everett III, y por eso en ocasiones se habla de *mecánica cuántica everettiana* para referirse a esta teoría, pero se conoce más a menudo como la *interpretación de los universos paralelos*,* puesto que algunos sostienen (no sin cierta controversia) que implica que el universo que

* La teoría de Everett ha recibido diversos nombres además de *interpretación de los universos paralelos*, como por ejemplo *de los muchos mundos*, *de los mundos múltiples*, o *del estado relativo*. *(N. del t.)*

experimentamos no es más que uno de entre una enorme cantidad de universos paralelos.

Everett presentó esta propuesta en su tesis doctoral, en 1957, y se publicó ese mismo año. Era una tesis sorprendentemente breve, pero tras unos años logró un impacto espectacular. Como tantos otros, Everett abandonó el mundo académico tras completar su tesis y empezó una carrera en la industria de defensa, de modo que su única contribución a la física es su tesis. No empezó a ser leída y conocida hasta unos años después, y no sé de ninguna otra tesis doctoral, a parte de la de De Broglie, que, a largo plazo, haya tenido tal efecto revolucionario o perturbador (escoged el adjetivo que os guste más) sobre los fundamentos de la física.

Una de las ideas de Everett es correcta y útil, sin duda. Si no hay Regla 2, las funciones de onda no colapsan, de modo que tenemos que describir lo que sucede en una medición solo con la Regla 1. Tal como vimos en nuestra discusión sobre el gato de Schrödinger al final del capítulo 4, las interacciones (lo que incluye mediciones) llevan a estados correlacionados. El ejemplo que vimos era:

INTERMEDIO = (EXCITADO Y NO Y VIVO)
O (FUNDAMENTAL Y SÍ Y MUERTO)

La conjunción «o» significa una superposición de diferentes situaciones posibles, en cada una de las cuales el átomo, el contador Geiger y el gato están correlacionados. Como están en una superposición de estados, los observables como el estado vital del gato no tienen ningún valor definido. Pero Everett se dio cuenta de que, de todos modos, podemos considerar que este estado superpuesto nos proporciona dos afirmaciones contingentes sobre el estado del sistema combinado después de la medición, a saber:

Si el átomo está en el estado excitado, el contador indicará NO y el gato estará vivo.

y

Si el átomo está en el estado fundamental, el contador indicará SÍ y el gato estará muerto.

Estas dos afirmaciones nos dicen que el átomo, el contador y el gato quedan correlacionados por el eventual paso del fotón por el detector.* El estado superpuesto no nos dice qué resultado se observará, pero sí que el resultado expresa una correlación entre el estado del átomo y los estados del contador y del gato. Hasta aquí la hipótesis de Everett es intachable. En general, es cierto que las interacciones entre dos sistemas cuánticos establecen correlaciones entre los estados de dichos sistemas, y que estas correlaciones se pueden considerar conjuntos de afirmaciones contingentes; es una consecuencia de la Regla 1 aplicada a las interacciones.

Pero fijémonos en lo que no nos dice: no nos dice qué resultado se observará. Las afirmaciones contingentes pueden ser útiles porque nos proporcionan información definida sobre el sistema, pero no toda la información. Una teoría que solo nos dé afirmaciones contingentes no puede ser suficiente para un realista. Así pues, Everett fue más allá. Para hacer que la teoría con la Regla 1, y nada más, fuera realista, propuso cambiar nuestra concepción. Everett sugirió que un estado que consiste en una superposición de estados de detectores describe una realidad en que se producen ambos resultados. En esta realidad ampliada, las dos afirmaciones contingentes serán ciertas. Dicho de otro modo, Everett afirmó que *una descripción completa de la realidad es la superposición de los dos estados*. Y en parte (pero solo en parte), lo que esto implica es que la siguiente afirmación también es cierta:

El átomo está en el estado excitado, el contador indica NO
y el gato está vivo **y** *el átomo está en el estado fundamental,*
el contador indica SÍ y el gato está muerto.

Parecería que esto tendría que ser descaradamente falso. En el mundo en que vivimos, el gato solo experimenta un resultado. Es por ello por lo que en el capítulo 3 dijimos que una superposición caracteriza un «o». O experimenta que está vivo o está muerto y no experimenta nada. En nuestro mundo o es una cosa o la otra.

* Nótese que las dos afirmaciones contingentes, que, juntas, expresan el contenido del estado correlacionado INTERMEDIO no exigen ni implican que el átomo se haya desexcitado, liberando un fotón que atraviesa y activa el detector. En cada momento, puede haberse desexcitado o estar aún excitado. Por eso hablo del «eventual paso del fotón por el detector».

Everett propuso que el mundo que experimentamos solo es una parte de toda la realidad. En el mundo ampliado que, según él, forma toda la realidad, hay versiones de nosotros mismos que experimentan cada posible resultado de cada posible experimento cuántico. En otras palabras, el «o» de la experiencia cotidiana se convierte, en la mecánica cuántica, en un «y». Decimos «el gato está vivo o está muerto», porque ambos estados son mutuamente excluyentes, pero en esta formulación, puede ser cierta la afirmación «el gato está vivo y está muerto».

La idea es que cada vez que se realiza un experimento que tiene diferentes resultados posibles el universo se bifurca en diferentes mundos paralelos, uno para cada uno de ellos. Nosotros también nos dividimos, junto con el mundo; el experimento crea una versión adicional de nosotros por cada uno de los posibles resultados, y cada versión vive, a partir de ese momento, en un mundo descrito de forma coherente por una de las afirmaciones contingentes que podemos identificar en el estado combinado.

A diferencia de la teoría de la onda piloto, la mecánica cuántica everettiana no tiene partículas, de modo que no hay nada que diferencie a las diversas ramas entre ellas y, por tanto, nos vemos obligados a considerar todas las ramas como igual de reales y apañarnos con las consecuencias.* Si Everett está en lo cierto, en este mismo momento estoy en Toronto y estoy en Londres y, de hecho, en todo el montón de lugares a los que la vida me podría haber llevado, incluido el fondo del mar frente a Peggy's Cove. Todas estas ramas se denominan *mundos*, en ocasiones, y por eso la propuesta de Everett también se denomina *interpretación de los mundos múltiples*. Para que la teoría funcione, tiene que resultar imposible que cada versión de un observador se pueda comunicar con cualquier otra; las ramas deben ser autónomas.

Hasta el momento, he descrito la versión inicial de Everett de la interpretación de universos paralelos. Al examinarla con detalle se vio que era algo ingenua y plagada de problemas.

* Podemos considerar la mecánica cuántica de Everett como una teoría de la onda piloto sin partículas. En ambos casos, no hay Regla 2 y la Regla 1 es universal; en consecuencia, la función de onda se ramifica continuamente y crea historias alternativas, como haberme quedado en Londres o haber muerto en el accidente de Swissair. La diferencia es que en la teoría de la onda piloto hay partículas, que van a parar a solo una de todas las posibles ramas.

El primer problema es que la formulación de Everett sugiere que la bifurcación se produce al realizar una medición. Pero esto hace que el proceso de medición sea especial, cuando un principio básico del realismo es que las mediciones son interacciones normales y corrientes que deben tratarse del mismo modo que cualquier otra interacción.

La Regla 1 no singulariza para nada a los experimentos. Por lo tanto, si eres realista, debes insistir en que lo que sucede en una medición tiene que suceder en general.* El hecho clave que provoca la bifurcación es una interacción, que produce correlaciones entre los sistemas que han interactuado, y estas correlaciones, como hemos visto, se pueden expresar como afirmaciones contingentes que describen los posibles resultados de esa interacción.

Para evitar conceder un estatus especial a los experimentos, el universo debe dividirse cada vez que hay una interacción con más de un resultado posible. Pero esto está sucediendo continuamente, basta con que haya una colisión de dos átomos, lo que se produce un sinnúmero de veces por segundo solo en el aire que hay en esta habitación. Además, la interacción que provoca la bifurcación puede suceder en cualquier punto del universo; así, mientras leéis esta frase, os estáis bifurcando incontables veces en una miríada de versiones de vosotros mismos.**

No cabe duda de que pedir a alguien que se convenza de todo esto en nombre del realismo es demasiado. No debería sorprendernos, pues, que las ideas de Everett tardaran tiempo en afianzarse.

Un segundo problema es que, si la bifurcación tiene que sustituir a la Regla 2, debería ser irreversible para reproducir el hecho de que nosotros, observadores, vemos que cada experimento tiene un resultado bien definido. De hecho, la acción de la Regla 2, que se supone que tiene que ser reemplazada por el proceso de bifurcación, es irreversi-

* Una interpretación operacionalista del trabajo de Everett considera que la teoría no es más que un método para generar conjuntos de afirmaciones contingentes como los que he descrito antes, pero más allá de esto no hace ninguna afirmación acerca de lo que es real. En mi opinión, es una forma coherente de leer la tesis de Everett (Smolin, L., «On Quantum Gravity and the Many Worlds Interpretation of Quantum Mechanics», en: *Quantum Theory of Gravity: Essays in Honor of the Sixtieth Birthday of Bryce S. DeWitt* (eds. Steven Christensen y Bryce S. DeWitt), Adam Hilger, Bristol, 1984).

** En el capítulo siguiente veremos que algunos expertos sostienen que la bifurcación requiere de un proceso macroscópico llamado *decoherencia*, que sucede con mucha menos frecuencia. De este modo, esa *miríada* se convierte solo en *muchísimas*.

ble. Ahora bien, resulta que Everett presupone que la bifurcación es consecuencia de la Regla 1, y esta es reversible.

Un tercer problema, y no pequeño, de dejar de lado la Regla 2 tiene que ver con las probabilidades (o, más bien, con su ausencia). Los experimentos miden la probabilidad de ocurrencia de varios resultados y comparar estos con las predicciones es un método muy importante para comprobar la veracidad de la mecánica cuántica. Ahora fijémonos en algo muy relevante: la Regla 1 no habla para nada de probabilidades; toda referencia a estas en mecánica cuántica procede de la Regla 2, que nos proporciona una fórmula para determinar cuán probable es cada resultado. Esta fórmula, como ya hemos mostrado antes, es la regla de Born y relaciona las probabilidades con el cuadrado de la función de onda. Si eliminamos la Regla 2 de la teoría cuántica, no nos queda nada que haga referencia a probabilidades.

Por esta razón, la versión everettiana de la mecánica cuántica solo afirma que se dan *todos* los resultados posibles; no con cierta probabilidad, sino con total certeza. Es decir, en la interpretación de universos paralelos, para cada resultado posible de un experimento, hay una rama, un mundo, en que ocurre. No hay nada que nos diga si hay ramas más probables que otras; todo lo que la Regla 1 puede afirmar es que existen todas las ramas, con certeza absoluta. Así pues, parece que hemos perdido una parte importante de la mecánica cuántica, la que predice las probabilidades de ocurrencia de diferentes resultados.

Everett era bien consciente de este problema, e intentó abordarlo. En su tesis presentó una manera de predecir probabilidades usando solo la Regla 1. Para lograrlo, sugirió un modo de derivar la relación entre probabilidades y el cuadrado de la función de onda (una relación que queda postulada en la Regla 2) a partir de la Regla 1 directamente. Al principio, muchos quedaron impresionados por este resultado, y yo fui uno de ellos cuando leí por primera vez el artículo de Everett. Pero resulta que algo oculto acechaba en su derivación; como sucede en muchas demostraciones erróneas, el postulado ya asumía *a priori* lo que quería demostrar. La relación entre el cuadrado de la función de onda y la probabilidad se introducía en un paso aparentemente inocuo de la demostración, en el que se asumía que las ramas con funciones de onda pequeñas (es decir, con amplitudes pequeñas) tenían probabilidades pequeñas.* Pero esto era equivalente a asumir una relación entre

* Con más rigor, mientras que la *medida* de todas esas ramas con estadísticas

el tamaño de la función de onda y las probabilidades, de modo que la demostración demostraba menos de lo que se pensaba inicialmente.

La demostración de Everett sí que estableció un punto importante: si uno quiere introducir unas cantidades denominadas *probabilidades* resulta coherente asumir que siguen la regla de Born. Pero el problema es que no demostró que fuera *necesario* introducirlas ni que esas probabilidades tuvieran que estar relacionadas con el cuadrado de la función de onda.

Otro problema de la formulación original de Everett de la interpretación de universos paralelos era que la bifurcación del estado cuántico en varias ramas es ambigua. Tal como he explicado, cada rama queda definida por una cantidad con un valor bien determinado. Hay una rama en la que el átomo está excitado y el gato está vivo y otra rama en la que el átomo está en el estado fundamental y el gato está muerto; pero ¿por qué estas magnitudes y no otras? Los estados fundamental y excitado son estados de diferente energía, pero hay otras magnitudes incompatibles que podríamos emplear en su lugar para definir una bifurcación. Así, por ejemplo, habrá alguna superposición de los estados fundamental y excitado que corresponda al electrón situado en el lado izquierdo del átomo y una superposición diferente que corresponda al electrón en el lado derecho. Llamemos a estos dos estados *derecho* e *izquierdo*; ¿por qué no definimos la bifurcación con respecto a estos estados? Esto nos llevaría a estados del gato que serían superposiciones de vivo y muerto y, por lo tanto, el animal ya no experimentaría un mundo en el que hay resultados bien definidos de los experimentos. Ahora bien, a la Regla 1 no le incumbe para nada si el gato experimenta resultados bien definidos o no. Esto es lo que denominamos el *problema de la preferencia de bifurcaciones*.

A primera vista, parece haber una respuesta obvia a este problema: debemos dividir la función de onda de manera que las diferentes ramas describan situaciones en que los observadores macroscópicos, como el gato, presencien resultados bien definidos. Pero esto equivale a reintroducir la Regla 2, porque otorga un papel especial a lo que ven los observadores macroscópicos; y al dar un papel especial a los observadores, echamos por tierra la esperanza de una interpretación realista, que debe basarse en hipótesis acerca de lo que es real en ausencia de observadores.

---

que no siguen la regla de Born tiende a cero, en el límite de un número infinito de ensayos el *número* de esas ramas no lo hace.

11

EL REALISMO CRÍTICO

Entre aquellos que han estudiado y analizado la versión original de la interpretación de universos paralelos planteada por Everett y defendida por Wheeler y DeWitt, hay un consenso casi total en que es un fracaso como aproximación realista a la teoría cuántica. O bien otorgas un papel especial a la medición y abandonas el realismo o bien te enfrentas a los graves problemas que he presentado. Y los más importantes de estos problemas son el de la preferencia de bifurcaciones y la cuestión de cómo aparecen en la teoría las probabilidades, así como las incertezas a ellas asociadas, que miden los experimentalistas.

¿Cuál es la situación, pues? ¿Puede recuperarse de algún modo el proyecto de ofrecer una versión realista de la teoría cuántica basándose solo en una evolución de la función de onda de acuerdo con la Regla 1?

En los últimos años se han presentado algunas soluciones bastante radicales a esos dos problemas (la preferencia de bifurcaciones y el origen de las probabilidades). Es una convicción generalizada que el primero de ellos se ha resuelto gracias a una idea denominada *decoherencia*, que explicaré en breve. Las ideas sobre el origen de las probabilidades, por su parte, se han originado, en su mayoría, en un grupo de pensadores de Oxford, reunidos alrededor del departamento de filosofía. El nuevo enfoque sobre probabilidades fue formulado por David Deutsch y ha sido estudiado y desarrollado a fondo por sus colegas de Oxford.[1]

En Oxford hay un grupo muy versado de filósofos de la física, y varios de ellos se han centrado en dar sentido a las ideas de Everett, como Hilary Greaves, Wayne Myrvold, Simon Saunders y David Wallace.* Junto con Deutsch y unos pocos más, han planteado lo que a veces se denomina *interpretación de Oxford* de la mecánica cuántica.[2]

* A fecha de 2018, Wallace y Myrvold han dejado Oxford, mientras que Deutsch, Greaves y Saunders continúan en esa universidad.

Las argumentaciones y propuestas que presentan son ingeniosas y sutiles, pero también lo son las objeciones que han lanzado varios físicos y filósofos. Teniendo en cuenta el cuidado y el nivel de sus reflexiones, creo que es apropiado verlo como un ejemplo de realismo crítico.

Tras muchos debates sofisticados y animados, el proyecto de dar sentido a una teoría cuántica realista basada exclusivamente en la Regla 1 sigue en curso. Los problemas son intricados y elusivos y, por el momento, no hay un consenso entre los expertos acerca de qué es lo que se ha logrado exactamente. Para complicar aún más las cosas, los diversos proponentes discrepan entre ellos, de modo que, entre los cinco o seis pioneros de este punto de vista, se defienden diversas versiones, que difieren en aspectos sutiles pero significativos. Por todo ello, solo puedo presentar una descripción muy esquemática de las ideas y los problemas más relevantes de esta nueva «interpretación de Oxford».

La idea de la decoherencia se inicia con la observación acerca de que un sistema macroscópico, como un detector o un observador, nunca está aislado, sino que se halla en interacción constante con su entorno. Este entorno está formado por un sinnúmero de átomos que se mueven de un lado a otro de forma impredecible, y esto introduce una buena dosis de aleatoriedad en el sistema. Este elemento aleatorio afecta a los movimientos de los átomos que componen el detector y, a grandes rasgos, hace que este pierda sus delicadas propiedades cuánticas y se comporte según las leyes de la física clásica.

Consideremos qué es lo que un observador puede descubrir mirando un detector. El observador también es un objeto grande formado por una enorme cantidad de átomos, todos en contacto con un entorno lleno de aleatoriedad. Si echamos una mirada al comportamiento detallado, a pequeña escala, de los átomos que forman el detector y los observadores, veremos caos, pues la imagen estará dominada por los movimientos al azar de los átomos individuales, los nuestros y los del detector. Para observar algún tipo de comportamiento coherente tenemos que fijarnos en los movimientos a gran escala de los elementos comparativamente grandes del detector. En este caso, necesitamos cantidades promedio de los movimientos del cúmulo de átomos, lo que nos proporciona cantidades extensivas que miden magnitudes macroscópicas, como el color de un píxel o la posición de un dial. Solo estas magnitudes se comportan de forma fiable y predecible.

De hecho, estas magnitudes extensivas se comportan como si las leyes de la física newtoniana fueran correctas. Solo cuando nos centramos en estas magnitudes generalistas podemos percibir que ha sucedido algo irreversible, como la impresión de una imagen, donde cada píxel consiste en una gran cantidad de átomos. Y, según esta imagen, solo cuando ha sucedido algo irreversible podemos decir que ha tenido lugar una medición.

La decoherencia es el nombre que damos al proceso por el cual, al promediar el caos aleatorio de la realidad atómica, emergen cambios irreversibles. La decoherencia es un rasgo muy importante de la teoría cuántica, porque es la razón por la que las propiedades extensivas de objetos macroscópicos, como los movimientos de pelotas de fútbol, puentes colgantes, cohetes, planetas y todo lo demás parecen tener valores bien definidos que siguen las leyes de Newton.

El término *decoherencia* hace referencia al hecho de que todos esos objetos macroscópicos parecen haber perdido sus propiedades ondulatorias y, por lo tanto, se comportan como si estuvieran constituidos solo por partículas. Según la mecánica cuántica, todo, incluidos los gatos, las pelotas de fútbol y los planetas, tiene propiedades ondulatorias además de propiedades corpusculares. Pero para estos objetos macroscópicos, las propiedades ondulatorias han quedado tan aleatorizadas por las interacciones con su entorno caótico que ya no pueden detectarse en ningún experimento; por así decirlo, la mitad ondulatoria de la dualidad onda-partícula ha enmudecido y los objetos se comportan como simples partículas.

Sin embargo, en ocasiones un sistema puede sufrir decoherencia de más de una manera. Un ejemplo perfecto es el gato de Schrödinger: el gato puede perder coherencia como un gato vivo o como un gato muerto. Lo que marca la diferencia es una variable cuántica: si el átomo se ha desexcitado, el gato perderá la coherencia como gato muerto; si el átomo aún está excitado, el gato perderá la coherencia como gato vivo. Así podemos considerar que un detector es como un amplificador, con un filtro que solo permite registrar estados en que el átomo está bien definido como excitado o desexcitado.

Recordemos cuál era el enigma: ¿qué sucedía con el gato mientras el átomo existía en una superposición de excitado y desexcitado? La respuesta sigue siendo la misma si uno mira al estado cuántico desde un punto de vista microscópico: está en una superposición correlacionada de un átomo excitado y un gato vivo con un átomo desexcitado y un gato muerto. Pero si uno se fija solamente en las propiedades extensivas, de modo que la decoherencia pueda hacer su trabajo, la aleatoriedad convierte la superposición en un cambio casi irreversible. Ahora hay dos resultados (el gato vivo y el gato muerto) ¡y aparecen ambos! Así es como el mundo se divide, se desdobla en dos, de acuerdo con el relato de la decoherencia.

Los pensadores de Oxford continúan ese relato y afirman que las bifurcaciones y desdoblamientos de la función de onda están definidos por la decoherencia.* La bifurcación se produce de modo que separa resultados diferentes que tienen valores distintos de las propiedades macroscópicas, como la posición de una aguja en un dial. De esto se deriva que solo los subsistemas que pierden la coherencia pueden disponer de observadores asociados con ellos; como nosotros estamos interesados en lo que ven los observadores, deberíamos centrarnos en estos subsistemas y descartar el resto. Esto abre una puerta a obtener probabilidades en que solo comparamos lo probable de las observaciones en ramas que han perdido la coherencia.

Esta estrategia introduce una noción de observadores en la teoría, que podría pensarse que debilita su exigencia de realismo. Sin embargo, se trata de una manera de descubrir un papel para los observadores que surge de la dinámica de la teoría, lo que sin duda es mejor que postularlo sin más desde el principio. Uno también podría argüir que las probabilidades no son algo intrínseco del mundo, sino que son solo aspectos de las convicciones sobre el mundo que tienen los observadores. De este modo, una descripción así podría ser consistente con el realismo, porque hay una caracterización objetiva de una propiedad que diferencia a los observadores de otros subsistemas: los observadores son subsistemas que pierden la coherencia.

La decoherencia soluciona el problema de la preferencia de bifurcaciones porque solo se da respecto a determinados observables que, a menudo, son las posiciones de objetos macroscópicos.

Antes de proseguir debo señalar que, por desgracia, surge un problema al hacer de la decoherencia un elemento necesario en la interpretación de la teoría, problema que ya fue revelado hace mucho tiempo por mi maestro Abner Shimony y que se puede plantear de un modo

* La idea de que la decoherencia define las ramas en la interpretación de universos paralelos ya fue sugerida antes por otros, como Heinz-Dieter Zeh, Wojciech Zurek, Murray Gell-Mann y James Hartle.

muy sencillo. La Regla 1 es reversible en el tiempo, de modo que cualquier cambio que sufra un estado siguiendo la Regla 1 se puede deshacer y, de hecho, acabará por deshacerse si esperamos lo suficiente. Pero la Regla 2 es irreversible y la forma en que introduce probabilidades para los resultados de las mediciones solo tiene sentido si las mediciones son irreversibles y no pueden deshacerse. Así, Shimony razona que es imposible derivar la Regla 2 exclusivamente a partir de la Regla 1.

Tal como la he descrito antes, la decoherencia es un proceso irreversible por el que se pierde la coherencia de los estados, necesaria para definir superposiciones, a causa de procesos aleatorios en el entorno del instrumento de medición. Pero ¿cómo puede surgir la decoherencia en una teoría que se basa solo en la Regla 1, teniendo en cuenta que todos los cambios dictados por esta regla son reversibles en el tiempo? La respuesta es que la decoherencia es siempre una noción aproximada; la decoherencia completa es imposible. De hecho, si esperamos un tiempo lo bastante largo, la decoherencia siempre acabará por revertirse, pues la información necesaria para definir superposiciones se filtra de nuevo al interior del sistema desde el entorno.

Este resultado es debido a un teorema general, la versión cuántica del llamado *teorema de recurrencia de Poincaré*.[3] Bajo ciertas condiciones, que es esperable que se den en sistemas que contienen un sistema atómico más un detector, una vez transcurrido un determinado tiempo, el estado cuántico del sistema regresará a un estado arbitrariamente cercano al estado inicial; este tiempo, denominado *tiempo de recurrencia de Poincaré*, puede ser muy grande, pero siempre es finito. La condición para que se cumpla el teorema es que el espectro de energías sea discreto, lo que es bastante razonable.*

La decoherencia es un proceso estadístico, similar al movimiento aleatorio de los átomos que provoca el aumento de entropía y lleva los

* De hecho, el principio holográfico (que explicamos en las páginas 251-252) requiere que todo sistema que pueda delimitarse mediante una caja con paredes de área finita tenga un número finito de estados. Esto se da con cualquier sistema del tipo que estamos discutiendo aquí (un sistema atómico que interacciona con un instrumento de medición). Una réplica posible es que vivimos en un universo en expansión continua, lo que podría implicar que la dimensión del espacio de estados se expande continuamente y, en tal caso, no hay recurrencia de Poincaré. Es una objeción que plantea cuestiones fascinantes, pero de momento nos bastará con señalar que esto equivale a afirmar que la mecánica cuántica solo tiene sentido cuando se aplica al universo como un todo.

sistemas hacia el equilibrio. Estos procesos parecen ser irreversibles, pero en realidad son reversibles, porque todo proceso gobernado por la Regla 1 es reversible. Esto es cierto en la mecánica newtoniana y también en la cuántica; ambas tienen un tiempo de recurrencia. En ambos casos, la segunda ley de la termodinámica, que afirma que la entropía tiende a aumentar, solo es válida para tiempos mucho menores que el tiempo de recurrencia de Poincaré; si esperamos lo suficiente, veremos que la entropía disminuye tan a menudo como aumenta. De modo parecido, podríamos intentar argüir que, considerando tiempos más cortos, hay una pequeña probabilidad de que la decoherencia se invierta dando lugar a una recoherencia.

Mientras solo estemos interesados en lo que sucede durante intervalos de tiempo mucho más cortos que el tiempo necesario para la recoherencia, y solo queramos una descripción aproximada, adecuada para propósitos prácticos, de lo que pasa cuando los sistemas atómicos interactúan con cuerpos macroscópicos, la decoherencia proporciona una explicación aproximada y conveniente de lo que sucede durante una medición. De hecho, la decoherencia es un concepto en verdad útil para analizar sistemas cuánticos reales; por ejemplo, buena parte del diseño de los ordenadores cuánticos se dedica a contrarrestar la decoherencia. Pero si nos centramos en los principios básicos, esta descripción es incompleta, pues omite los procesos que provocarían la recoherencia si esperásemos el tiempo suficiente.

Sin embargo, cuando el estado recupera la coherencia, las mediciones basadas en la decoherencia se revierten y, en consecuencia, las mediciones descritas por la Regla 2 no pueden ser resultado de la decoherencia, por lo menos tal como esta se representa en una teoría basada exclusivamente en la Regla 1. En definitiva, pues, parece que la decoherencia por sí sola no puede ser la clave de la aparición de las probabilidades en la teoría cuántica de Everett, porque se basa solo en la Regla 1.

Toda esta discusión nos muestra que la cuestión del origen de las probabilidades es clave para dar sentido a la interpretación de universos paralelos. El quid para entender el enfoque de Oxford es comprender qué es una probabilidad, algo mucho más complicado de lo que parece. Todos tenemos una idea intuitiva de lo que significa decir que la probabilidad de que salga cara al lanzar al aire una moneda es del 50%; la gente sabe la diferencia entre lo que puede esperar si la previsión meteorológica dice que la probabilidad de precipitaciones es del 10% o si dice que es del 90%. Pero cuando nos fijamos en lo que en verdad queremos decir al hablar de probabilidades, nos damos cuenta de que el concepto es muy resbaladizo, y parte de la razón es que hay, por lo menos, tres tipos distintos, o más bien significados diferentes, de probabilidad.

La noción más sencilla es que la probabilidad es una medida de nuestra convicción o creencia de que algo sucederá. Cuando decimos que hay un 50% de que salga cara al lanzar una moneda, no hacemos ninguna afirmación sobre la moneda, sino sobre nuestra convicción acerca del resultado del lanzamiento. Esto es lo que se llaman *probabilidades bayesianas*.

Cuando decimos que la probabilidad bayesiana de que mañana llueva es del 0%, queremos decir que creemos que no va a llover, y cuando decimos que la probabilidad es del 100% es que estamos seguros de que lloverá. Las probabilidades entre estos dos extremos, como el 20%, el 50% o el 70%, se refieren a nuestro grado de convicción de que va a llover. En particular, si decimos que algo tiene el 50% de probabilidades de suceder, en realidad estamos confesando que no tenemos ni idea de si se va a producir o no. Las probabilidades bayesianas son claramente subjetivas y se evalúan mejor en términos de nuestro comportamiento. Cuanto más alta sea la probabilidad de lluvia, más probable es que decidiéramos apostar por la lluvia o, al menos, por llevar un paraguas.

Muchas de las probabilidades que nos encontramos en nuestro día a día se comprenden mejor de esta manera, como probabilidades de apuesta. No cabe duda de que las predicciones probabilísticas sobre el mercado de valores o sobre los precios de la vivienda son de este tipo. De hecho, la mayoría de las veces en que nos referimos a la probabilidad de algún evento futuro, estamos haciendo una afirmación subjetiva de nuestras convicciones, en forma de probabilidades bayesianas.

Un segundo tipo de probabilidad surge cuando nos dedicamos a registrar sucesos relevantes. Si lanzamos una moneda muchas veces y vamos anotando las veces en que sale cara, podemos determinar la proporción de caras en esa secuencia de lanzamientos y definirla como una probabilidad. Es lo que se llaman *probabilidades de frecuencia*.

Los porcentajes de anotación de tiros libres o canastas de tres puntos y demás estadísticas deportivas son de este tipo. A veces, las predicciones meteorológicas también son de este tipo. Cuando la web de la Agencia Estatal de Meteorología nos dice por la mañana que hay un 70% de probabilidades de que llueva por la tarde, lo que acaso nos están diciendo es que, en sus prolongados registros, más o menos el 70% de los días con condiciones como las de esta mañana acaban con lluvia por la tarde. Estas probabilidades son imprecisas, desde luego; el problema es que mientras el número de días observados sea finito, las frecuencias variarán; pero cuantos más días registrados tenga el servicio meteorológico, más fiable será la predicción.

Si alguien lanza una moneda 100 veces, podemos preguntarnos con qué frecuencia obtendrá cara. La proporción se denomina *frecuencia relativa* de obtener cara y tiende a ser del 50%, pero no nos debería sorprender si de las 100 veces sucede 48 o 53. Con cualquier número finito de ensayos, el número de caras pocas veces será exactamente igual a la mitad. La idea fundamental es que, si pudiéramos efectuar infinitos ensayos, la proporción de los diferentes resultados tendería a un valor concreto, y esto es lo que define la noción de frecuencia relativa.

El problema con esta definición es que, en el mundo real, solo podemos realizar un número finito de ensayos, y mientras este número sea finito, hay una buena posibilidad de que el número de caras sea diferente de exactamente la mitad. Una pregunta especialmente difícil es qué se necesita para demostrar que una predicción probabilística es errónea, teniendo en cuenta que solo podemos llevar a cabo una cantidad finita de ensayos. A menudo, todo lo que podemos decir es que nuestra predicción es improbable, pero para que esto tenga sentido tenemos que definir primero qué significa que algo sea improbable; no podemos asumir que ya sabemos lo que significa, porque lo estamos definiendo. Supongamos que lanzamos una moneda un millón de veces y obtenemos 900.000 caras; podría ser una rarísima casualidad y que nuestra moneda esté bien, pero podemos afirmar que es muy probable (aunque no seguro) que la moneda esté trucada.

Por definición, las probabilidades subjetivas las escogemos nosotros. Ahora podemos preguntarnos qué relación hay entre las probabilidades subjetivas bayesianas que escogemos y las frecuencias objetivas obtenidas a partir de registros previos. Mientras no dispongamos de más información, la mejor apuesta que podemos hacer es la que sigue las probabilidades basadas en registros previos. Y con *mejor apuesta* nos referimos a la elección que, la mayor parte de las veces, servirá mejor a nuestros intereses; en la jerga económica podríamos decir que es la «elección más racional». Podemos resumir esto del modo siguiente:

En una situación con conocimiento limitado, la elección más racional es ajustar los pronósticos subjetivos de acuerdo con las frecuencias observadas en los registros históricos.

Se trata de una versión del «principio principal» del filósofo David Lewis, un principio que tiene como uno de sus fundamentos la suposición de que, si todo lo demás es igual, el futuro será similar al pasado. O, dicho de un modo menos general, que, con información incompleta, es racional apostar a que el futuro se parecerá al pasado. Una apuesta así quizá nos puede situar en el lado oscuro de la historia, pero en cualquier caso es la apuesta más segura que uno puede hacer.*

Ahora supongamos que hacemos una pregunta diferente: explicar las frecuencias observadas en los registros de un experimento particular. Supongamos que la frecuencia observada es cercana al 50%; lo natural sería intentar explicar este resultado mediante una aplicación de las leyes de la física al caso del experimento en cuestión. Una explicación así daría razones por las que las caras son tan probables como las cruces y tendría como hipótesis que la moneda no está trucada y cómo se comporta una moneda al impactar contra una superficie, entre muchas otras cosas; nuestra explicación también podría remitir a resultados de otros experimentos, que respaldarían nuestra confianza en la teoría. Una vez construida esta explicación la usaríamos para predecir que un único lanzamiento tiene la misma probabilidad de salir cara que de salir cruz y esta predicción es una convicción y, por lo tanto, una probabilidad bayesiana subjetiva. Pero se refiere a un único lanzamiento, que no tiene por qué formar parte de un gran número de ensayos y, por ende, no hay ninguna frecuencia relativa a considerar. Así, cobra sentido decir que la moneda particular tiene, en su contexto, una *propensión* física a que un único lanzamiento acabe en cara el 50% de las veces.

La propensión es una propiedad intrínseca de la moneda como consecuencia de las leyes de la física; se puede expresar como una probabilidad, pero no es una convicción subjetiva, sino que más bien la justifica. Es algo del mundo sobre lo cual podemos tener una creencia, una convicción. Tal como hemos dicho, una propensión tampoco es

* Fijémonos que este principio no puede considerarse un punto final al intento de dar sentido a las probabilidades, porque aísla algo que nos gustaría entender a partir de primeros principios. Lo que falta es un argumento convincente que nos impulse a ajustar nuestras probabilidades subjetivas con las objetivas.

una frecuencia, porque es una propiedad de la moneda, que se aplica a cada lanzamiento individual. La propensión parecería ser una tercera clase de probabilidad, diferente de las convicciones subjetivas y de las frecuencias relativas.

Nótese que, a diferencia de las otras dos probabilidades, las propensiones son consecuencia de teorías e hipótesis acerca de la naturaleza. Sin embargo, tienen relaciones distintas con los otros dos tipos; podemos tener convicciones acerca de las propensiones y, a su vez, las propensiones pueden explicar las frecuencias relativas y pueden justificar nuestras convicciones.

En la mecánica cuántica convencional, las probabilidades surgen de la Regla 2, en particular de la regla de Born, que relaciona la probabilidad de observar una partícula en un punto determinado del espacio con el cuadrado de la amplitud de la función de onda en ese punto. Se postula que esa probabilidad es una propiedad intrínseca del estado cuántico y, por lo tanto, es una probabilidad de propensión. La mecánica cuántica asevera que no hay ninguna explicación más profunda de esa probabilidad y de la incerteza resultante; es, repetimos, una propiedad intrínseca del estado cuántico. Cuando Everett dejó a un lado la Regla 2, el resultado fue una teoría sin noción alguna de probabilidad, intrínseca o no. Tal como he comentado, pretendió sustituir esta probabilidad con una frecuencia probabilística, pero fracasó en el intento.

El dilema al que se enfrentan los partidarios de la formulación de Everett de la mecánica cuántica es que hay ramas en que los observadores ven que se cumple la regla de Born que relaciona magnitudes con frecuencias probabilísticas, mientras que hay otras ramas cuyos observadores ven que se viola la regla de Born. Llamemos a estos dos tipos *ramas benévolas* y *ramas malévolas*. Las segundas pueden tener funciones de onda más pequeñas que las primeras, pero no podemos usar este hecho para justificar que las segundas sean menos probables, porque hacerlo sería equivalente a imponer en la teoría la relación entre tamaño de la función de onda y probabilidad. Y esto es precisamente lo que intentan derivar a partir de la Regla 1 los partidarios de la formulación everettiana; aceptarlo sería colar la Regla 2 por la puerta de atrás.

La teoría de Everett es una hipótesis sobre la naturaleza de la realidad. Plantea que todo lo que existe es una función de onda que evoluciona de manera determinista. Desde el punto de vista imaginario de un observador sobrenatural externo al universo no hay probabilidades, porque la teoría es determinista. Todas las ramas de la función de onda existen; todas son reales por igual.

La teoría afirma que cada uno de nosotros vive incontables vidas paralelas, cada una definida por una rama que ha perdido la coherencia, y también que cada una de estas ramas existe, con total certeza. De este modo, si la teoría es correcta, y puesto que no hay Regla 2, no hay probabilidades objetivas en absoluto. Podemos bautizar este resultado como *hipótesis de Everett*. Ahora bien, nosotros no somos sobrenaturales; somos observadores que vivimos dentro del universo y, de acuerdo con la hipótesis, formamos parte del mundo descrito por la función de onda. En consecuencia, esa descripción externa no tiene ninguna relevancia para nosotros ni para las observaciones que efectuamos.

Así pues, nos enfrentamos a un enigma. ¿De dónde sacamos las probabilidades que la mecánica cuántica convencional dice predecir y que se deben comparar con las frecuencias registradas por los experimentalistas? Sin Regla 2, estas probabilidades no son parte del mundo tal como sería sin nuestra presencia. Las frecuencias son recuentos de resultados bien definidos, pero tales cosas no son hechos únicos ni exclusivos en la teoría cuántica everettiana, porque en cualquier posible contaje de resultados de un experimento repetidamente realizado hay ramas que presentan ese contaje. Hay ramas donde el contaje coincide con el predicho por la mecánica cuántica (mediante la Regla 2) y hay ramas en las que no es así. No podemos decir que las primeras sean más probables que las segundas, porque en la teoría cuántica de Everett no hay probabilidades objetivas; ni tan solo podemos decir que las primeras sean más numerosas que las segundas, porque en los casos reales habrá una cantidad infinita de cada.

Sí, habéis leído bien: la mecánica cuántica de Everett predice que hay un número infinito de observadores que obtendrán resultados experimentales que difieren de las predicciones de la mecánica cuántica. Este es el destino de los malhadados e infinitos observadores cuya mala fortuna los ha llevado por ramas malévolas. También se cumple que un número infinito de observadores en las ramas benévolas presencian resultados experimentales que coinciden con las predicciones de la teoría cuántica. Pero se trata de un consuelo bien pequeño, porque una rama benévola puede convertirse en malévola en cualquier momento.

Lo que parece que no podemos afirmar en la formulación everettiana es que la teoría cuántica predice probabilidades objetivas, que son un rasgo inherente de la naturaleza que existe en nuestra ausencia. A no ser que encontremos otro modo de introducir probabilidades, no podremos decir que la teoría se puede comprobar experimentalmente haciendo un recuento de los diferentes resultados, porque el fracaso de cualquiera de estas pruebas se puede descartar suponiendo que estamos en una rama malévola, y estas ramas no son ni menos probables ni menos numerosas que las benévolas que confirman las predicciones probabilísticas de la mecánica cuántica.

Para abordar esta situación, David Deutsch hizo una propuesta interesante, consistente en no preguntar si la teoría de Everett es verdadera o falsa, sino preguntar cómo nosotros, en tanto que observadores en el interior del universo, deberíamos plantear una apuesta si suponemos que es verdadera. En concreto, lo más importante sobre lo que tenemos que apostar, suponiendo cierta la historia everettiana, es si la rama en la que vivimos es benévola o malévola; cualquier otra apuesta que hagamos dependerá de esta. Si estamos en una rama benévola, las apuestas que hagamos basadas en la regla de Born tendrán recompensa; si no somos tan afortunados, las apuestas pierden sentido, porque puede pasar de todo, tal cual.

No se trata de una apuesta sobre el universo, porque está claro que el universo contiene observadores que viven en ambos tipos de ramas, unos en unas, otros en otras; más bien es una apuesta sobre dónde estamos en el universo. No hay una respuesta correcta a esta pregunta, porque, si Everett está en lo cierto, hay ambos tipos de observadores, unos seremos de un tipo y otros, del otro. Sin embargo, Deutsch propone que es más racional apostar a que estamos en una rama benévola. La argumentación es técnica y emplea un campo de la teoría de probabilidades llamado *teoría de la decisión*, de la cual asume ciertos axiomas que especifican lo que significa tomar una decisión racional.

Algunos expertos han criticado este enfoque; otros lo han defendido y desarrollado; otros, en cambio, han presentado argumentos alternativos para llegar a la misma conclusión. Como no soy especialista en el tema, me guardaré de especular acerca de quién puede tener razón. No obstante, fijémonos en lo que esta clase de argumento no hace (de hecho, no puede hacer): no puede ofrecernos pruebas de que la hipótesis de Everett sea cierta, porque Deutsch y sus colegas empiezan asumiendo que la hipótesis es correcta. Sus razonamientos también asumen los axiomas de la teoría de la decisión; si no los aceptas, no demuestras que las probabilidades están relacionadas con las magnitudes. Todo lo que esta argumentación puede demostrar es que, si aceptamos los axiomas de la teoría de la decisión, apostar y tomar otras decisiones como si la regla de Born fuera cierta es consistente con la hipótesis de Everett.

Señalemos que, incluso suponiendo que la hipótesis de Everett sea cierta, los observadores modelizados como parte de un mundo de Everett no saben que viven en un mundo de Everett. No hay ninguna razón por la que deberían saberlo, y si, de todos modos, lo supieran, no serían un modelo nuestro, como observadores que somos de un universo cuyo conjunto completo de principios fundamentales aún está por descubrir. Para ellos, como para nosotros, la hipótesis de Everett tiene que ser una más de diversas hipótesis en competencia acerca de la naturaleza de los existibles del universo cuántico.

Consideremos la situación de unos observadores dentro de un universo everettiano; podemos plantear dos casos, según el tipo de rama en que vivimos. Supongamos que somos afortunados y nos hallamos en una rama benévola, de modo que nuestras apuestas basadas en la regla de Born tienen recompensa. En tal caso, por definición, no estamos mejor, ni peor, que las personas que creen en otras formulaciones e interpretaciones de la mecánica cuántica y que, en consecuencia, también apuestan siguiendo la regla de Born. Lo único de lo que carecen estas otras formulaciones es una justificación basada en la teoría de la decisión; en cambio, la teoría de la onda piloto y los modelos de colapso no necesitan tal justificación, porque se basan en nociones de probabilidad totalmente objetivas, que surgen a partir de nuestra ignorancia de los detalles de cada experimento individual.

Así, de acuerdo con sus propios términos (según los cuales no puede determinar lo que es cierto, sino solo ofrecer consejos acerca de dónde es mejor centrar nuestras apuestas), el argumento de Deutsch implica que, para observadores situados en un universo everettiano, no resulta más racional creer en Everett que creer en Bohr, De Broglie, Bohm o cualquier otra interpretación. En el mejor de los casos, pues, asumiendo incluso que Everett está en lo cierto, los observadores en un mundo everettiano no pueden reunir ninguna prueba que favorezca creer en la hipótesis de Everett por encima de cualquier otra.

¿Y las versiones de nosotros mismos que viven en una rama malévola? Sus apuestas basadas en la regla de Born no tienen recompensa porque las frecuencias que miden no coinciden con las predichas por la regla de Born. Entonces, ¿a qué conclusión pueden llegar estos desdichados observadores desde su punto de vista? Recordemos que, para ellos, la formulación usual de la mecánica cuántica (la presentada en el libro de Von Neumann, para entendernos) tiene que ser una hipótesis y la de Everett, otra hipótesis competidora.

Los observadores que se hallan en una rama malévola llegan a la conclusión de que la primera de las hipótesis es falsa, porque la regla de Born no predice los resultados que observan. La segunda hipótesis, la de Everett, no se puede refutar, porque predice que, precisamente, algunos observadores verán que la regla de Born falla; aún peor: dados unos resultados cualesquiera de mediciones repetidas, la teoría everettiana predice que algunos observadores, que viven en una rama malévola, verán exactamente esos resultados. Así pues, la hipótesis de Everett no se puede refutar (no se puede falsar, en la jerga habitual en filosofía de la ciencia) comprobando predicciones probabilísticas basadas en la regla de Born, pues no hay ningún resultado de una medición repetida que sea inconsistente con un universo everettiano.

En definitiva, parece que la mayoría de las predicciones experimentales que podrían falsar la mecánica cuántica convencional (las que comparan probabilidades teóricas con las frecuencias observadas experimentalmente) no servirían para falsar la mecánica cuántica everettiana. Aunque no es totalmente infalsable (porque la teoría hace otro tipo de predicciones que no tienen relación con las probabilidades), parece que la mecánica cuántica de Everett es menos vulnerable a la falsación que la mecánica cuántica ordinaria. Esto, por sí solo, ya es una buena razón para decantarse por un enfoque alternativo; una teoría menos falsable es, por definición una teoría que explica menos cosas.

Por otro lado, si aceptamos las suposiciones de Deutsch y sus colegas de Oxford, tenemos que descartar el punto de vista de las ramas malévolas, porque son muy improbables. En este caso, hay trabajos que demuestran que, si uno prescinde de las ramas malévolas, la teoría es comprobable.

El grupo de Oxford hace hincapié en que si uno asume que los axiomas de la teoría de la decisión son correctos está autorizado a deducir que es racional reflexionar como si las magnitudes estuvieran relacionadas con las probabilidades. De ello se sigue que es racional reflexionar como si tuviéramos solo una pequeñísima probabilidad de acabar en una rama malévola, de modo que podemos ignorar tal posibilidad.

Asimismo, pueden afirmar que siempre sucede algo como esto cuando reflexionamos probabilísticamente. Siempre podemos tener mala suerte y que una moneda caiga de cara mil veces consecutivas; pero hay una diferencia: en una vida finita y en un único mundo finito podemos tener por seguro que este tipo de cosas no pasan casi nunca. En cambio, la mecánica cuántica everettiana asevera que las ramas malévolas no solo existen, sino que son tan numerosas como las benévolas. Si bien el argumento de Deutsch nos habla de probabilidades subjetivas adjudicadas por observadores dentro del mundo de Everett, sigue siendo cierto que la teoría global es determinista y que no cabe duda de que cada una de las ramas existe.

Por lo que parece (según lo que he logrado entender), los intentos de Deutsch y otros* de rescatar el proyecto para dar sentido a la hipótesis de Everett solo mediante probabilidades subjetivas de observadores que se hallan dentro de un universo de Everett, introducidas por medio de la teoría de la decisión, no logra ningún éxito convincente. Los argumentos que se basan solo en nociones subjetivas de probabilidad son incapaces de explicar por qué podemos descartar las ramas malévolas, puesto que, si Everett está en lo cierto, son objetivamente reales.

Necesitamos algo nuevo. Para salvar la situación, Simon Saunders ha agarrado el toro por los cuernos y ha planteado que las magnitudes de las ramas dan probabilidades objetivas (en lugar de probabilidades subjetivas de apuesta) de que un observador se halle en una rama que ha perdido la coherencia, de acuerdo con la regla de Born. Su justificación es que resulta que las magnitudes de las ramas sí que tienen muchas de las propiedades que desearíamos que tuvieran las probabilidades objetivas. De hecho, su afirmación es que tienen estas propiedades a causa de la Regla 1; por consiguiente, se trata del descubrimiento de una consecuencia de las leyes según las cuales evolucionan los sistemas cuánticos. No es un postulado adicional, como la Regla 2. Si su propuesta tiene éxito, será una derivación genuina de la Regla 2 y de la regla de Born a partir de una teoría basada exclusivamente en la Regla 1.

* Como Greaves, Myrvold y Wallace. Debo señalar que presentan líneas argumentales que no he mencionado y sobre las cuales no hay consenso entre los expertos. La situación, pues, es algo más compleja que la visión somera que he descrito.

Esto nos libera de los problemas que plantean las ramas malévolas, porque, suponiendo que Saunders tiene razón, no es muy probable que nos encontremos en una de ellas. Pero Saunders asevera que podría lograr más que eso: su resultado sería una derivación genuina del modo en que surgen las probabilidades objetivas en la naturaleza, y explicaría por qué debemos ajustar nuestras probabilidades subjetivas de apuesta con las probabilidades objetivas.

Si no me equivoco, a día de hoy los expertos de Oxford están divididos sobre el éxito o el fracaso de la propuesta de Saunders. Un problema es que las magnitudes de las ramas presentan algunas propiedades de las probabilidades objetivas, pero no todas. Sea como fuere, debemos dejar aquí la discusión; tras más de sesenta años de estudio, aún no tenemos una respuesta a si la deslumbrante idea de Everett tiene sentido o no.

Tras admitir que el proyecto de dar sentido a la hipótesis de Everett es un trabajo aún en curso, puedo ofrecer algunas observaciones personales. Si mis apreciaciones son correctas, la hipótesis de Everett, de ser cierta, explicaría demasiado pero también demasiado poco. Demasiado porque tenemos que creer que todo el mundo que solíamos considerar real no es más que una rama dentro de una realidad muchísimo más vasta; y demasiado poco porque hay muchas cosas que quedan fuera de esta imagen de la realidad. Lo que resulta más característico de la realidad que experimentamos es que todo proceso que observamos tiene un resultado bien definido; y lo que es más impactante de la teoría cuántica es su capacidad, gracias a la Regla 2, de hacer predicciones precisas de las frecuencias observadas de esos resultados bien definidos. Lo que yo quiero del realismo es una explicación detallada de cómo surgen estas probabilidades, que aparecen en forma de frecuencias relativas promediando sobre conjuntos de sucesivas repeticiones del experimento.

La realidad que los realistas buscamos es el mundo tal como es, o tal como sería en nuestra ausencia. Las probabilidades subjetivas que orientan la toma de decisiones no son parte de ese mundo, pues no existirían si nosotros no estuviéramos aquí. El asunto no es si tomar decisiones es real, pues es evidente que nosotros somos reales; tampoco lo es si podemos obtener una descripción científica de lo que constituye un proceso de toma de decisiones racional, caso de quererla. El asunto es si podemos satisfacer la aspiración de la física de describir la luz y los átomos de manera que esa descripción sea por completo independiente de nuestra existencia.

Dejadme hacer hincapié nuevamente en que aún no se ha dictado la sentencia sobre el éxito o el fracaso del enfoque de Oxford como vía para dar sentido a la interpretación de los universos paralelos; el jurado todavía está reunido. Puede ser que se demuestre que la hipótesis de Everett es incoherente o inconsistente, o puede descubrirse que es el único enfoque realista de la mecánica cuántica, en el que la Regla 1 por sí sola basta para formular la teoría. En mi opinión, sea cual sea el veredicto, reforzará la tesis de que necesitamos una nueva teoría.

Cuando fracasan las comprobaciones empíricas de una teoría nos toca decidir sobre qué teoría vamos a seguir trabajando. Tal como han remarcado numerosos filósofos e historiadores, antes de conseguir pruebas definitivas, no hay forma de evitar que entren factores aparentemente acientíficos al evaluar qué programa de investigación y qué teoría merece nuestro tiempo y esfuerzos. Esto es especialmente cierto cuando se trata, al menos en parte, de decisiones individuales; además, cuando los criterios empíricos todavía no son decisivos, en aras de la comunidad científica en su totalidad vale la pena animar a estudiar el más amplio abanico posible de enfoques consistentes con las pruebas disponibles en ese momento. Paul Feyerabend, en su obra *Tratado contra el método*, sostiene que es la competencia entre diversos puntos de vista y programas de investigación lo que impulsa el progreso de la ciencia, sobre todo a través de los periodos críticos en que las pruebas no son suficientes para decidir qué enfoque proporcionará las mejores explicaciones.

Evaluar un programa de investigación basándose solo en factores no empíricos es, en parte, cuestión de gustos y valoraciones individuales.* Tras bastantes esfuerzos para comprender las ideas de sus proponentes, mi opinión acerca del programa de Everett es la que expondré a continuación. Supongo (de hecho, sé) que otros que también han analizado el tema no estarán de acuerdo conmigo. No tengo reparos en

* En el capítulo 17 de mi libro *Las dudas de la física en el siglo XXI: ¿es la teoría de cuerdas un callejón sin salida?* presento mi punto de vista sobre el funcionamiento de la ciencia y el papel de las valoraciones individuales para llegar a consensos en toda la comunidad científica.

confesar que no hay ningún problema de los fundamentos de la cuántica que me haya resultado más desafiante y doloroso que el de Everett, por el cual entro en conflicto con amigos y colegas a los que tengo en gran estima desde hace muchos años.

Sabemos que la forma original de la interpretación de los universos paralelos fracasa como aproximación realista porque se topa con dos grandes problemas, que son el problema de la preferencia de bifurcaciones y el hecho de que la teoría es determinista y no incorpora probabilidades. Tras grandes esfuerzos para elaborar una versión más sofisticada basada en la decoherencia y las probabilidades subjetivas, los expertos siguen sin ponerse de acuerdo en aspectos técnicos. Pero aunque llegaran a un acuerdo, lo que quedaría consolidado es que los axiomas de la teoría de la decisión requieren que los observadores que viven en un mundo everettiano apuesten como si la regla de Born fuera correcta; pero tal cosa no nos da derecho para creer que vivimos en un universo everettiano. Tampoco sé de ningún argumento basado en hechos experimentales que nos impela a preferir el enfoque de Everett por encima de otras aproximaciones. A pesar de algunas afirmaciones provocativas en sentido contrario, no hay ningún resultado experimental que no se pueda explicar, con el mismo grado de satisfacción, mediante otros enfoques realistas. Algunos aducen que solo Everett puede explicar fenómenos como la aceleración de la computación cuántica, pero tales aseveraciones se contradicen con el hecho de que programas realistas alternativos, como la teoría de la onda piloto, ofrecen descripciones de estos experimentos que son, como mínimo, tan explicativas como las everettianas.

Un argumento en pro de la teoría de Everett parte de la afirmación de que solo hay tres formulaciones realistas de la mecánica cuántica y que las otras dos (la teoría de la onda piloto y los modelos de colapso) entran en conflicto con la relatividad y, en consecuencia, tienen problemas para incorporar la teoría cuántica de campos. Luego, el argumento implica que la teoría de Everett tiene que ser correcta si podemos darle sentido. Yo no estoy de acuerdo y, de hecho, veo este argumento como una poderosa razón para intentar crear otros enfoques realistas, tal como explicaré en los capítulos finales de este libro.

Los argumentos científicos nos llevan hasta aquí; pasemos ahora a los factores no empíricos. El filósofo Imre Lakatos recomendaba investigar en programas que fueran progresivos, con lo que quería decir que estuvieran en rápido desarrollo y tuvieran posibilidades de llevar a grandes avances. Un programa de investigación progresivo es también uno que queda abierto a desarrollos y sorpresas del futuro, en contraste con los programas que asumen que comprendemos los principios y fenómenos básicos. Los criterios progresivos favorecen enfoques realistas de los fundamentos de la teoría cuántica por encima de los antirrealistas, porque estos últimos nos constriñen a elaborar nuevos modos de explicar fenómenos cuánticos que se supone que ya conocemos, mientras que los primeros son conscientes de que la mecánica cuántica es incompleta y, como consecuencia, intentan descubrir nuevos fenómenos y nuevos principios donde ubicarlos.

Dentro de las aproximaciones realistas, creo que podemos defender que la hipótesis de Everett es la menos progresiva (aunque hay argumentos en ambos sentidos). Se han hecho enormes esfuerzos para desarrollar la mecánica cuántica everettiana, en muchos casos con gran brillantez y habilidad técnica, pero la mayoría se han centrado en problemas que solo aparecen en la interpretación de los universos paralelos, sin afectar a los otros enfoques. En mi opinión, el programa de Everett es el programa realista menos abierto a la posibilidad de que descubrimientos futuros nos obliguen a modificar los principios y el formalismo matemático de la mecánica cuántica.

En cambio, debe señalarse que la teoría de Everett ha estimulado gran cantidad de trabajos sobre la decoherencia, que es importante para nuestra comprensión de la física cuántica a nivel general. También ha inspirado, y continúa haciéndolo, considerables progresos en la informática cuántica; la interpretación de universos paralelos tuvo un papel relevante en los trabajos pioneros de David Deutsch. Ahora bien, también debemos conceder el crédito que merecen la teoría de la onda piloto y los modelos de colapso por las propuestas experimentales que han espoleado, por ejemplo, el estudio de la física alejada del equilibrio en el universo primitivo. En definitiva, pues, el tema de qué enfoque realista es más progresivo parece que acaba en tablas.

Lo fascinante del enfoque de Oxford es que, mientras que no nos dice nada acerca del mundo que experimentamos que no supiéramos ya o que no pudiéramos deducir con otras versiones de la teoría cuántica, nos explica muchas cosas sobre todos los mundos que no podemos experimentar y, sobre todo, acerca de las versiones de nosotros mismos que pueblan esos mundos. Teniendo en cuenta que, presuntamente, están tan vivos y son tan conscientes como nosotros, me pregunto si nosotros (o al menos aquellos que creen lo bastante en Everett como para contemplarlo como una seria posibilidad) deberíamos preocuparnos por nuestras copias y si tenemos alguna responsabilidad para con ellos.

Reconozco que investigar la calidad de vida de nuestras copias en otras ramas puede parecer algo un poco académico. Pero si hay una cosa en la que los académicos estamos bien entrenados es en desentrañar las consecuencias lógicas de hipótesis y suposiciones. Y la consecuencia más provocadora y, en mi opinión, desagradable de Everett es que debemos creer que cada uno de nosotros tiene una cantidad infinita de copias, en todo tan vivas y conscientes como nosotros; tiene más pinta de ciencia ficción que de ciencia, pero al parecer es una consecuencia directa de la hipótesis de Everett. Como se trata de ciencia y no de fe, no tenemos la opción de hacer una interpretación libre de Everett y escoger creer en algunos aspectos, como la existencia de una función de onda del universo, e ignorar otros.

Creo que con su teoría Everett pone sobre la mesa dos tipos de dilemas éticos. En primer lugar, condena a una enorme cantidad de seres vivos y conscientes a penalidades que no pueden ser atenuadas por nada que nosotros hagamos. Por encima de esto, me preocuparía que muchos de nuestros más brillantes y talentosos científicos crean que vivimos en un universo tan desdichado, una idea perjudicial para el bien común, pues al eliminar la distinción entre posibilidad y realidad, menoscaba la motivación para mejorar nuestro mundo.

Pero, un momento; ¿acaso no podríamos decir lo mismo acerca del aumento de entropía obligado por la segunda ley de la termodinámica que, en definitiva, es la causa de la muerte de la mayoría de los seres vivos? La diferencia es que sabemos que la segunda ley es cierta. No tenemos más alternativa que aceptarla; en cambio, hay formulaciones alternativas de la teoría cuántica que no obligan a la existencia de ninguna copia de nosotros mismos. También es legítimo criticar a científicos y filósofos que extraen conclusiones innecesariamente pesimistas a partir de una imagen incompleta que ignora los efectos positivos de la autoorganización en sistemas alejados del equilibrio.

Podemos rebatir toda la idea de un observador «que vive» en una rama malévola sobre la base de que no hay nada de la bioquímica en la que se basa la vida que pueda funcionar bien en un mundo en el que la regla de Born falle con asiduidad. Concretando algo más, podemos clasificar las ramas malévolas en función de la proporción de sucesos donde falla la regla de Born y luego podemos catalogarlas según la gravedad de tales fallos. Vivir en una rama ligeramente malévola sería como estar sometido a una dosis baja de radiación ionizante, con similares consecuencias nocivas para la salud.

Incluso entre las ramas benévolas habría diferencias en la salud de sus habitantes. Tal vez mañana un rayo gamma incida sobre una hebra de mi ADN, y las consecuencias serán el desdoblamiento de nosotros y de nuestro mundo en un montón de mundos que pierden coherencia. Algunas de mis copias llegarán a tener cáncer como resultado de ese rayo gamma, otras no; y como hay versiones de mí en ambos conjuntos de ramas, me preocuparé por ambas. La versión extrema de esta argumentación sugiere que, en un futuro lejano, algunas copias mías muy afortunadas, que habrán tenido la suerte de evitar todas las balas y de sobrevivir a todos los cánceres, aún estarán vivas.

Mi impresión es que la interpretación de universos paralelos plantea un desafío profundo a nuestras ideas morales, porque desdibuja la distinción entre lo posible y lo real. Para mí, la razón por la que nos esforzamos para hacer un mundo mejor es que podemos esperar convertir el futuro real en algo mejor que los posibles futuros que se nos ofrecen. Si todas y cada una de las eventualidades que nos esforzamos por eliminar, como el hambre, la enfermedad o la tiranía, son reales en alguna otra parte de la función de onda, nuestros esfuerzos no llevarán a una mejora global, al fin y al cabo. Problemas como la guerra nuclear y el cambio climático son menos apremiantes si hay múltiples versiones de la Tierra y la especie humana tiene más de una oportunidad de hacer las cosas bien.

La existencia de todas estas copias de nosotros mismos presenta un dilema moral y ético, creo yo. Si, independientemente de las decisiones que tome en mi vida, habrá una versión de mí que habrá tomado la decisión contraria, ¿qué importancia tiene lo que escoja? Habrá una rama en el multiverso para cada opción que hubiera podido escoger; en unas seré tan malvado como Hitler o Stalin y en otras seré venerado como digno sucesor de Gandhi. Podría decidir ser egoísta y tomar las decisiones que más me beneficien, pues sea lo que sea lo que haya escogido, la opción generosa y altruista será escogida por una infinidad de copias que viven en una infinidad de otras ramas. Todo esto se me antoja como un problema ético por la simple razón que creer en la existencia de todas estas copias menoscaba mi sentido de responsabilidad moral.

Un buen amigo mío que trabaja en la teoría cuántica everettiana insistiría en que, de todos modos, esto es una forma en que el mundo podría ser; nuestra tarea es desentrañar cómo es el mundo, y no nos corresponde imponer nuestras propias filias y fobias. Mi réplica es que, mientras no haya ningún argumento decisivo para dar preferencia a Everett sobre otros enfoques, soy libre de apostar por otras interpretaciones; él puede hacer lo contrario, pero yo prefiero dedicar mi tiempo a elaborar cosmologías que nos impulsen a buscar nuevas partículas, nuevos fenómenos y una nueva física en lugar de dedicarlo a la contemplación escolástica de las vidas de esas copias nuestras.

Y podría añadir que, como no creo que sea probable que la idea de Everett ni nada parecido estén en lo cierto, no hay ningún riesgo en que unos pocos filósofos brillantes decidan invertir sus esfuerzos en determinar las consecuencias de una hipótesis en verdad sorprendente e ingeniosa (ahora, si esta idea llegara a influir en el *zeitgeist*, entonces sí que sería algo de lo que preocuparse). Incluso si es una idea incorrecta, es muy probable que acabara por aparecer tarde o temprano y entre sus partidarios hay mentes brillantes que pueden analizar el tema con rigor, algo que yo no sería capaz de hacer. Así pues, esperemos que puedan resolver la cuestión de si una teoría realista basada exclusivamente en la Regla 1 puede tener sentido.

Hace poco, el ilustre teórico de partículas Steven Weinberg opinó sobre el fracaso de los esfuerzos para obtener probabilidades a partir de la mecánica cuántica:

> Hay otro aspecto poco satisfactorio en el enfoque realista [de universos paralelos], dejando de lado nuestras preferencias particulares [como el hecho de «no gustarnos» la idea de tener copias]. En este enfoque, la función de onda del multiverso evoluciona de manera determinista. Aún podemos hablar de probabilidades como la fracción de tiempo con la que se encuentran los diversos resultados posibles al efectuar mediciones repetidas en una historia cualquiera; pero las reglas que rigen qué probabilidades se observan tendrán que derivarse de la evolución determinista de todo el multiverso [...] Varios intentos que se basan en un enfoque realista han estado muy cerca de deducir reglas como la regla de Born [de probabilidades], que conocemos muy bien a nivel experimental, pero, en mi opinión, sin llegar al éxito definitivo.[4]

Hay una última moraleja que podemos extraer de la historia de la mecánica cuántica everettiana. Algunos de sus partidarios afirman que la mecánica cuántica everettiana es la mecánica cuántica verdadera y que todo lo demás son modificaciones. Pero esto es, lisa y llanamente, falso. La mecánica cuántica convencional de los libros de texto (es decir, la mecánica cuántica que se enseña en los libros de texto habituales, como los de Dirac, Bohm, Baym, Shankar o Schiff, y, por lo tanto, la teoría de uso habitual por los físicos de verdad) se basa en la Regla 1 y en la Regla 2. Esta teoría no tiene ninguna interpretación realista; punto.

En definitiva, pues, el realismo tiene un precio. La cuestión se limita a saber qué precio tenemos que pagar para obtener una nueva teoría que tenga sentido y que describa la naturaleza de manera correcta y completa.

TERCERA PARTE

MÁS ALLÁ DE LO CUÁNTICO

12

ALTERNATIVAS A LA REVOLUCIÓN

«Al final, nos vemos impulsados a buscar lo que creemos que será la ontología correcta del mundo. Después de todo, lo que palpita en el fondo del alma de cualquier físico de verdad es el deseo de comprender lo que es la realidad».

LUCIEN HARDY[1]

En los últimos años, el campo de la fundamentación de la cuántica ha experimentado un imparable ascenso continuado. Tras ocho décadas entre las sombras, ahora es posible emprender una carrera fructífera como especialista en la fundamentación de la mecánica cuántica. Sin duda, esto es bueno; sin embargo, la mayor parte de los avances (y de la gente joven) han caído del lado antirrealista de este campo. El objetivo de la mayoría de los trabajos recientes no ha sido modificar o completar la mecánica cuántica, sino solo ofrecernos una nueva forma de hablar sobre ella. Para explicar el porqué de esta tendencia, tengo que hacer un breve repaso a la historia de la fundamentación de la cuántica.

La mecánica cuántica no surgió de la noche a la mañana; fue el resultado de una larga gestación, iniciada en 1900 con el descubrimiento de Planck de que la energía transportada por la luz se presentaba siempre en paquetes discretos y culminó en 1927 con el establecimiento de la forma final de la mecánica cuántica. Luego vino un periodo de debate entre sus creadores, durante el cual muchos físicos se preocuparon por la fundamentación de esta nueva teoría. No obstante, esta etapa de discusiones libres pronto llegó a su fin y, a pesar de las objeciones de Einstein, Schrödinger y De Broglie, culminó con el triunfo de la interpretación de Copenhague.

A partir de principios de la década de 1930, y hasta mediados de los noventa, la mayoría de los físicos consideraban que el tema del significado de la mecánica cuántica estaba zanjado. Esta larga «edad oscura» fue interrumpida puntualmente por los trabajos de Bohm, Bell, Everett y algunos otros, pero la mayoría de la comunidad de físicos prestó poca atención a estas obras o, en general, a los problemas de fundamentación de la teoría. Esta tendencia es evidente por el hecho de que los artículos clave de estos autores tuvieron poquísimas citaciones hasta mediados de los setenta, cuando se empezaron a plantear las comprobaciones experimentales de las restricciones de Bell. Incluso hoy en día no es raro encontrar a físicos distinguidos que creen, incorrectamente, que Bell demostró que todas las teorías de variables ocultas tienen que ser erróneas.* Hasta hace muy poco casi no había puestos académicos en los departamentos de física para físicos centrados en la fundamentación de la cuántica; la pequeñísima comunidad de especialistas en este tema o bien ganaban su plaza por trabajos en otros campos, como Bell, o bien encontraban un lugar en rincones alejados del mundo académico, como Bohm. Unos pocos hicieron carrera en filosofía o matemáticas y otros como profesores en pequeñas facultades.

La promesa de la informática cuántica fue lo que, justo en el cambio de siglo, abrió la puerta académica a aquellos que buscaban trabajar en los fundamentos de la física cuántica. La idea de que la mecánica cuántica podría servir para construir un nuevo tipo de ordenador fue planteada por Richard Feynman en una conferencia de 1981.[2] No parece que esa charla, así como otras premoniciones de la idea, tuvieran mucho impacto hasta que David Deutsch, un especialista en gravedad cuántica que tenía una plaza en Oxford, propuso en 1989 un enfoque de la computación cuántica en el contexto de un artículo sobre los fundamentos de la matemática y la lógica;[3] en aquel artículo, Deutsch presentaba la idea de un ordenador cuántico universal, análogo a una máquina de Turing. Pocos años después, Peter Shore, un informático que trabajaba en un laboratorio de investigación de IBM, demostró que un ordenador cuántico podría factorizar números grandes mucho más rápidamente que un ordenador electrónico convencional. En ese momento, la gente empezó a fijarse en el tema, porque una aplicación del hecho de poder factorizar grandes números es que se podrían romper muchos de los códigos de cifrado de uso habitual.

* En lugar de solo descartar las teorías *locales* de variables ocultas.

Empezaron a aparecer grupos de investigación por todo el mundo, que pronto incorporaron a brillantes y jóvenes investigadores, muchos de los cuales tenían un programa de investigación dual: abordarían los problemas de fundamentación de la mecánica cuántica a la vez que contribuirían al desarrollo de la informática cuántica. Como resultado, se creó un nuevo lenguaje para la física cuántica, basado en la teoría de la información, que es un recurso fundamental de la informática. Este nuevo lenguaje, llamado *teoría de la información cuántica*, es un híbrido de informática y física cuántica y está bien adaptado para abordar los desafíos de construir ordenadores cuánticos. Todo esto ha llevado a un nuevo y poderoso conjunto de herramientas y conceptos de valor incalculable para refinar nuestra comprensión de la física cuántica. De todos modos, la teoría de la información cuántica es un enfoque puramente operacional que se siente más cómodo describiendo la naturaleza en el contexto experimental, donde se preparan y se miden sistemas; la naturaleza externa al laboratorio apenas aparece y, cuando lo hace, se presenta, de manera poco sorpresiva, como analogía de un ordenador cuántico.

El renacimiento actual del campo de la fundamentación de la cuántica y de la informática cuántica es, casi siempre, para bien, y no es ajeno a ello el hecho de que buena parte del trabajo teórico está basado en experimentos reales. La carrera hacia la informática cuántica ha dejado varios derivados que aportan luz a cuestiones fundamentales, como el teletransporte cuántico, una tecnología mediante la cual se puede transferir el estado cuántico de un átomo a otro átomo distante sin necesidad de medición alguna. Si bien no llega a ser como los teletransportadores de la ciencia ficción, esta tecnología ya está entre nosotros y es relevante; por ejemplo, se usa para crear un nuevo tipo de código indescifrable.

Todos estos avances también han ahondado en nuestra apreciación de la estructura de la teoría cuántica. Por ejemplo, un enfoque nuevo, iniciado por Lucien Hardy, busca el conjunto más pequeño y elegante de axiomas a partir del cual pueda derivarse todo el formalismo matemático de la mecánica cuántica. De estos axiomas, varios son poco relevantes y afirman cosas que son ciertas para toda teoría; luego, hay uno en que se condensa toda la extrañeza del mundo cuántico.

Mientras tanto, en un ambiente dominado por enfoques operacionalistas, queda poco lugar para los viejos realistas en su búsqueda de una compleción de la mecánica cuántica que explique lo que sucede en los eventos individuales. Algunos de estos realistas son partidarios de los universos paralelos, pero todavía subsiste una pequeña comunidad de bohmianos y unos cuantos desarrollan teorías de colapso de la función de onda. Los que intentan llevar la búsqueda de la realidad más allá de los enfoques establecidos son aún menos; la mayoría de los que estamos en este grupo éramos especialistas en otros campos, algunos de altísimo nivel, como Stephen Adler y Gerard 't Hooft. No encajamos muy bien en el inquieto mundo que es hoy día el campo de la fundamentación de la cuántica, sobre todo porque nuestros intereses y ambiciones (y las teorías que elaboramos en consecuencia) no se pueden expresar en el lenguaje operacional cuyo dominio es la marca distintiva de un informático cuántico profesional. En cualquier caso, persistimos en nuestra búsqueda de una imagen realista y completa del mundo cuántico.

Tal como expresa Lucien Hardy en la cita que abre este capítulo, creo que muchos físicos preferirían el realismo al operacionalismo, y se interesarían en el descubrimiento de un enfoque realista de la teoría cuántica que pudiera superar las debilidades de los enfoques actuales. Si en la actualidad dominan los puntos de vista operacionalistas, es debido, en parte, a la falta de alternativas realistas que parezcan tener algún atisbo de verdad.

El resto de este libro está dedicado al futuro de los enfoques realistas para la física cuántica. Pero antes de descartar los puntos de vista no realistas, veamos si podemos aprender algo de su predominancia actual.

Algo que he aprendido es que hay muchísimas formas distintas de expresar cómo difiere el mundo cuántico del mundo clásico de la física newtoniana. Si interesan las aproximaciones antirrealistas, hay muchas opciones. Puedes adoptar el radical negacionismo de Bohr y asumir que la ciencia no es más que una extensión del lenguaje común, que usamos para explicarnos los resultados de los experimentos. Puedes abrazar el enfoque llamado *bayesianismo cuántico*, según el cual la función de onda no es más que una representación simbólica de nuestras convicciones y una predicción no es más que una forma elegante de decir *apuesta*. Otra opción es adoptar una perspectiva puramente operacional, que solo nos permite hablar de procesos enmarcados y delimitados por las preparaciones experimentales y las mediciones. En todos estos enfoques, el problema de la medición se deja de lado o, más bien, se considera inexistente, porque ni tan solo se puede plantear la posibilidad de que el estado cuántico describa a los observadores y a sus instrumentos de medición.

Varias de las propuestas más nuevas se basan en la idea de que el mundo está hecho de información, lo que podemos resumir en esa máxima de Wheeler de «*it from bit*», modernizada en «*it from qubit*». Recordemos que un cúbit, o bit cuántico, es la mínima unidad de información cuántica, es decir, una elección binaria cuántica, como en nuestro relato sobre preferencias de mascotas. A efectos prácticos, este programa imagina que todas las cantidades físicas se pueden reducir a un número finito de cuestiones sí/no cuánticas y que la evolución temporal según la Regla 1 se puede considerar como el procesamiento de esta información cuántica, tal como haría un ordenador cuántico. Esto significa que el cambio en el tiempo se puede expresar como la acción de una secuencia de operaciones lógicas aplicadas a uno o dos cúbits a la vez.

John Wheeler lo expresó del siguiente modo:

> *It from bit* simboliza la idea de que todo elemento del mundo físico tiene en el fondo (en su esencia más profunda, en muchos casos) un origen y una explicación inmaterial. Lo que denominamos *realidad* surge, en última instancia, del planteamiento de preguntas sí/no y de registrar las respuestas provocadas por el equipamiento; en pocas palabras, que todas las cosas del mundo físico tienen un origen en la teoría de la información y que estamos en un universo participativo.[4]

La primera vez que oyes este punto de vista puedes dudar de si tu interlocutor realmente quiere decir lo que está diciendo. Lo cierto es que sí, quiere decir eso. Si lo quieres en una cita más breve: «La física da lugar a la participación del observador; la participación del observador da lugar a la información; la información da lugar a la física».[5] Cuando Wheeler habla de un universo participativo, quiere decir que el universo cobra existencia por nuestra observación y percepción de él. Podemos replicar que sí, muy bien, pero que antes de que podamos percibir u observar nada, nosotros también tenemos que haber cobrado existencia en y por este universo. Y Wheeler responderá que sí, que ambas cosas, ¿qué problema hay?

¿Nos aporta algo, todo esto? Algunos sistemas con un número finito de resultados posibles se pueden representar de este modo, y al hacerlo arrojamos luz sobre aspectos físicos; por ejemplo, la importancia del entrelazamiento en la física cuántica pasa a primer plano. Pero otros sistemas que tienen una cantidad infinita de variables físicas, como el campo electromagnético, no encajan de forma sencilla en este esquema. En cualquier caso, esta aproximación de la información cuántica a la fundamentación de la física cuántica ha tenido una influencia positiva en varios campos de la física, desde la física del estado sólido hasta las especulaciones sobre teoría de cuerdas y agujeros negros cuánticos.

De todos modos, hay que ser precavido y tener cuidado en diferenciar diversas ideas sobre la relación entre la física y la información, algunas de las cuales son útiles pero trivialmente ciertas; otras son muy radicales y, en mi opinión, necesitarían una justificación mayor de la que se ha ofrecido hasta ahora.

Empecemos definiendo *información*. Una definición útil la propuso Claude Shannon, a quien puede considerarse el fundador de la teoría de la información. Su definición estaba enmarcada en la teoría de la comunicación y considera un canal que transporta un mensaje de un emisor a un receptor; se supone también que emisor y receptor comparten un lenguaje, es decir, que pueden dar significado a una sucesión de símbolos. La cantidad de información del mensaje se define como el número de respuestas a preguntas sí/no que el receptor aprende del emisor al comprender lo que dice el mensaje.

Planteado de este modo, hay muy pocos sistemas que sean o que se puedan concebir como canales de información entre emisores y receptores que comparten un lenguaje. El universo como un todo no es un canal de información así. Lo valioso de la idea de Shannon es que podemos separar la medida del contenido de información transmitida de su contenido semántico (es decir, de lo que dice el mensaje). El emisor y el receptor comparten una semántica que aporta significado al mensaje, pero no es necesario disponer de ese conocimiento para medir la cantidad de información transportada; aun así, sin la semántica compartida, el mensaje no transportaría información. Una forma de entender esto es que, para medir cuánta información transporta un mensaje, necesitamos alguna información sobre el lenguaje, como las frecuencias relativas con que aparecen las diversas letras, palabras o frases en la comunidad lingüística de aquellos que hablan el lenguaje; pero esta información contextual no estará especificada en cada mensaje y si no especificamos el lenguaje, la información de Shannon no queda definida. En concreto, esto implica que el mensaje tiene que estar en un lenguaje que emisor y receptor compartan. Una secuencia irregular de símbolos no lleva ninguna información. Así, en tanto que la medida de Shannon de la información depende del lenguaje y de otros aspectos contextuales compartidos por emisor y receptor y no codificados en el propio mensaje, no es una magnitud puramente física.

Uno de los problemas más tenaces de la filosofía del lenguaje es comprender cómo los hablantes tienen propósitos y expresan significados. Que sea un problema difícil no significa que propósitos y significados no formen parte del mundo, pero son aspectos del mundo que para su existencia dependen de la existencia de mentes. La información de Shannon es una medida de lo que pasa en este mundo de propósitos y significados. Está bien definida incluso si no comprendemos muy bien cómo encajan el propósito y el significado en el mundo natural, aun siendo parte de este mundo.

Pondré un ejemplo para clarificar esta distinción. Supongamos que oigo unas gotas que caen intermitentemente de un desagüe tras un chaparrón estival. El patrón de caída de las gotas parece irregular y no transporta ningún mensaje para mí ni para nadie más. No hay emisor y yo no actúo como receptor, de modo que no hay ninguna información contenida en las gotas, en el sentido de Shannon. Por otro lado, alguien podría emplear código Morse para enviarme un mensaje mediante una sucesión de pausas breves y largas entre las gotas. Los patrones de estos dos casos diferirían de un modo que refleja la presencia o ausencia de intención comunicativa. El propósito es relevante: en este sentido, la información requiere de seres con intención de transmitir un mensaje. Para un realista, que desea saber cómo es el mundo más allá de lo que las personas saben o comprenden, no parece una idea muy útil para aplicar al mundo atómico.*

* En este punto, me veo obligado a hacer una breve explicación al margen, que el lector no experto en el tema puede saltarse sin ningún problema. Un experto podría poner pegas a mi caracterización de la información de Shannon señalando que esa cantidad es igual al negativo de la entropía del mensaje; luego indicaría que la entropía sí es una propiedad física objetiva de la naturaleza, sujeta a las leyes de la termodinámica (cuando el sistema se halla en equilibrio termodinámico). En consecuencia, gracias a su conexión con la entropía, la información de Shannon debe ser asimismo física y objetiva.

Mi respuesta remarcaría tres aspectos. En primer lugar, lo que aparece en las leyes de la termodinámica son los cambios de entropía, no la entropía en sí misma. En segundo lugar, tal como señaló Karl Popper hace años, la definición estadística de entropía con la que se relaciona la información de Shannon no es una magnitud objetiva por completo, sino que depende de una elección de granularidad que nos proporciona una descripción aproximada del sistema. La entropía de la descripción exacta, dada en términos del estado exacto, siempre es igual a cero, de modo que la

Una definición menos precisa de información es la presentada por Gregory Bateson, un antropólogo británico que la denominó «una diferencia que marca la diferencia», a veces expresada como «una distinción que marca la diferencia» y que se puede aplicar directamente a la física, donde podemos reexpresarla como «si valores diferentes de un observable llevan a futuros mensurablemente diferentes de un sistema físico, se puede considerar que ese observable es información». Expresado de este modo, casi cualquier observable físico puede transmitir información. Esta definición implicaría que hay «información» cada vez que los valores de dos variables físicas están correlacionados. Pero no hay nada profundo en todo esto, excepto la apreciación de la interdependencia de los diversos componentes del mundo físico, y ya disponemos de medidas de correlación; podemos rebautizar estas como *información*, pero es más probable que un cambio de nomenclatura que debilita la especificidad de una idea lleve a confusión más que a una revolución en nuestra concepción del mundo.

Los ordenadores procesan información en el sentido de Shannon. Reciben una señal de entrada de un emisor y le aplican un algoritmo, que la transforma en una señal de salida que llegará a un receptor. Se trata de contextos muy especiales. La elección de un algoritmo a materializar es un punto crucial de la definición de computación. La mayoría de los sistemas físicos no son ordenadores y el proceso mediante el cual los datos iniciales en un instante de tiempo evolucionan hasta unos datos en un tiempo posterior no siempre se puede explicar en términos de la aplicación de un algoritmo o de una sucesión de operaciones lógicas.

Algunos autores mezclan y embarullan las dos definiciones de información, lo que los incita a querer describir la naturaleza como un ordenador y la relación entre estados del mundo en diferentes instantes como una computación. No estoy convencido de que esté justificada una hipótesis tan radical.

Esto no quiere decir que algunos sistemas físicos no puedan modelizarse, hasta cierto grado de aproximación, mediante una computa-

---

necesidad de especificar esa aproximación aporta un elemento de subjetividad a la definición de entropía. Este hecho se puede ver en la dependencia de la entropía de un sistema cuántico respecto a una división en dos subsistemas. Por último, la asignación de la entropía a un mensaje es una definición, que define la entropía en términos de la información de Shannon.

ción, lo que en el fondo es una observación trivial. Podemos definir aproximaciones a las cuestiones más relevantes de la física, como las de la relatividad general o las de la física cuántica, que se pueden codificar como algoritmos y luego ejecutarse en un ordenador digital. A menudo es una manera muy útil de obtener soluciones aproximadas de las ecuaciones, pero siempre involucran algún tipo de aproximación. El sonido de una orquesta sinfónica puede capturarse, con cierta aproximación, mediante una digitalización, pero siempre está implicada esa cierta aproximación, que recorta el rango de frecuencias registradas. Casi nunca se puede transmitir la experiencia completa de escuchar una orquesta en directo, y por ello continúa habiendo público para los conciertos, así como un mercado para los discos de vinilo, que son una grabación puramente analógica. En física sucede lo mismo: una digitalización de las ecuaciones de Einstein puede resultar muy útil, pero nunca captura todo lo que pueden hacer esas ecuaciones.

Aunque la física no sea aprehensible, en general, como un procesamiento de información, podríamos afirmar que el estado cuántico no representa el sistema físico, sino la información que disponemos sobre él. Sin duda, la Regla 2 parece confirmar tal afirmación, porque la función de onda cambia de modo súbito cuando obtenemos información nueva sobre el sistema. Pero si la función de onda representa la información que tenemos del sistema, entonces las probabilidades que predice la mecánica cuántica tienen que considerarse probabilidades subjetivas de apuesta. Este punto de vista se puede elaborar un poco más entendiendo la Regla 2 como una regla de actualización permanente, mediante la cual nuestras probabilidades subjetivas referentes a experimentos futuros cambian cada vez que se efectúa una medición. Esto es lo que se denomina *bayesianismo cuántico*.[6]

Un enfoque bastante elegante, que también considera que el estado cuántico expresa la información que un sistema tiene sobre otro, es la *mecánica cuántica relacional*. De acuerdo con este punto de vista, a medio camino entre el operacionalismo y una forma de realismo, los estados cuánticos están asociados con divisiones del universo en dos partes, el observador y lo observado, y representan lo que el primero puede saber del segundo. La idea tiene sus raíces en la gravedad cuántica y surgió a partir de una serie de conversaciones entre Louis Crane, Carlo Rovelli y yo mismo a principios de la década de 1990.

Nuestra inspiración fue un conjunto muy elegante de descripciones matemáticas de cosmologías muy simplificadas, elaboradas por Crane y otros matemáticos, llamadas *teorías de campo topológicas*. En estas teorías, no hay ningún estado cuántico que describa el universo en su totalidad; en su lugar, hay un estado cuántico para cada forma de dividir el universo en dos subsistemas. Se puede pensar en estos estados como una forma de transportar la información que podría tener un observador situado en un lado de la separación acerca del sistema cuántico del otro lado.

Estas teorías nos recordaron la insistencia de Bohr de que la mecánica cuántica exige una separación del mundo en dos partes, una clásica y la otra cuántica, y que cualquier división sirve para este cometido. Los modelos que Crane y otros matemáticos habían estudiado llevaban la filosofía de Bohr aún más lejos, puesto que había dos estados cuánticos para cada separación, uno en cada lado de esta. Esto es debido a que hay dos modos de «leer» cada separación: si Alicia vive en un lado y Bob en el otro, Alicia se verá a sí misma como un observador clásico que mide a un Bob cuántico; Bob por su parte, verá las cosas justo al revés.

Los modelos eran muy simples, de manera que solo se podía plantear una cuestión: ¿cuán similares son los dos puntos de vista? O, preguntado de otro modo, ¿cuál es la probabilidad de que la descripción cuántica que Alicia hace de Bob sea la misma que la descripción cuántica que Bob hace de Alicia? Los matemáticos establecen sus teorías de manera que la respuesta sea la misma independientemente de cómo se divida el universo. En este caso, la probabilidad de que el punto de vista de un lado se parezca al del otro lado mide algo universal, que caracterizaría cómo está conectado el universo, es decir, lo que los matemáticos denominan la *topología* del universo; por ello estas teorías se denominan *teorías de campo topológicas*.

Crane nos llamó la atención, a Rovelli y a mí, sobre estos modelos de universo porque vio que las estructuras matemáticas implicadas podían ampliarse para englobar la gravedad cuántica de bucles. Resultó que estaba en lo cierto, pero eso ya es otra historia. Crane también propuso que la nueva matemática ofrecía un modo de ampliar la mecánica cuántica al universo como un todo; también en esto tenía razón, y el resultado fue la teoría cuántica relacional. Ambos nos sentimos motivados para aplicar esta idea a la teoría cuántica en general, y cada uno publicó una versión.[7] La formulación de Rovelli era la más general y se ha convertido en la más conocida, de modo que describiré su versión de la idea.

Bohr decía que los físicos cuánticos deben hablar siempre de dos mundos; nosotros, observadores, vivimos en el mundo clásico, pero los átomos que estudiamos viven en un mundo cuántico. Los dos mundos siguen reglas diferentes; en particular, los objetos del mundo cuántico pueden existir en superposiciones, pero las propiedades observables de las cosas en el mundo clásico siempre asumen valores bien definidos y, en consecuencia, no se pueden superponer. El punto de vista de Bohr es que ambos mundos son necesarios para la ciencia. Los instrumentos que empleamos para manipular y medir los átomos viven en la frontera entre ellos y nosotros, y en cierto sentido la definen. Bohr remarcaba que la ubicación de esta frontera es arbitraria, y se puede trazar de formas diferentes para diferentes propósitos, siempre que separe el mundo en dos ámbitos.

Pensemos en el experimento del gato de Schrödinger. Una forma de trazar esa frontera es considerar el átomo y el fotón como el sistema cuántico, mientras que el contador Geiger y el gato se quedan en el mundo clásico. En esta imagen, el átomo puede existir en una superposición, pero el contador Geiger siempre mostrará un estado bien definido (SÍ, ha detectado un fotón, o NO, no ha detectado nada). Ahora bien, podemos redibujar la frontera e incluir el detector en el mundo cuántico; en esta nueva imagen, el gato siempre está o vivo o muerto, pero el Geiger puede existir en una superposición entrelazada con el átomo. Pero también (y este era el punto en que Schrödinger quería hacer hincapié) podemos trazar la frontera de modo que coincida con las paredes de la caja, de modo que el gato también forme parte del sistema cuántico y pueda existir en superposiciones entrelazadas con el átomo y el contador Geiger. Ahora añadimos una amiga a nuestro mundo clásico, Sara, que abre la caja y mira en su interior. Suponemos que Sara es macroscópica y clásica, de modo que podemos considerar que siempre se halla en un estado bien definido; desde su punto de vista, Sara se ve a sí misma en el lado clásico de la frontera, y, en consecuencia, según ella, siempre ve que el gato o está muerto o está vivo.

Eugene Wigner sugirió que llevemos esta fábula un poco más lejos y consideremos que el sistema cuántico incluye también a nuestra amiga Sara, junto con la caja, el gato y el resto de los contenidos de la caja.* Yo me quedo al otro lado de la frontera, de modo que veo cómo Sara pasa a formar parte de una superposición de estados entrelazados;

* Este paso del argumento se conoce como *el amigo de Wigner*.

en una parte de la superposición el gato está vivo y Sara lo ve vivo, mientras que en la otra parte el gato está muerto y Sara lo ve muerto. Tenemos, pues, cinco maneras diferentes de dividir el mundo en una parte cuántica y una parte clásica, y por *cuántico* queremos decir que admite una superposición, mientras que *clásico* significa que las magnitudes físicas siempre tienen valores bien definidos. Estas diferentes descripciones parecen discrepar entre ellas; nosotros vemos que Sara está en una superposición, pero ella siempre se ve a sí misma en un estado bien definido.

La propuesta de Rovelli es que todas estas descripciones son representaciones parciales del mundo, todas igual de correctas; todas son parte de la verdad. Cada una ofrece una descripción válida de una parte del mundo, definida por una frontera. ¿Es Sara en verdad una superposición, o ve y oye a un gato vivo? Rovelli preferiría no escoger entre estas opciones. Insiste en que toda descripción de sucesos y procesos físicos siempre toma como referencia alguna manera particular de trazar la frontera entre lo cuántico y lo clásico. Propone que todas las formas de trazar la frontera son igual de válidas y todas son parte de la descripción total. En pocas palabras, Rovelli diría que, *desde el punto de vista de Sara*, es cierto que el gato está vivo y también es cierto que, *desde mi punto vista*, Sara está entrelazada en una superposición de «ver el gato muerto» y «ver el gato vivo».

¿Hay alguna verdad que no quede respaldada por algún punto de vista? En mi opinión, Rovelli diría que no. En la historia que he relatado, Sara y yo coincidimos en que ella ha abierto la caja y ha inspeccionado su interior, aunque no coincidamos acerca del resultado. Pero podría haber sucedido que la decisión de Sara de abrir la caja dependiera del resultado de un suceso cuántico, como la desintegración de un átomo inestable, y en tal caso, podría describir a Sara como una superposición de haber inspeccionado la caja y de no haberla inspeccionado; Sara, por su parte, solo experimentará una cosa o la otra.

Fijémonos que la coherencia de todo esto queda un poco debilitada por el hecho de que mi descripción de Sara no excluya la suya. Notemos también que (y esto es un punto clave) todas y cada una de las maneras de trazar una frontera dividen el mundo en dos partes incompletas. No hay ninguna imagen del universo como un todo, visto desde el exterior; no hay ningún estado cuántico del universo completo. Si la teoría cuántica relacional tuviera un lema, sería «Muchas imágenes parciales definen un único universo».

Esta propuesta se puede estudiar de diversas formas. Un operacionalista pragmático ve cada manera de dividir el mundo en dos mediante una frontera como una definición de un sistema que se puede analizar con la mecánica cuántica. Cada elección lleva a una descripción que contiene toda la información que puede tener un observador de la parte clásica acerca del sistema cuántico al otro lado de la frontera. Para este operacionalista, el conjunto de estados cuánticos contiene la información que puede tener un observador en cada nivel, definido por medio de una frontera que lo caracteriza. Cada observador emplea un estado cuántico para codificar la información que tiene sobre el sistema que hay al otro lado de su frontera, y estos diferentes estados son distintos porque son descripciones de subsistemas distintos.

Vista a través de este prisma operacional, la mecánica cuántica relacional tiene algo en común con la interpretación original de Everett de los estados. Cada uno describe el mundo en términos de afirmaciones contingentes que codifican correlaciones entre diferentes subsistemas, que se definen cuando interaccionan.

Pero Rovelli no ve así la mecánica cuántica relacional, pues gusta de denominar *realismo* a su punto de vista, si bien es algo diferente del realismo ingenuo tal como yo he usado el término. Para él, la realidad consiste en una secuencia de sucesos por medio de los cuales un sistema a un lado de la frontera puede obtener información acerca de la parte del mundo que está al otro lado. Podríamos decir, pues, que Rovelli es realista en lo tocante a causalidad. Esta realidad depende de una elección de frontera, porque lo que es un suceso definido (algo que ha sucedido sin atisbo de duda) para un observador puede ser parte de una superposición para otro. Así, el realismo de Rovelli es diferente del realismo ingenuo, según el cual lo real está formado por sucesos que todos los observadores estarán de acuerdo en que han tenido lugar.

Rovelli niega que este tipo de realismo ingenuo sea posible en nuestro mundo cuántico, de modo que propone adoptar su versión radicalmente diferente del realismo, según la cual lo real siempre se define con respecto a una división del mundo que caracteriza a un observador. Rovelli usa palabras muy diferentes a las de Bohr y logra una formulación más precisa, pero ambos emplean una lógica similar, que rechaza la posibilidad de un realismo ingenuo en relación con los sistemas cuánticos.

Otro enfoque que niega que el realismo ingenuo sea posible se basa en elevar la categoría de lo posible (las cosas que podrían ser ciertas) al mundo de lo real. Coloquialmente, cuando decimos que algo es posible, como que la lagartija de mi hijo pueda quedarse embarazada el próximo año, queremos decir que es una cosa que está entre aquellas que podrían suceder. Cuando algo posible sucede, pasa a formar parte de lo real, pero hasta ese momento no es real.

El lenguaje y la lógica reflejan el diferente estatus de lo posible y lo diferencian de lo real. El *principio del tercero excluso* afirma que algo real no puede, a la vez, tener una propiedad y no tenerla; el conejo de mi vecino no puede ser gris y no ser gris a la vez. Pero esto es aplicable a lo real, no a lo posible; así, el conejo que comprará mi amigo en la tienda de animales la próxima semana puede que sea negro y, a la vez, puede que sea blanco.

En la vida cotidiana, lo real y lo posible tienen una relación asimétrica; la existencia real de la hija de mi vecino hace que un conejo sea una posible mascota futura de su familia. Lo posible está influido por lo real. Pero el conocimiento de lo posible, si bien es útil, no es estrictamente necesario para determinar lo que será real; mientras las leyes de la física newtoniana sean deterministas, todo lo que necesitamos para predecir el futuro real es una descripción completa del presente real.

Varios autores, empezando por Heisenberg e incluyendo también a mi maestro Abner Shimony, han propuesto incorporar el mundo de lo posible como parte de la realidad, como parte de lo que existe, porque en física cuántica lo posible influye en el futuro de lo real. Este punto de vista ha sido elaborado recientemente por mi amigo Stuart Kaufmann, en colaboración con Ruth Kastner y Michael Epperson.[8]

No hay forma de describir este enfoque sin provocar cierta tirantez con el uso habitual del lenguaje, pero intentaré ser lo más claro posible.* Empecemos afirmando que hay dos maneras en que una circunstancia puede ser real. Puede ser «actual», en el sentido de existencia en acto, lo que significa que es parte del mundo del mismo modo en que

* Tirantez que se acentúa todavía más en castellano, pues el uso de *actual* como sinónimo de *real* es ya obsoleto. En este párrafo y los siguientes el autor disgrega las cosas que existen, que son reales, en aquellas que tienen existencia «en potencia» y en aquellas otras que tienen existencia «en acto». *(N. del t.)*

una partícula newtoniana tiene una posición bien definida. Pero algo real también puede ser «posible» o «potencial», tener existencia en potencia, y este es el estatus que asignamos a las propiedades que se superponen en una función de onda, como, volviendo a nuestro viejo ejemplo, un izquierdista que tiene una preferencia idéntica por perros o por gatos, una partícula que puede pasar por la rendija izquierda o por la rendija derecha o un gato de Schrödinger que puede estar vivo y muerto a la vez.

Las cosas que son reales pero posibles, potenciales, no cumplen el principio del tercero excluso, pero deben considerarse parte de la realidad porque pueden influir en las cosas que existen en acto. De acuerdo con este punto de vista, esto es lo que es nuevo y diferente en la física cuántica. Según Kaufmann y sus colegas, los experimentos son procesos que transforman potencialidades en actualidades. Así, el gato de Schrödinger está potencialmente vivo y potencialmente muerto, no en el sentido de algo que es una cosa o la otra, sino en el de lo que no conocemos, y tampoco en el sentido de algún estado indeterminado de la situación, sino en el de que su existencia real consiste en que esta potencialidad de una u otra situación se realizará en acto mediante un experimento.

El hecho de que un experimento tenga un papel determinado en convertir algo que existe en potencia en algo que existe en acto, con probabilidades dadas por la regla de Born, es suficiente para aclararnos que no estamos ante una perspectiva ingenuamente realista, es decir, una descripción del mundo tal como sería en nuestra ausencia, en la que el experimento no tiene ningún papel especial. En cualquier caso, si el realismo fracasa, es una dirección que deberíamos tener en cuenta.

Una forma en que se podría elaborar más la idea de que lo posible forma parte de lo que existe es la siguiente: introduzcamos el tiempo y asumamos el punto de vista de que el momento presente y el curso o el paso de los momentos existen y son fundamentales.* En parte, lo que quiero decir con esto es que hay una distinción objetiva entre pasado, presente y futuro y, en esta perspectiva, el presente tiene existencia real: consiste en eventos que han sucedido pero que aún tienen que dar lugar a los sucesos futuros que serán sus sustitutos. El pasado está formado por esos eventos que en algún momento fueron presente y reales; ya no existen, aunque podemos capturar sus propiedades y recor-

* Tal como explico en *Time Reborn* y en *The Singular Universe and the Reality of Time*, junto con Roberto Mangabeira Unger.

darlos en estructuras que existen en el presente. El futuro no es real y, además, es ligeramente abierto, en el sentido de que, de vez en cuando, pueden suceder nuevos eventos poco frecuentes con nuevas propiedades (véase mi *principio de precedencia* más adelante). Pero, si por un momento ignoramos esta posibilidad, en el presente existe un conjunto finito de posibles pasos siguientes, que son los posibles próximos eventos y sus propiedades.

Dado el estado presente del mundo, no todo puede suceder en el siguiente momento de tiempo. Los eventos que podrían venir a continuación es lo que Kaufmann denomina lo *adyacente posible*. Los eventos posibles en el futuro cercano que conforman lo adyacente posible aún no son reales, pero definen y restringen lo que podrá ser real.

El adyacente posible del gato de Schrödinger es un gato vivo y un gato muerto; no incluye ningún brontosaurio ni ningún perro alienígena. Así pues, los elementos de los adyacentes posibles tienen propiedades, incluso aunque el principio del tercero excluso no les sea aplicable. En tanto que objetos con propiedades, hay hechos materiales sobre ellos. Este es el sentido en que podemos decir que una pequeña parte de lo posible puede considerarse real.

Las cosas empiezan a cobrar sentido. No todo lo posible es real, pero una pequeña parte de lo posible tiene propiedades bien definidas que justifican que le asignemos una nueva categoría de lo real y lo posible.

En los últimos años también se han realizado avances por el lado del realismo mágico. En la década de los noventa, Julian Barbour propuso una teoría cuántica en cosmología que, en lugar de muchos universos, tiene muchos instantes;[9] esta idea ha sido recuperada en una reciente propuesta de Henrique Gomes. Como aquí no estamos interesados en los detalles técnicos, describiré el enfoque original de Barbour, pero la mayor parte de lo que explicaré es igualmente aplicable a la versión de Gomes[10] y a los trabajos más recientes de Barbour y sus colegas.

Para estos autores un instante, o un momento, es una configuración del universo como un todo.* Estas configuraciones, según Barbour y Gomes, son configuraciones relacionales, que codifican todas

* En esta discusión usamos *momento* con el significado de 'instante de tiempo'; no hay que confundirlo con *momento* como sinónimo de 'cantidad de movimiento, masa multiplicada por velocidad', tal como ha aparecido en otras partes del libro. *(N. del t.)*

las relaciones que se pueden identificar en un momento determinado, como por ejemplo distancias relativas y tamaños relativos.

Nos parece que el tiempo que experimentamos pasa como un flujo uniforme y constante de momentos. Barbour, sin embargo, insiste en que el paso del tiempo es una ilusión y que la realidad no es más que un enorme acervo de momentos, cada uno de los cuales es una configuración del universo completo. Ahora estás experimentando un momento; y ahora estás experimentando un momento diferente. Según Barbour, ambos momentos existen de forma eterna y atemporal en ese cúmulo de momentos y la realidad no es más que esta colección congelada de momentos situados fuera del tiempo. Cada experiencia de un momento también existe de manera atemporal, como parte de su momento. La fugacidad de un momento es, en realidad, solo un aspecto del momento, un rasgo que posee eternamente.

Todos los momentos coexisten y cada uno, como hemos dicho, es una configuración de todo el universo. Pero hay un modo relevante en que pueden diferir: el cúmulo de momentos puede tener más de una copia de una configuración, y la cantidad de copias puede variar entre muchas copias y ninguna en absoluto. Barbour conjetura que tenemos la misma probabilidad de experimentar cualquiera de los momentos de esa pila, pero como unos son más comunes que otros, aparece una cierta estructura en nuestra experiencia, pues tenemos más probabilidades de experimentar los momentos más abundantes. El conjunto de momentos está estructurado de modo que los más comunes corresponden a configuraciones que, hasta cierto grado de aproximación, se pueden encadenar como si fueran una historia del universo generada por una ley. Esto nos proporciona la ilusión de que hay unas leyes que están actuando, pero no hay ninguna ley que genere historias y, de hecho, no hay historia en absoluto. La realidad no es más que una enorme colección de momentos.

Barbour plantea que los momentos más comunes contienen estructuras que nos hablan de otros momentos. Un libro, aunque esté congelado para siempre en uno de estos momentos, puede relatar cosas que solo son comprensibles como una sucesión de eventos que se produjeron a lo largo del tiempo. Un libro tiene una fecha de publicación, que marca un suceso feliz (al menos para su autor) del pasado; y vio la luz gracias a una editorial y a una imprenta, cada una de las cuales tiene una historia que, a su vez, evoca otras historias. A los objetos como los libros, que contienen estructuras momentáneas congeladas para siempre y que sirven de referencia para otros momentos, Barbour los denomina *cápsulas temporales*. Cualquier cosa que sea o contenga un registro, como un DVD o un archivo de vídeo, es una cápsula temporal; puede serlo también cualquier estructura fabricada o construida o, incluso, cualquier ser vivo.

Para la mayoría de nosotros, el hecho de que el mundo natural esté repleto de cápsulas temporales es una prueba de que el tiempo es algo real y fundamental; los sucesos se ordenan temporalmente porque los sucesos pasados causan los sucesos presentes. En cambio, para Barbour, incluso la impresión que tenemos de vivir inmersos en un flujo de momentos no es más que una ilusión. Todas las memorias, recuerdos y registros que tenemos que nos dan la impresión de que hubo un pasado son, en realidad, aspectos de un momento presente. Cada momento vive para siempre en el montón de momentos. Una pila desordenada de momentos, que es todo lo que conforma un universo barbouriano, podría contener solo unos pocos momentos con cápsulas temporales. Si es así, ¿por qué casi cada momento de nuestro universo está lleno de ellas?

Para esclarecer nuestro mundo, Barbour tiene que establecer qué configuraciones son las más comunes, con muchas copias de ellas en la pila de momentos, y las menos comunes o, incluso, ausentes. Esto viene determinado por una ecuación, que es la única ley que actúa para estructurar la pila, y esto lo hace determinando qué configuraciones están representadas en la pila y con cuántas copias. Esta ecuación es una versión de la ecuación de Schrödinger, pero sin ninguna referencia explícita al tiempo; se denomina *ecuación de Wheeler-DeWitt* y nosotros podemos llamarla *Regla 0*. Es una ecuación que determina como soluciones pilas de momentos que están pobladas por aquellos momentos que se pueden encadenar de modo que pueda surgir la ilusión de una historia.

Si esto es correcto, el paso del tiempo es una mera ilusión, debida al hecho de que el momento presente contiene la experiencia de memorias del pasado. Es más, la causalidad también es una ilusión.

Estas teorías de los «muchos momentos» son realistas, porque se pronuncian acerca de lo que es real, y en su caso lo que es real es una colección atemporal de momentos. Ahora bien, estas teorías también van más allá del realismo ingenuo porque postulan un mundo real muy diferente del mundo constreñido por el tiempo que experimentamos y en el cual percibimos una sucesión de momentos, uno tras otro.

Lo que yo extraigo de estas teorías es que, para ampliar la mecánica cuántica a una teoría de todo el universo, tenemos que escoger entre espacio y tiempo; solo uno de ellos puede ser fundamental. Si insistimos en ser realistas acerca del espacio (como Barbour y Gomes), el tiempo y la causalidad se convierten en meras ilusiones, que surgen solo como una aproximación más o menos burda de una verdadera descripción atemporal. Si, en cambio, decidimos ser realistas sobre el tiempo y la causalidad, tendremos que creer, como hace Rovelli, que el espacio es una ilusión.

Podríamos comentar muchísimos más aspectos sobre estos enfoques recientes no realistas y mágico-realistas, pero el punto a recordar es que, si tu interés es práctico y quieres usar la teoría cuántica para comprender otros hechos que los que surgen de la fundamentación de la mecánica cuántica, cualquiera de esos enfoques te servirá para aportar un marco a tus cálculos y las explicaciones que puedas derivar de ellos. Si lo que quieres, en cambio, es resolver el problema de la medición de una forma que ofrezca una descripción detallada de lo que sucede en los procesos físicos individuales, necesitarás una descripción realista.

13

¿QUÉ HEMOS APRENDIDO?

El mensaje principal que quiere transmitir este libro es que, por muy raro que sea el mundo cuántico, no tiene por qué amenazar las convicciones de nadie en un realismo basado en el sentido común. Se puede ser realista y vivir en un universo cuántico.

Sin embargo, no basta con afirmar el realismo sin más. Un realista quiere conocer la verdadera explicación del funcionamiento del mundo. No tendría ningún sentido creer que el mundo tiene una explicación detallada y no estar interesado en ella. Así, la siguiente cuestión es preguntarnos si alguna de las versiones realistas disponibles de la física cuántica resulta atractiva como verdadera explicación del mundo. Dicho de otro modo, ¿ya hemos terminado? ¿O aún tenemos más trabajo por delante? Por desgracia, en mi opinión la respuesta es que, por el momento, ninguna de las opciones elaboradas es convincente; todos los enfoques realistas que se han estudiado hasta la fecha tienen serios inconvenientes. Para explicar por qué es así, dejadme hacer un repaso a las opciones de que disponemos, destacando los puntos fuertes y los puntos débiles de cada una.

Teoría de la onda piloto

La teoría de la onda piloto completa la mecánica cuántica aportando grados de libertad adicionales que, junto con la función de onda, especifican por completo lo que sucede en cualquier sistema físico individual. Estos grados de libertad adicionales son las trayectorias de las partículas; los hemos llamado *variables ocultas*, pero tal vez no sea un nombre muy afortunado, pues al fin y al cabo lo que observamos son las partículas. Una manera más adecuada de describir las diversas opciones es hacerlo en términos de *existibles*, tal como sugirió John Bell. Los realistas quieren una teoría que se pronuncie sobre lo que existe realmente, y lo que existe realmente son los existibles. En la teoría de la onda piloto, tanto las ondas como las partículas son existibles.

La teoría de la onda piloto soluciona el problema de la medición, porque la partícula siempre existe y siempre está en algún lugar. Cuando un dispositivo experimental busca la partícula, la halla allí donde está.

Las ecuaciones de la teoría de la onda piloto son deterministas y reversibles, lo que respalda la completitud de la teoría. La probabilidad se explica a partir de nuestra ignorancia de las posiciones iniciales de las partículas, igual que en otras aplicaciones de la probabilidad en física. La regla de Born, la relación entre la probabilidad y el cuadrado de la función de onda, se entiende mediante la demostración de que es la única distribución de probabilidades estable y de que todas las demás evolucionan hacia ella.

Además, la teoría de la onda piloto es completa y no presenta ambigüedades. Algunas de las otras modificaciones de la mecánica cuántica introducen nuevos parámetros libres que se pueden ajustar para ocultar diversas debilidades de la teoría y protegerla de refutaciones experimentales. La teoría de la onda piloto no tiene parámetros adicionales y no obliga a decidir entre varias opciones, lo que representa un gran punto a su favor.

Como ofrece descripciones claras, unívocas y explícitas de los existibles cuánticos, la teoría de la onda piloto sigue siendo una opción popular dentro de la pequeña comunidad de realistas cuánticos. En parte, esto es debido a que aún queda mucho por hacer para elaborar aplicaciones de la teoría. Una cosa es demostrar que, en general, las predicciones de la teoría de la onda piloto y de la mecánica cuántica convencional suelen coincidir y otra muy diferente, determinar cómo funciona todo esto en detalle. A los físicos les gusta elucidar problemas bien planteados y la teoría de la onda piloto los plantea en abundancia.

La teoría de la onda piloto también se enfrenta a algunos retos. Si tiene que sustituir a la mecánica cuántica, tendrá que hacerlo en todos los contextos en los que funciona la teoría convencional, y esto incluye la teoría cuántica de campos relativista, que es la base del modelo estándar de la física de partículas. Se han hecho buenos trabajos en este sentido, pero todavía quedan cuestiones importantes que resolver. También ha habido interesantes exploraciones de la aplicación de la teoría de la onda piloto a la gravedad cuántica y la cosmología, pero no se ha llegado a ningún resultado definitivo. El objetivo más importante de la investigación en la teoría de la onda piloto tiene que ser descubrir y revelar ámbitos en los que los experimentos permitan diferenciar la nueva teoría de la antigua, y en este campo Antony Valentini y otros están llevando a cabo trabajos fascinantes a escalas cosmológicas.

Al mismo tiempo, hay varias razones por las cuales la teoría de la onda piloto no es del todo convincente como verdadera teoría de la naturaleza. Una de ellas es la existencia de ramas fantasma vacías, que son partes de la función de onda que se han alejado (en el espacio de configuraciones) del punto en que se halla la partícula, de modo que es muy probable que no vuelvan a tener papel alguno en guiar la partícula. Estas ramas proliferan a consecuencia de la Regla 1, pero no sirven para nada a la hora de explicar lo que observamos en la naturaleza. Como la función de onda no colapsa nunca, nos quedamos con un mundo lleno de ramas fantasma. Hay una rama destacada, aquella que guía la partícula, y que podemos denominar *rama ocupada*, pero las ramas fantasma vacías también son reales. La función de onda de la cual son parte es un existible.

Las ramas fantasmagóricas de la teoría de la onda piloto son lo mismo que las ramas de la interpretación de los universos paralelos; en ambos casos son una consecuencia de disponer solamente de la Regla 1. A diferencia de la versión de los universos paralelos, sin embargo, la teoría de la onda piloto no exige ninguna ontología exótica formada por muchos universos ni por observadores que se bifurcan, porque siempre hay una única rama ocupada en la que residen las partículas. Así pues, no hay ningún problema de principio ni tampoco hay problema en definir lo que queremos decir con *probabilidad*. Si alguien aprecia como poco elegante el hecho de tener cada posible historia del mundo representada como una realidad, se trata de un pecado compartido con la teoría de los universos paralelos.

A los lectores perspicaces acaso les preocupe esta similitud con la interpretación de los universos paralelos. Suponiendo que sus proponentes tienen éxito en proporcionar una interpretación física sensata de la mecánica cuántica everettiana, gracias a la decoherencia, las probabilidades subjetivas y todo lo demás, ¿no podríamos aplicar la misma interpretación a la función de onda que se va ramificando en la teoría de la onda piloto, ignorando las partículas? La respuesta es que sí, podemos ignorar las partículas y entonces nos metemos de lleno en el multiverso de Everett. Esto pone en evidencia una suposición oculta, tal vez inconsciente, de los partidarios de la teoría de la onda piloto: que la realidad que nosotros, los observadores, percibimos y medimos está formada de materia hecha a partir de las partículas de la teoría de la onda piloto.

El simple hecho de que tanto partículas como ondas sean existibles en la teoría de la onda piloto no las convierte en equivalentes. Para dar sentido a la teoría de la onda piloto debemos dar preferencia a las partículas y postular que el mundo que percibimos está formado de estas. Las ondas quedan en segundo plano y su cometido es guiar las partículas; no se perciben directamente y solo afectan a nuestras observaciones por medio de su papel como guías.

Para explicar o predecir el mundo, las ramas fantasma tienen un papel muy pequeño en la teoría de la onda piloto. La probabilidad de que una rama fantasma de un sistema macroscópico interfiera con la rama ocupada, modificando así el futuro de ese sistema, es en verdad insignificante. De este modo, resulta tentador introducir algún tipo de mecanismo para podar todas esas ramas fantasmagóricas, y esto equivaldría a una combinación de la teoría de la onda piloto y de los modelos de colapso espontáneo. No estoy al caso de que haya ningún proyecto de investigación en este sentido, pero parece un camino interesante a recorrer.

Esto plantea un nuevo problema con la teoría de la onda piloto: la asimetría de las causas. La función de onda guía la partícula, pero la partícula no tiene ninguna influencia sobre la función de onda. Esto entra en conflicto con la manera en que actúan las causas en la física ordinaria, pues en la naturaleza, y en la mayor parte de la física, las causas suelen ser recíprocas: todo lo que afecta es afectado. Es una consecuencia de la tercera ley de Newton, que afirma que a toda acción corresponde una reacción igual y opuesta. En este contexto, resulta muy extraño que una partícula no pueda influir en la función de onda. La falta de un efecto recíproco es una pista muy clara de que nos falta algo.

Aunque las ramas fantasma pueden ignorarse muchas veces, no pueden ignorarse siempre. Se han planteado algunos experimentos ingeniosos que muestran que la rama de la función de onda que la partícula no toma puede influir en el futuro tanto como las ramas ocupadas.[1] Estos casos delicados implican dos partículas cuánticas que interactúan entre sí, como un átomo y un fotón. Según la teoría de la onda piloto, el átomo es tanto una partícula como una onda; llamémoslas *partícula atómica* y *onda atómica*. El fotón también es una partícula y una onda y, en consecuencia, también podemos hablar de *partícula fotónica* y *onda fotónica*. En ambos casos, la onda guía la partícula respectiva. Ahora supongamos que disponemos las cosas de tal manera que el fotón choca con el átomo. ¿Qué entidad interacciona con cuál otra?

Podríais sentiros tentados de asumir que la partícula atómica choca con la partícula fotónica, pero esto resulta ser incorrecto. Las dos partículas son invisibles entre sí; pasarán una al lado de la otra sin inmutarse. Lo que sucede, en cambio, es que las dos ondas interaccionan y se dispersan una con otra. De este modo, a medida que las ondas se alejan tras la colisión, la onda atómica tira de la partícula atómica, mientras que la onda fotónica hace lo propio con la partícula fotónica.

Pero si una función de onda dispersa otra función de onda no depende en absoluto de si se trata de una rama fantasma o de una rama ocupada. Este hecho tiene consecuencias bastante peculiares, pero son igual de peculiares en la mecánica cuántica convencional y en la teoría de la onda piloto. Por ejemplo, podría suceder que una partícula fuera dispersada por la rama fantasma vacía de la función de onda de otra partícula. El hecho de que funciones de onda sean dispersadas por funciones de onda no va en contra de la teoría de la onda piloto. De hecho, muestra que la teoría funciona incluso en estas situaciones antiintuitivas, lo que debería darnos más confianza en ella. Pero también nos muestra el precio a pagar: abandonar la cómoda imagen en que las partículas son el protagonista principal y podemos olvidarnos de las ramas fantasma.

Que las partículas sean guiadas por las funciones de onda tiene otras consecuencias también chocantes, una de las cuales es que los movimientos que presentan las partículas en respuesta a la guía de la función de onda no cumplen la conservación del momento ni de la energía. Las partículas se comportan como los OVNI en las malas películas de ciencia ficción; por ejemplo, pueden quedarse inmóviles durante horas, que es lo que hacen en los estados de energía bien definida, y, de golpe, ponerse en movimiento de acuerdo con los cambios en la función de onda de guía.

Este hecho no impactó a De Broglie, y tampoco desconcierta a sus seguidores actuales, como Valentini. Asumen que tiene que ser de este modo, porque parte del trabajo de la ecuación guía es hacer que las trayectorias de las partículas se desvíen al superar obstáculos y atravesar rendijas y, así, reproducir la difracción de la luz. Y una partícula que altera su dirección de movimiento sin colisionar con otra partícula es una partícula que modifica su cantidad de movimiento. Pero para Einstein y, supongo, para muchos otros, esto era ir demasiado lejos.

Si en un sistema cuántico que se halla en equilibrio hacemos el promedio de muchas trayectorias posibles, la cantidad de movimiento y la energía se conservan, también en promedio. Esta es una de las razones por las que tiendo a favorecer formulaciones en que las probabilidades se refieran a colectividades de partículas que existen realmente. En el próximo capítulo me ocuparé más a fondo de este tema.

La teoría de la onda piloto ofrece una imagen atractiva en la que las partículas se mueven por el espacio, guiadas con suavidad por una onda, que también se propaga por el espacio. La realidad es un poco menos intuitiva; cuando se aplica a un sistema de varias partículas, la función de onda no se propaga por el espacio real, sino por el espacio de configuraciones, que es multidimensional y en absoluto fácil de visualizar. Y, tal como he subrayado, las partículas no son las pequeñas esferas macizas que imaginaban nuestros abuelos, sino que reaccionan a sucesos cercanos y lejanos, incluyendo también influencias no locales transmitidas mediante la ecuación guía. Aun así, las partículas no pueden hacer nada más si queremos que la teoría de la onda piloto reproduzca los resultados de la mecánica cuántica.

Un tercer problema con la teoría de la onda piloto es la tensión que provoca con la teoría de la relatividad, consecuencia de la no localidad. Las pruebas experimentales de la restricción de Bell nos dicen que cualquier intento de superar la teoría cuántica y ofrecer una descripción de sucesos y procesos individuales debe incorporar explícitamente la no localidad.

De algún modo, esta no localidad tiene que estar incorporada en la teoría de la onda piloto, porque se trata de una compleción de la mecánica cuántica y concuerda con sus predicciones. Y, efectivamente, la no localidad está incrustada en la teoría. ¿Cómo puede ser tal cosa? Consideremos un sistema de dos partículas entrelazadas, muy alejadas una de otra. El secreto es que la fuerza cuántica que experimenta una partícula depende de la posición de la otra partícula, una dependencia que se mantiene incluso si las dos partículas están muy alejadas. En consecuencia, si pudiéramos seguir las trayectorias de las partículas cuánticas individuales, podríamos ver que las partículas entrelazadas se influyen entre sí no localmente (es decir, a distancia). Como solemos medir solo posiciones promedio y movimientos promedio, esta continua influencia no local queda desdibujada por la aleatoriedad de los movimientos cuánticos; pero ahí está, de forma explícita, en la manera en que la función de onda guía las partículas, y pueden plantearse experimentos con el objetivo de observarla.

Al lector atento quizá le empiecen a saltar todas las alarmas, en estos momentos. Esta comunicación no local de fuerzas a distancia nos obliga a hablar objetivamente de sucesos alejados entre sí pero, sin embargo, simultáneos. Este tipo de efecto instantáneo a distancia entra en contradicción con la relatividad especial, que afirma que no hay ningún tipo de noción de simultaneidad para sucesos separados en el espacio. Sin duda, esto es un problema y, como resultado, se plantea una tensión entre la relatividad especial y la teoría de la onda piloto.

En concreto, la ecuación guía, que es el origen de las fuerzas no locales, no es consistente con la relatividad. Para su definición, exige un marco de referencia privilegiado, que define así una noción absoluta de simultaneidad. En la práctica, el conflicto no es tan traumático, porque la aleatoriedad de la física cuántica lleva a que, mientras nos mantengamos en el equilibrio cuántico,* no podremos observar directamente las correlaciones no locales en ningún experimento, como tampoco podremos enviar información a una velocidad superior a la de la luz. Si nos fijamos con detalle en lo que está sucediendo en sistemas individuales, la teoría de la onda piloto mantiene una cierta coexistencia con la relatividad, aunque algo incómoda. Pero claro, el objetivo de la teoría de la onda piloto era que nos permitiera mirar las cosas con más detalle.

En la actualidad, se está trabajando en ampliar la teoría de la onda piloto a una teoría de campos relativista, de manera que, de momento, no podemos ofrecer una imagen definitiva ni saber exactamente cómo se puede resolver esa tensión con la relatividad.[2]

Modelos de colapso de la función de onda

La hipótesis del colapso espontáneo también funciona adecuadamente como descripción realista del mundo cuántico en términos de existibles. Según esta imagen, no hay partículas, solo ondas, pero estas ondas interrumpen de vez en cuando su evolución continua y suave para

* Tal como lo he definido antes, en el capítulo 8.

colapsar de golpe en concentraciones corpusculares; después, la onda continúa propagándose y esparciéndose. Como la onda tiene este comportamiento peculiar, imita a las partículas cuando es necesario y, en consecuencia, es el único existible.

Los modelos de colapso también resuelven el problema de la medición, porque se postula que el colapso de la función de onda es un fenómeno real. Para los sistemas atómicos es algo muy poco frecuente, pero la tasa de colapso aumenta rápidamente con el tamaño y la complejidad del sistema, de modo que no hay posibilidad de que, en un sistema macroscópico, sobrevivan las superposiciones y los entrelazamientos, que quedan destruidos por los colapsos y, en consecuencia, quedan limitados al ámbito atómico. Esto soluciona el problema de la medición porque las funciones de onda de los instrumentos de medición siempre colapsan en algún lugar bien definido, pero además también permite deshacernos de las ramas fantasmagóricas.

La teoría de la onda piloto y los modelos de colapso espontáneo no son solo dos interpretaciones diferentes de la mecánica cuántica. Son teorías distintas, cada una de las cuales hace predicciones que difieren de las de la mecánica cuántica. Sin embargo, cuando se trata del comportamiento de átomos y moléculas, concuerdan entre ellas y con la mecánica cuántica convencional con un grado de exactitud superior al que pueden detectar los instrumentos. Así pues, por el momento no pueden diferenciarse experimentalmente. No obstante, la teoría de la onda piloto predice que la superposición y el entrelazamiento son universales y deberían ser detectables, en principio, en cualquier sistema, por muy grande y complejo que sea. Comprobar esto a nivel experimental es todo un reto, porque uno tiene que enfrentarse a la tendencia que tienen los sistemas de muchas partículas a perder la coherencia, pues las numerosas interacciones con el entorno del sistema aleatorizan las fases de la función de onda.* En principio, se puede hacer y, de hecho, los experimentalistas están ampliando continuamente los ámbitos en que pueden trabajar con fenómenos cuánticos. Pero si la función de onda puede sufrir un colapso espontáneo, en cuanto este se produce, se acaba la partida. Si el colapso espontáneo está en lo cierto, ningún experimentalista podrá superponer nunca dos funciones de onda de un sistema grande y complejo.

* La *fase* de la función de onda se refiere a la localización de los máximos y mínimos de la onda y a los patrones que forman.

Otra diferencia entre las teorías de colapso espontáneo y de la onda piloto radica en la manera que tienen de considerar el tiempo. Las leyes de la teoría de la onda piloto son reversibles en el tiempo, igual que sucede con la mecánica newtoniana; el colapso espontáneo, en cambio, es irreversible, como las leyes de la termodinámica.

Las teorías de colapso de la función de onda presentan algunos de los mismos inconvenientes que la teoría de la onda piloto. En concreto, el colapso es instantáneo pero sucede en todas partes al mismo tiempo, lo que crea un grave conflicto con la relatividad. Tal como pasa con la teoría de la onda piloto, la ley exacta exige especificar un marco de referencia privilegiado y, en consecuencia, contradice la relatividad especial. Ahora bien, igual que en el caso de la onda piloto, hay trabajos que indican que el conflicto puede superarse, de modo que en los ámbitos en que la teoría concuerda con la mecánica cuántica, las violaciones de la relatividad son pequeñísimas.

Otro inconveniente de algunos modelos de colapso, ya mencionado, es que la energía no se conserva. Y otro problema añadido es que este defecto se puede minimizar ajustando un parámetro libre. En mi opinión, la capacidad de ajustar parámetros para garantizar el acuerdo entre teoría y experimento es una debilidad, pues sugiere que se fuerza la teoría para que oculte una tensión fundamental de su estructura. Hay diversas versiones de los modelos de colapso, y hay cierta libertad para modificarlos y ajustar nuevos parámetros; por eso se denominan *modelos*, mientras que la teoría de la onda piloto, sin posibilidad de ajustar nada, es una teoría.

Entre los diversos problemas que hemos comentado, es espectacular que todas las teorías de variables ocultas que se han propuesto entren en conflicto con la relatividad especial. La razón es sencilla. Si uno quiere una descripción completa de los procesos individuales, a causa de los resultados experimentales de las desigualdades de Bell, esa descripción tiene que ser no local, lo que exige una simultaneidad privilegiada. Los promedios sobre casos individuales nos dan probabilidades, y como estas concuerdan con las probabilidades predichas por la mecánica cuántica, no hay ninguna contradicción evidente con la relatividad especial, que afirma que no se puede enviar información a mayor velocidad que la de la luz. Pero, sin embargo, para un realista el conflicto está ahí, porque la realidad está formada por casos individuales. Esto se puede ver con claridad en la teoría de la onda piloto y en los modelos de colapso espontáneo.

Tampoco podemos escaparnos de este aprieto abandonando la ambición de ir más allá de la mecánica cuántica, pues el conflicto ya está presente en la propia mecánica cuántica: cuando la función de onda colapsa según la Regla 2, lo hace en todas partes al mismo tiempo. Lo cierto es que no hay ningún problema de la física que me haya provocado más dolores de cabeza y más noches de insomnio que este conflicto entre el realismo de sentido común aplicado al ámbito atómico y los principios de la relatividad especial.

En mi opinión, la razón de más peso para ser escépticos acerca de la teoría de la onda piloto y también acerca de los modelos de colapso es que tienen un contacto muy lejano con las otras grandes cuestiones de la física, como la gravedad cuántica y la unificación de las fuerzas fundamentales. Como mínimo, ambos enfoques ofrecen una prueba preliminar de que podemos ser realistas sobre la mecánica cuántica, pero ninguna huele a verdad. Todavía hay mucho trabajo por hacer para descubrir una compleción realista de la mecánica cuántica que evite los escollos de las teorías existentes y, a la vez, ofrezca soluciones a las otras cuestiones clave y nos aporte unos buenos cimientos para reconstruir la física.

Se han planteado algunas otras propuestas de teorías cuánticas realistas, ninguna de las cuales es del todo convincente, a mi parecer. No obstante, contienen ideas interesantes y vale la pena comentar algunas de ellas.

Retrocausalidad

Un enfoque realista reciente de la mecánica cuántica es la retrocausalidad, que presupone que los efectos causales pueden darse hacia atrás en el tiempo, además de hacia adelante. En general, los efectos siguen a las causas, pero según los proponentes de este punto de vista, en ocasiones los efectos preceden a las causas. Al zigzaguear adelante y atrás en el tiempo, una cadena de causaciones puede parecer no local, tal como ilustramos en la figura 10. El truco es sencillo: si vamos hacia atrás en el tiempo a la velocidad de la luz y luego hacia adelante, podemos acabar en un suceso que es simultáneo pero muy alejado de allí de donde partimos. Así, en una teoría con causación hacia el futuro y hacia el pasado, podemos intentar explicar la no localidad y el entrelazamiento.

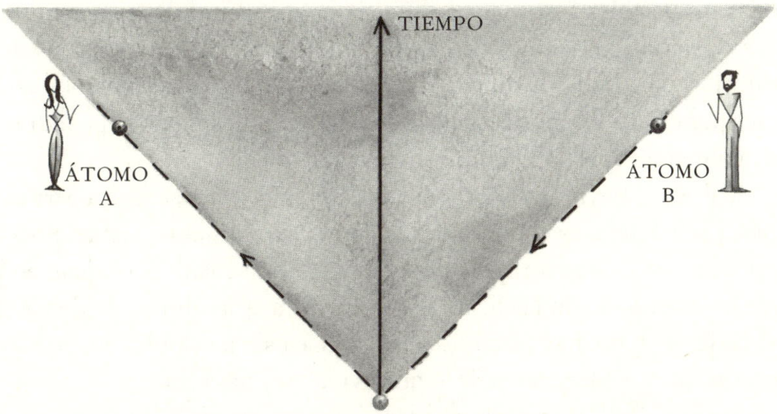

Figura 10. Retrocausalidad. Los dos átomos viajan hacia el futuro, uno hacia la izquierda y otro hacia la derecha. Pero una influencia causal puede viajar del punto señalado como «Átomo B» hacia el momento del pasado en que se originaron los dos átomos y luego hacia adelante hasta el punto «Átomo A». De este modo, el efecto en el átomo A parece simultáneo con la causa originada en el átomo B.

Este tipo de enfoque ha sido propugnado por Yakir Aharonov y sus colaboradores.[3] John Cramer y Ruth Kastner han propuesto otra versión, denominada *interpretación transaccional*.[4] Por su parte, Huw Price ha publicado una argumentación según la cual cualquier versión de la mecánica cuántica con simetría temporal debe basarse en la retrocausalidad.[5]

Enfoques basados en historias

Una vieja noción sostiene que lo que es fundamentalmente real no son las cosas, sino los procesos; los estados no son reales, lo son las transiciones entre ellos. Esta audaz idea es la base de diversos enfoques de la física cuántica, que surgen a partir de un descubrimiento que hizo Richard Feynman mientras aún era doctorando. Feynman formuló una manera alternativa de expresar la mecánica cuántica que rehúye la típica descripción de la naturaleza en la que los estados cuánticos cambian de modo continuo en función del tiempo; en su lugar, calculamos la probabilidad de que el sistema haga una transición entre una configuración anterior y una configuración posterior. Para ello, consideramos todas las posibles historias que podría haber seguido el sistema entre esas dos configuraciones. La teoría asigna una fase cuántica* a cada historia y para hallar la función de onda de la transición sumamos estas fases para todas las posibles historias; luego, lo elevamos al cuadrado para obtener la probabilidad, como en la regla de Born.

Tal como Feynman lo propuso, solo se trata de una argucia para calcular probabilidades en mecánica cuántica. No obstante, Rafael Sorkin propone que la idea forme la base de una teoría cuántica realista, en la que los existibles son las historias. El truco (a estas alturas ya deberíais saber que siempre hay truco) es que hay que usar una lógica cuántica inhabitual para hablar acerca de lo que es real en estas historias.[6]

Murray Gell-Mann y James Hartle hacen un uso muy diferente de las historias, al sostener que la realidad que experimentamos solo es una más de muchas historias igual de reales e igual de consistentes.[7] La idea es que si historias distintas sufren decoherencia, no se pueden superponer y, por ende, pueden considerarse historias alternativas. Gell-Mann y Hartle, junto con Robert Griffiths y Roland Omnès formularon esta idea como el *enfoque de historias consistentes* de la mecánica cuántica.[8] Un resultado fundamental de este enfoque es que una historia que obedece a las leyes de Newton de la física clásica formaría parte de una familia que sufre decoherencia y estas historias decoherentes se podrían tratar como si fueran historias alternativas reales. Sin embargo, Fay Dowker y Adrian Kent demostraron que la inversa no es cierta, al mostrar que hay muchas clases de historias que sufren decoherencia y que no corresponden a la física newtoniana.[9]

Ninguna de estas teorías basadas en historias satisface mi deseo de disponer de una descripción ingenuamente realista del mundo. No tengo nada en contra de un realismo donde lo real sean los procesos en lugar de los estados, los «sucedibles» en lugar de los existibles. Pero en los enfoques que acabo de presentar, uno acaba calculando no lo que ha sucedido, sino solo las probabilidades de lo que ha sucedido. Y la relación entre las historias planteadas por la teoría y las probabilidades que observamos siempre está dada por la regla de Born, lo que sugiere que estas historias representan probabilidades y no realizaciones.

* Es decir, un número complejo.

Mundos clásicos en interacción

He aquí otra formulación realista contemporánea de la física cuántica.[10] Supongamos que nuestro mundo es clásico pero que solo es uno de entre una gran cantidad de mundos clásicos que existen simultáneamente. Estos mundos son similares entre sí, porque tienen la misma cantidad y tipos de partículas, pero difieren en lo que respecta a las posiciones y trayectorias de esas partículas.

Todos estos mundos obedecen a las leyes de Newton, con una sola modificación: además de las fuerzas habituales entre las partículas dentro de un mismo mundo hay una nueva fuerza, que implica la interacción entre partículas de mundos diferentes.

Cuando lanzamos una pelota, esta responde a la fuerza ejercida por nuestro brazo y a la atracción gravitatoria de la Tierra. Al mismo tiempo, una gran cantidad de copias nuestras, cada una en su mundo, lanzan una pelota, y cada una de estas pelotas tiene un punto de partida ligeramente diferente y una trayectoria algo distinta. Las diversas pelotas entran en contacto entre sí desde sus mundos independientes e interactúan; estas nuevas fuerzas que se ejercen entre mundos separados son pequeñísimas, pero el resultado es que cada una de las pelotas sufre unas diminutas sacudidas durante su desplazamiento. Solo observamos la pelota de nuestro universo, de modo que no podemos describir con detalle tales sacudidas y, por tanto, estas aparecen como fluctuaciones aleatorias que perturban ligeramente la trayectoria de la pelota. El resultado es que tenemos que introducir un elemento aleatorio, probabilístico, en cualquier predicción que hagamos del movimiento de la pelota. Esta descripción probabilística es la mecánica cuántica.

La aproximación que he presentado es la *teoría de mundos clásicos en interacción*. Para hacer que funcione correctamente, tenemos que escoger las fuerzas entre mundos del modo adecuado; si queremos hacer aparecer la mecánica cuántica, esa fuerza no puede ser como ninguna de las fuerzas que conocemos, tiene que involucrar a tripletes de mundos, de modo que una sacudida en nuestra pelota depende de dónde estén las otras dos pelotas, cada una en su propio mundo.

Una gran ventaja de esta formulación es que ha tenido mucho éxito como fundamento para cálculos informáticos detalladísimos y muy exactos sobre la química de las moléculas.[11] No iré tan lejos como para sugerir que consideremos esta propuesta como una imagen seria de la naturaleza, pero nos sirve como otro ejemplo de una versión realista de la mecánica cuántica.

Superdeterminismo

No todos los que trabajan en la fundamentación de la mecánica cuántica aceptan la conclusión del teorema de Bell según la cual en la naturaleza se viola la localidad. Hay varias fisuras, la mayoría de las cuales han sido descartadas por los experimentos; sin embargo, una fisura que no es fácil de cerrar se basa en una idea llamada *superdeterminismo*. Recordemos los experimentos de Aspect y sus colaboradores, que refutaban la localidad de Bell y que comentamos en el capítulo 4: dos observadores alejados entre ellos escogen cada uno una dirección en la que se va a medir la polarización del fotón que les llega. La demostración de que se viola la localidad se basa en la suposición de que estas dos elecciones son independientes por completo.

Ahora bien, si somos estrictos, los dos sucesos en los que se llevan a cabo estas elecciones están situados en el futuro causal de algún suceso de su pasado. Solo tenemos que remontarnos lo suficiente en el tiempo para encontrar sucesos cuyos futuros causales incluyan a ambos sucesos de elección de dirección de polarización. Así, podemos incluir esos sucesos del pasado cuyos futuros causales incluyen a todo el experimento, así como todas las partes necesarias de este. De este modo podemos imaginar que los ángulos escogidos por cada observador estaban especificados por alguien que dispuso muy cuidadosamente las condiciones iniciales en el pasado de ambos. La filosofía del superdeterminismo afirma que el universo evoluciona de modo determinista de tal manera que todo este tipo de correlaciones ya han quedado fijadas hace mucho tiempo... de hecho, en el Big Bang.

Varios físicos han propuesto que si suponemos que el estado inicial del universo se escogió con suma delicadeza (por el agente que sea que podamos aceptar que dispone las condiciones iniciales), podríamos considerar que todas las parejas entrelazadas que se han medido o se pueden llegar a medir se dispusieron inicialmente de tal modo que imitaran los resultados que se suelen juzgar como confirmación de la no localidad. Estos resultados, pues, deberían valorarse como confirmación del superdeterminismo y no de la no localidad. A partir de aquí, uno es libre de proponer una variable oculta global para explicar la mecánica cuántica; Gerard 't Hooft, entre otros, ha planteado propuestas de este tipo.[12]

Gerard 't Hooft es un gran científico, que cuando tenía unos veinte años derivó él solo una buena parte de los resultados fundamentales para la construcción del modelo estándar; tuve la suerte de asistir a un curso suyo durante mi doctorado y siempre lo he admirado. Durante muchos años ha estado afirmando que ha elaborado una teoría determinista, local y de variables ocultas basada en autómatas celulares, que son un modelo de un ordenador. Si lo entiendo bien, funciona para casos particulares, pero él afirma una validez más general a partir del superdeterminismo. En cualquier caso, y dejando los detalles de banda, entre la no localidad y el superdeterminismo estoy dispuesto a apostar que seguir el camino de la primera nos llevará más cerca de la verdad. Y lo digo con cierto pesar, pues hay pocos teóricos de su generación que admire más que 't Hooft.

Más allá de las ondas piloto y los modelos de colapso

La conclusión a la que he llegado es que ninguna de las propuestas de una teoría cuántica realista que he presentado hasta el momento es convincente al cien por cien. Algunas son fascinantes, pero ninguna de ellas tiene el respaldo experimental ni el tipo de elegancia o completitud que podría, provisionalmente, sustituir a ese experimento decisivo. Así, pues, si queréis uniros a Einstein, De Broglie, Schrödinger, Bohm y Bell e ir más allá de la descripción estadística de la teoría cuántica para llegar a una descripción de los existibles que nos diga exactamente lo que sucede en cada proceso cuántico individual, seguid con nosotros, porque aún no hemos acabado.

¿Qué lecciones podemos aprovechar antes de ir más allá de la teoría de la onda piloto y de los modelos de colapso? Bueno, hay unas cuantas que nos pueden servir. La más importante que podemos asumir, a partir de los éxitos de los modelos de colapso y de la teoría de la onda piloto, es que la función de onda captura un elemento de la realidad física. Veamos cómo llegamos a esta conclusión.

La teoría de la onda piloto afirma que todo lo que hay en el universo tiene una existencia dual, como onda y como partícula. Esto resuelve el problema de la medición porque conserva la partícula, y lo hace de una manera que incorpora la superposición, el entrelazamiento y todas sus extrañas consecuencias, porque conserva la onda. Ahora bien, ¿es correcta? Ya he argumentado que, a pesar de lo impresionante que es, tiene graves inconvenientes, lo que nos lleva a nuestra siguiente opción: superar la teoría de la onda piloto para inventar una nueva teoría de existibles.

La teoría de la onda piloto tiene éxito porque postula que tanto las ondas como las partículas son reales. Pero ¿es necesario? ¿Podría haber una teoría que lograra lo mismo que la teoría de la onda piloto sin necesidad de esta doble ontología? Una teoría así también solucionaría el problema de la falta de reciprocidad. Sería muy interesante que hubiera formas de reproducir el éxito de la teoría de la onda piloto y que solo tuvieran una clase de existibles, no dos; ondas o partículas, no ambas. O alguna otra cosa.

Para empezar, podríamos preguntarnos qué sucede si partimos de la teoría de la onda piloto y dejamos de lado o bien las ondas o bien las partículas. Si nos deshacemos de las partículas, ya no podemos solucionar el problema de la medición, a no ser que alteremos radicalmente el comportamiento de la onda suponiendo un colapso espontáneo. Así, dejar de lado las partículas nos lleva otra vez a los modelos de colapso o a la interpretación de universos paralelos.

Probemos ahora a deshacernos de la función de onda, manteniendo las partículas. En este caso ¿qué es lo que guiará las partículas? ¿Cómo podremos explicar la interferencia si solo hay partículas? ¿Podríamos tal vez recuperar la guía de la función de onda dando a las partículas nuevas y extrañas propiedades? Algunos físicos y matemáticos han intentado elaborar una teoría de existibles solo con partículas, pero ninguno ha tenido éxito. Se trata de una historia fascinante, con muchos altibajos, pero la conclusión es sencilla: la función de onda parece capturar un aspecto fundamental de la realidad.[13] Por lo que sé, lo más cerca del éxito que han estado estos intentos es un enfoque del matemático Edward Nelson denominado *mecánica cuántica estocástica*. Durante muchos años pensé que era el camino correcto, pero luego me di cuenta de que exige una gran cantidad de ajustes finos y delicados para evitar inestabilidades.

Esta conclusión queda respaldada por un análisis reciente por parte de tres especialistas en teoría de la información cuántica, Matthew Pusey, Jonathan Barrett y Terry Rudolph, que han presentado un nuevo argumento según el cual un estado cuántico no puede ser simplemente una representación de la información que tiene un observador acerca de un sistema; tiene que ser físicamente real o representar algo real.[14]

Así pues, parece que solo nos quedan dos opciones: mantener la función de onda como un existible, como en la teoría de la onda piloto y los modelos de colapso, o buscar otro existible que aprehenda, de algún modo diferente, la realidad física que representa la función de onda.

14

UNA CUESTIÓN DE PRINCIPIOS

Me metí en la física esperando hacer alguna contribución para solucionar las dos grandes cuestiones que planteó Einstein en sus notas autobiográficas: unir la física cuántica con el espacio-tiempo y dar sentido a la física cuántica. A pesar de los esfuerzos de muchas mentes brillantes durante más de medio siglo desde que Einstein escribió sus notas, estos dos problemas siguen sin estar resueltos. Vale la pena dedicar un momento a ver por qué.

Hace tiempo que hay una idea que me ronda por la cabeza: me pregunto si no hemos estado yendo por un camino completamente equivocado para completar las dos grandes revoluciones de Einstein. Inventamos teorías, como la gravedad cuántica de bucles, la teoría de cuerdas, la teoría de la onda piloto y muchas otras, pero ninguna de ellas es lo bastante profunda; este tipo de teorías son modelos, que personifican nuestras ideas sobre la naturaleza, pero no son la expresión más pura o profunda de esas ideas. Los modelos ejemplifican ideas, pero suelen hacerlo de forma simplificada, lo que permite que los rasgos e implicaciones fundamentales de esas ideas destaquen con claridad. El juego *Monopoly*, por ejemplo, es un modelo del capitalismo. Las personas que no se dedican a la ciencia a menudo no aprecian cuán útiles son los modelos (precisamente porque son incompletos y no lo abarcan todo) cuando estamos explorando las implicaciones de una idea.

Las ideas acerca de la naturaleza se expresan en su forma más pura como hipótesis o principios. Una hipótesis es una afirmación simple sobre la naturaleza, que o bien es cierta o bien es falsa. «La materia no se puede subdividir indefinidamente porque está compuesta de átomos» es una hipótesis, como también lo es «La luz es una onda que se propaga por los campos eléctrico y magnético». Ambas hipótesis resultaron ser ciertas, pero la historia de la ciencia está repleta de otras que se demostraron falsas. Un principio, por su parte, es un requisito general que restringe la forma que puede adoptar una ley de la naturaleza. «Es imposible realizar ningún experimento que pueda determinar un estado absoluto de reposo o medir una velocidad absoluta» es un principio.

Einstein sabía lo que hacía cuando introdujo la relatividad especial: empezó su artículo de 1905 con dos principios y, de ellos, dedujo directamente una serie de consecuencias. Cabe señalar que la idea de unificar el espacio y el tiempo en una sola entidad denominada *espacio-tiempo* no formaba parte de la concepción original de Einstein de la relatividad; el concepto fue presentado dos años después por su profesor Hermann Minkowski como un modelo que ejemplificaba los principios de Einstein.

El problema de saltarse la etapa de los principios y las hipótesis y lanzarse directamente a los modelos es que podemos desviarnos del camino y es fácil quedar atrapado en un punto de vista microscópico al intentar desentrañar los detalles de esos modelos. Tal como me dijo Feynman una vez, «haz que cada pregunta que te formules en la investigación sea una pregunta acerca de la naturaleza; si no, puedes malgastar toda tu vida descifrando las minucias de teorías que es muy posible que nunca tengan nada que ver con la naturaleza». O aún peor, podemos quedar apresados en competiciones mezquinas y batallas académicas entre los partidarios de los diversos modelos.

Einstein expresó esta idea insistiendo en que debemos diferenciar dos tipos de teorías. Las *teorías de principios* son aquellas que encarnan principios generales. Restringen lo que es posible, pero no bastan para determinar los detalles concretos. Estos son proporcionados por el segundo tipo de teoría, que él denominó *teorías constitutivas*. Se trata de teorías que describen partículas concretas o fuerzas específicas que la naturaleza puede contener o no. La relatividad especial y la termodinámica son teorías de principios, mientras que la teoría de Dirac del electrón y la teoría de Maxwell del electromagnetismo son teorías constitutivas.

Mi conclusión, pues, es que tenemos que dejar tranquilos nuestros modelos, posponer las conjeturas acerca de los constituyentes y empezar a hablar sobre los principios.

Nuestra estrategia será avanzar hacia nuestro objetivo de elaborar una nueva teoría fundamental en cuatro pasos: para empezar, los principios; luego, las hipótesis (que deben satisfacer los principios anteriores); en tercer lugar, los modelos (que ilustrarán las implicaciones parciales de los principios y las hipótesis); y, para finalizar, la teoría completa. Al plantear los principios antes que las teorías, surge una cuestión interesante: ¿dónde hallar un lenguaje para enunciar los principios y un contexto para motivarlos y analizarlos? No queremos usar el lenguaje de las teorías existentes porque el objetivo de todo esto es superarlas. Einstein nunca habría inventado la relatividad general si se hubiese ceñido a razonar dentro del lenguaje de la física newtoniana.

Las matemáticas proporcionan muchas veces nuevas ideas y estructuras, lo que en general es de gran ayuda. Pero unas matemáticas nuevas no suelen bastar para inventar una nueva física; en caso contrario, Bernhard Riemann o William Kingdon Clifford habrían creado la relatividad general. En este punto es cuando un conocimiento de la filosofía puede resultar esencial, porque una persona con una formación filosófica dispone de una plétora de ideas y métodos procedentes de todos los intentos en la historia del ser humano de razonar acerca de los elementos básicos de nuestra descripción del mundo. Y cuando se trata de cuestiones fundamentales como la naturaleza del espacio y del tiempo, sin duda abundan los debates útiles y las estrategias a probar. Einstein no estaba solo cuando se enfrentó a la necesidad de nuevas nociones de espacio y tiempo; era como si llevara en la cartera a Galileo, Newton, Leibniz, Kant y Mach y pudiera conversar con ellos y aprovecharse de sus conocimientos. De modo parecido, un buen conocimiento de Platón, Kant y otros proporcionó a Heisenberg un lenguaje para superar las partículas newtonianas.

El siglo XX ha sido testimonio de un gran florecimiento de la filosofía de la física, que ha incorporado aún más material al almacén de ideas y argumentos útiles. La filosofía es una tradición viva y si bien hubo un tiempo en que los filósofos de la ciencia carecían de un dominio técnico de la física, hoy en día ya no es así. Por ello, no voy a disculparme por dirigirme a los sabios del pasado y a los filósofos contemporáneos para hallar un lenguaje, contextos e ideas que sirvan para enmarcar mi búsqueda de nuevos principios de la física.

Empezar por los principios tiene una consecuencia inmediata: darnos cuenta de que la gravedad cuántica y la fundamentación de la mecánica cuántica son dos caras de una misma moneda. Cuando los físicos intentan solucionar la gravedad cuántica sin fijarse en los problemas de fundamentación de la cuántica, y viceversa, están adoptando un punto de vista equivocado. Se trata de dos problemas profundamente relacionados, y una razón de ello es que, a causa de la no localidad cuántica, ir más allá de la mecánica cuántica significa ir más allá del espacio-tiempo.

Así pues, a continuación, presentaré unos principios que combinan los fenómenos cuánticos con el espacio-tiempo. Una vez en posesión de un buen conjunto de principios, el siguiente paso será plantear hipótesis acerca de cómo se hacen efectivos. Nuestro objetivo es combinar la física cuántica y el espacio-tiempo al nivel de los principios fundamentales y creo que los principios adecuados para dar forma a esta unificación son los siguientes.

Principios de la física fundamental

1. *Independencia del fondo*

Una teoría física no debería depender de estructuras fijas que no evolucionan dinámicamente en interacción con otras magnitudes. Se trata de un concepto clave, en el que vale la pena abundar.

Todas las teorías físicas hasta la fecha dependen de estructuras que permanecen fijas en el tiempo y no tienen ninguna justificación previa; se asumen y se imponen sin más. Un ejemplo de ello es la geometría del espacio en todas las teorías anteriores a la relatividad general. En la física newtoniana, la geometría del espacio está fijada en forma de una geometría euclidiana tridimensional. Es arbitraria, no cambia a medida que transcurre el tiempo ni puede resultar influida por nada; en consecuencia, no está sometida a ninguna ley dinámica.

En la época de Newton, la geometría de Euclides era la única conocida, de modo que no había alternativa y tampoco había necesidad de justificarla. En el siglo XIX, sin embargo, Carl Friedrich Gauss, Nikolái Lobachevski y Bernhard Riemann descubrieron una cantidad infinita de otras geometrías. Desde ese momento, cualquier teoría fundamental debe justificar su elección de una geometría del espacio. El principio de independencia del fondo exige que la elección no la haga el teórico, sino que surja dinámicamente de la propia teoría, como parte de la obtención de las leyes de la física.

Las estructuras fijas no dinámicas definen un fondo inmóvil, «congelado», sobre el cual evoluciona el sistema en el que estamos interesados. Podemos sostener que estas estructuras congeladas representan objetos externos al sistema que estamos modelizando, que influyen en este, pero no cambian (o cuyos cambios son tan lentos que no los podemos detectar). Por lo tanto, estas estructuras de fondo fijas son una prueba de que la teoría en cuestión es incompleta.

De todo ello se sigue que cualquier teoría con estructuras externas fijas se puede mejorar «descongelando» esos elementos externos, haciéndolos dinámicos e incorporándolos al conjunto de grados de libertad físicos en interacción mutua. Esta fue la estrategia que llevó a Einstein a la relatividad general. La geometría del espacio y el tiempo está congelada en la mecánica newtoniana, y también en la relatividad especial; en estas teorías, la geometría del espacio-tiempo proporciona un fondo absoluto e inmutable respecto al cual se definen las mediciones. La relatividad general descongela la geometría y la hace dinámica.

Este proceso de descongelamiento tendrá varios pasos, porque nuestras teorías tienen diversas capas de elementos congelados, depositadas durante la larga y compleja historia de la física, como si de capas de sedimentos se tratara. La relatividad general descongela algunos aspectos de la geometría, pero estructuras más profundas, como las dimensiones o los elementos necesarios para definir las magnitudes continuas o definir un ritmo de cambio, permanecen congeladas. Así, la relatividad general, por muy hermosa que sea, no puede ser el final de nuestra búsqueda y necesitará completarse.

En cada paso se amplía el alcance de la teoría y, por ello, la única teoría completa de la física tiene que ser una teoría cosmológica, puesto que el universo es el único sistema que no tiene nada más en su exterior. Una teoría de todo el universo debe ser muy diferente de las teorías de partes del universo; no puede tener elementos fijos, congelados, atemporales, pues estos hacen referencia siempre a cosas externas al sistema descrito por la teoría. Una teoría así ha de ser independiente del fondo por completo.

Esta comprensión de que una teoría cosmológica no se puede conseguir escalando sin más nuestras teorías actuales, sino que tiene que ser un tipo de teoría radicalmente nuevo, es el resultado más importante que hemos obtenido hasta el momento en nuestra búsqueda de una compleción de las dos revoluciones de Einstein.* Y un corolario de todo ello es que la mecánica cuántica no puede ser una teoría de todo el

* En mis libros *Time Reborn* y *The Singular Universe and the Reality of Time*, con Roberto Mangabeira Unger, abundo mucho más acerca de estos temas.

universo porque tiene demasiados elementos fijos, como los diversos observables del sistema y las relaciones que se dan entre ellos, así como las estructuras que dan lugar a la probabilidad.* Esto implica que no hay ninguna función de onda del universo, porque no hay ningún observador externo al universo que pueda medirla. El estado cuántico es una descripción de una parte del universo, y siempre lo será.

A partir de aquí, para completar la teoría cuántica podemos ir eliminando estructuras de fondo, cosa que hacemos revelando y luego descongelando el fondo y asignándole una dinámica. Dicho de otro modo, en lugar de cuantizar la gravedad, intentamos «gravitacionalizar» lo cuántico. Y esto significa identificar y descongelar todos aquellos aspectos de la teoría cuántica que son arbitrarios y fijos y hacer que queden sometidos a leyes dinámicas. Mirándolo desde otro punto vista, lo que intentamos hacer es comprender las desafiantes características de la física cuántica en tanto en cuanto son consecuencia de separar el universo en dos partes: el sistema que observamos y el resto, que contiene al observador y sus aparatos de medición.

Otra idea muy relacionada con la independencia del fondo es el hecho de que los observables de las teorías físicas deben describir relaciones.

Leibniz, Mach y Einstein nos enseñaron a diferenciar las nociones absolutas de espacio y tiempo de las nociones relacionales. Decimos que una ubicación en el espacio es absoluta cuando disponemos de un significado fijo de lo que es estar en un sitio; una ubicación relativa se define con referencia a alguna otra cosa. «A tres manzanas al sur del supermercado» es una ubicación relativa. De modo parecido, un tiempo absoluto tiene sentido sin referencia a nada más, mientras que un tiempo relacional siempre se define mediante su relación respecto a otro suceso o conjunto de sucesos.

Y esto nos lleva a nuestro segundo principio.

2. *El espacio y el tiempo son relacionales*

Un observable, o propiedad, relacional es aquel que describe una relación entre dos entidades. En una teoría sin estructuras de fondo, todas las propiedades que se refieren a la ubicación en el espacio o el tiempo tienen que ser relacionales. Las teorías independientes del

* En términos técnicos, los observables que llamamos *álgebra* y *producto interno*.

fondo nos hablan acerca de la naturaleza por medio de observables relacionales.

El tercer principio nos garantiza que no nos hemos dejado nada.

3. *Principio de completitud causal*

Si una teoría es completa, todo lo que sucede en el universo tiene una causa, que es uno o más sucesos previos. No se da nunca el caso de que una cadena de causas se remonte a algo situado fuera del universo.

El siguiente principio fue introducido por Einstein, en sus artículos sobre relatividad general.

4. *Principio de reciprocidad*

Si un objeto *A* actúa sobre un segundo objeto *B*, entonces *B* tiene que actuar también sobre *A*.

El último principio es a la vez sutil y profundo.

5. *Principio de identidad de los indiscernibles*

Dos objetos cualesquiera que tienen exactamente las mismas propiedades son, de hecho, el mismo objeto.

Recapitulando, disponemos de cinco principios estrechamente relacionados:

1. Principio de la independencia del fondo
2. Principio del espacio y tiempo relacionales
3. Principio de completitud causal
4. Principio de reciprocidad
5. Principio de identidad de los indiscernibles

Todos ellos son aspectos diferentes de un único principio, que Leibniz bautizó como el *principio de razón suficiente*. Este principio afirma que cada vez que identificamos algún aspecto del universo que, aparentemente, podría ser distinto de cómo es, si lo analizamos con más detalle descubriremos una razón racional por la que es de la manera que es y no de otra.

Por ejemplo, dados los conocimientos actuales, el espacio podría tener más de tres dimensiones o también menos (me estoy refiriendo a las tres grandes dimensiones que percibimos a nuestro alrededor, no a hipotéticas dimensiones diminutas y «enrolladas», solo perceptibles a escala subatómica). Esto es así porque nuestras teorías actuales, incluidas la relatividad general y la mecánica cuántica, también tendrían sentido en un mundo con una cantidad diferente de dimensiones espaciales. El principio de razón suficiente de Leibniz nos dice que esta posibilidad es debida a que nuestras teorías actuales son incompletas. Debemos intentar completar nuestras teorías y una prueba de que vamos por buen camino sería descubrir por qué el número de dimensiones espaciales macroscópicas es justamente igual a tres.*

Leibniz creía que podíamos desvelar una explicación racional para cada aparente elección que Dios podría haber tomado en la creación del universo. Él hablaba del estado en que se lograría esta comprensión como de un estado «de razón suficiente». Su principio de razón suficiente afirma, en el fondo, que podemos comprender el universo en su totalidad.

Cada uno de los principios que he enunciado expresa esta idea. Por ejemplo, podemos preguntarnos por qué el universo apareció donde lo hizo y no diez metros más a la izquierda; pero en tal caso todo habría sucedido exactamente del mismo modo, de manera que esta pregunta no tiene sentido. En consecuencia, la posición absoluta no tiene sentido, solo la posición relativa. Un científico que quiera ser racional tiene que ser relacional.

Nuestras teorías expresan estos principios de un modo incompleto, pero a lo largo del tiempo vemos una clara tendencia hacia teorías que explican más cosas. Cada vez que explicamos un rasgo del mundo de manera que limite la posibilidad de elección que haya podido tener un creador, eliminamos parte de la arbitrariedad que detectamos en el diseño del mundo. A medida que entendemos mejor el mundo, más racional nos parece, y esto sucede cada vez que descubrimos algún tipo

* La teoría de cuerdas no hace esto; lo que hace, en su lugar, es fijar el número total de dimensiones, incluyendo las posibles dimensiones microscópicas. Sería algo bueno si no fuera porque nos ofrece infinitas posibilidades para la geometría y para el número de las hipotéticas dimensiones invisibles.

de unidad oculta. Un buen ejemplo de ello fue el descubrimiento de Maxwell de que la luz, la electricidad y el magnetismo no son fenómenos independientes, sino que son aspectos distintos de una misma fuerza. Este descubrimiento nos muestra que no podría haber un mundo en que hubiera magnetismo pero no fuerzas eléctricas; y que cualquier mundo con electricidad y magnetismo también debe tener luz.

No sé si podremos lograr una comprensión total de la naturaleza, pero sí creo que nuestro objetivo tiene que ser siempre avanzar hacia un entendimiento más completo, y esto significa buscar siempre menos arbitrariedad y más racionalidad. En otras palabras, propongo buscar siempre una razón más suficiente, y creo que el progreso de la ciencia se mide en estos incrementos en nuestra comprensión de la realidad.

La relatividad especial es una mejora respecto a la física newtoniana, y la relatividad general, al adoptar una geometría espaciotemporal puramente relacional, es una mejora de ambas. También podemos decir que la mecánica cuántica satisface el principio de reciprocidad mejor que la mecánica newtoniana, pero que la teoría de la onda piloto se acerca más a una razón suficiente porque explica cosas que la mecánica cuántica deja sin dilucidar, como por ejemplo por qué los sucesos individuales se producen en el momento y en el lugar en que se producen. Ahora bien, tal como ya he comentado, la teoría de la onda piloto no consigue cumplir otro de nuestros principios: el principio de reciprocidad de Einstein, pues la onda piloto guía la partícula, pero la partícula no devuelve ningún efecto a la onda. Aún tenemos trabajo por hacer, y el principio de razón suficiente nos advierte de que podemos hacerlo mejor.

¿Cómo deberíamos pensar acerca del espacio y el tiempo en este nuevo mundo de relaciones? Dos capítulos atrás presenté una conclusión a partir de un repaso de los diversos enfoques ante la fundamentación de la mecánica cuántica, a saber, que *el espacio y el tiempo no pueden ser ambos fundamentales*. Solo uno de ellos puede formar parte del nivel más profundo de comprensión de la naturaleza; el otro debe ser emergente y contingente. Parece que esto es inevitable a causa de la no localidad del entrelazamiento, que lleva a una tensión entre los enfoques realistas de la mecánica cuántica y la relatividad especial. Esta última unifica el espacio y el tiempo en un espacio-tiempo, pero las comprobaciones experimentales de las desigualdades de Bell sugieren que en los procesos cuánticos individuales se trasciende ese espacio-tiempo. Una forma de resolver esta tensión es hacer que un elemento de la pareja espacio-tiempo sea fundamental y dejar que el otro sea una descripción emergente y aproximada, una especie de ilusión, en definitiva. Por muchas razones, algunas de las cuales comento aquí y otras en libros anteriores,[1] mi elección es centrarme en la hipótesis de que el tiempo es fundamental, mientras que el espacio es emergente.

Hasta aquí nos han llevado los principios; el siguiente paso es plantear hipótesis. Así pues, propongo tres hipótesis acerca de lo que hay más allá del espacio-tiempo y más allá de lo cuántico.

El tiempo, en el sentido de causación, es fundamental. Esto significa que el proceso mediante el cual los sucesos futuros son producidos por sucesos presentes, llamado *causación*, es fundamental.

El tiempo es irreversible. El proceso mediante el cual los sucesos futuros son provocados por sucesos presentes no puede ir hacia atrás. En cuanto se ha producido un suceso, el proceso no puede «deshacerse».*

El espacio es emergente. A nivel fundamental, el espacio no existe. Hay sucesos y estos provocan otros sucesos, de modo que hay relaciones causales. Estos sucesos forman una red de relaciones y el espacio surge como una descripción aproximada y burda de la red de relaciones entre sucesos.

En particular, estas hipótesis implican que la localidad es emergente y, por tanto, también la no localidad. Si la localidad no es absoluta, si es el resultado contingente de la dinámica, tendrá defectos y excepciones. Y, en efecto, parece que así es: ¿cómo podemos, si no, entender la no localidad cuántica y, especialmente, el entrelazamiento no local? Postulo que estos efectos son remanentes de las relaciones «aespaciales» propias de la etapa primordial, antes de que surgiera el espacio. Así, al postular que el espacio es emergente, obtenemos la posibilidad de explicar la no localidad cuántica como consecuencia de defectos que aparecen en esa emergencia.[2]

La combinación de un tiempo fundamental y de un espacio emergente implica que puede haber una simultaneidad fundamental. A un nivel más profundo, en el que el espacio desaparece, pero el tiempo persiste, se puede dar un significado universal al concepto de *ahora*. Si el tiempo es más fundamental que el espacio, durante la etapa primordial en que el es-

* A un suceso puede seguir otro que revierta la acción del primero, sin duda, pero en tal caso se trata de dos sucesos, y esto no equivale a un espacio-tiempo en el que no se ha producido ninguno de ellos.

pacio queda disuelto en una red de relaciones, el tiempo es global y universal. El relacionismo, en la forma en la que el tiempo es real y el espacio emergente, es la solución al conflicto entre realismo y relatividad.

Bauticemos esta versión del relacionismo, que hace hincapié en la realidad y la irreversibilidad del tiempo y en lo fundamental del flujo de instantes presentes, como *relacionismo temporal*. Podemos compararlo con el *relacionismo eternalista*, que investiga la hipótesis de que lo fundamental es el espacio y, el tiempo, emergente.

Variables ocultas relacionales

Lo que buscamos es una compleción de la mecánica cuántica que sea independiente del fondo y relacional, y que quede enmarcada en un mundo en el que el tiempo es fundamental y el espacio, emergente; además, si implica variables ocultas, estas deberán expresar relaciones entre partículas. Así pues, las variables ocultas no nos ofrecen una descripción más completa de un electrón individual, sino que deben describir relaciones que se cumplen entre un electrón y otros electrones. A estas variables las denominamos *variables ocultas relacionales*.

De hecho, ¿qué es más relacional que el más penetrante y sutil de los enigmas cuánticos? ¿Qué es más relacional que el entrelazamiento? Una formulación relacional de la mecánica cuántica empezará postulando el entrelazamiento como primer paso. Si, tal como hemos hipotetizado, el espacio es emergente, la distancia en el espacio debe derivarse a partir de relaciones más básicas. Y tal vez esta relación más básica a partir de la cual surge el espacio sea el entrelazamiento.*

Las variables ocultas en la teoría de la onda piloto son las trayectorias de las partículas. No son variables relacionales; de hecho, nos dan más información sobre cada partícula individualmente. Sin embargo, la teoría de la onda piloto ya incorpora una buena dosis de relacionismo, inherente al hecho de que, para un sistema de más de una partícula, la función de onda no se halla en el espacio ordinario, sino en el espacio de configuraciones del sistema total, formado por varias

* No se trata de una idea nueva. Tal como mencioné en el capítulo 9, Roger Penrose ya la planteó como motivación para sus redes de espín a principios de la década de 1960.

partículas. Tal como expliqué en el capítulo 8, esto es necesario para incorporar el entrelazamiento.

Formulé el concepto de una teoría de variables ocultas relacionales, incluyendo la hipótesis de que el espacio surge a partir de relaciones más fundamentales (el entrelazamiento, sobre todo), en los inicios de mi carrera y en 1983 la explicité de manera formal;[3] este fue el primero de varios de intentos semejantes.[4]

Mi teoría de 1983 se basaba en una idea sencilla. Supongamos que tenemos un sistema de partículas en el espacio. En una descripción absoluta, codificamos la ubicación de cada partícula individual especificando sus coordenadas en el espacio. Estas coordenadas son absolutas; toman como referencia a un observador externo al sistema (para Newton, este observador era Dios). En una descripción relacional, podríamos utilizar solo las distancias relativas entre cada par de partículas, que no dependen de ninguna referencia a un observador externo al sistema.

Como hay una distancia relativa entre cada par de partículas, podemos representarlas como una tabla de números. En esta tabla, por ejemplo, el elemento situado en la fila 10 y la columna 47 nos dará la distancia entre las partículas número 10 y número 47. El nombre más técnico para una tabla de números de este tipo es *matriz*, y en mi teoría de variables ocultas relacionales, las variables ocultas eran una matriz de estas. Mi teoría de 1983 usaba una gran matriz de números complejos para describir un sistema de muchas partículas en un espacio bidimensional. Cuando la cantidad de partículas era grande, las probabilidades para el movimiento de las partículas quedaban descritas aproximadamente por la ecuación de Schrödinger.

$$\begin{bmatrix} 6 & 8 & 1 & 5 \\ 1 & 10 & 16 & 3 \\ 21 & 0 & 9 & 61 \\ 4 & 15 & 201 & 7 \end{bmatrix}$$

Figura 11. Una matriz es una tabla de números dispuestos en filas y columnas.

Actualmente hay varias propuestas para superar la mecánica cuántica partiendo de la teoría de la onda piloto y sustituir la función de onda por una estructura más profunda descrita en términos de matrices. Stephen Adler[5] y Artem Starodubtsev[6] también han propuesto teorías de variables ocultas relacionales basadas en matrices.

Una matriz asigna un número a cada par de partículas, pero otro elemento que hace lo mismo son los grafos, una estructura simple formada por puntos conectados mediante líneas. En un grafo, cada pareja de puntos está conectada por medio de una línea, y entonces podemos asignarle un uno, o no lo está, caso en que le asignamos un cero; de este modo, tenemos una matriz para representar la misma estructura. Así pues, grafos y matrices son dos maneras de expresar la hipótesis de que los existibles fundamentales en física son un conjunto de relaciones, que pueden expresar el entrelazamiento y la no localidad cuánticos.

No hay ningún modelo más puro de un sistema de relaciones que un grafo o una red, y es interesante remarcar que las redes son ubicuas en las aproximaciones a la gravedad cuántica que cumplen con el principio de independencia del fondo. Algunos ejemplos serían la gravedad cuántica de bucles, los conjuntos causales y las relaciones dinámicas causales. Esto insinúa dos apasionantes maneras de ir más al fondo de nuestra hipótesis: en primer lugar, que el espacio surja de la red fundamental; en segundo lugar, que la física cuántica emerja de las interacciones no locales remanentes una vez aparecido el espacio.

De todos modos, las redes encajan con dificultad en el espacio siempre que *cerca* en el espacio emergente tenga que corresponder con *cerca* en la red. Y la razón es simple: consideremos dos puntos del grafo, cada uno de los cuales corresponde a un punto en el espacio emergente y supongamos que están alejados tanto en el espacio como en el grafo. Ahora añadamos una conexión en el grafo que una los dos puntos; de golpe, pasan a ser vecinos en el grafo pero siguen estando alejados cuando los consideramos en términos del espacio emergente.

En mi trabajo con Fotini Markopoulou, a estas conexiones las bautizamos como *defectos de localidad*. Parecen angostos agujeros de gusano y demostramos que tienen que ser habituales en la gravedad cuántica de bucles.[7] Este resultado nos llevó a otro artículo en el que derivábamos la mecánica cuántica a partir de promedios sobre las interacciones no locales que pueden surgir de esos defectos de localidad.[8] Medio en broma llamamos a esto *teoría cuántica a partir de la gravedad cuántica*.*

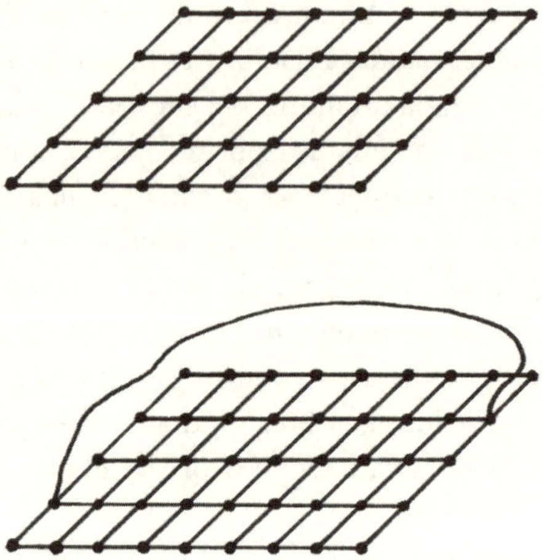

(A)

(B)

Figura 12. Localidad desordenada. A) Una red de puntos, incrustada en el espacio y que calificamos de *local* porque puntos que están alejados en términos del número de pasos que hay que recorrer por la red también están alejados en el espacio en que están incrustados. B) Al añadir una nueva conexión que une puntos alejados, alteramos la localidad porque los puntos recién conectados siguen estando alejados en el espacio, pero son adyacentes en la red.

Solo me topé con Richard Feynman unas pocas veces, pero en dos ocasiones fue tan amable de preguntarme por mi trabajo, y en ambos casos la reacción fue la misma. Escuchó con atención y luego me sugirió que la idea que le había descrito no era lo bastante alocada como para poder funcionar. Creo que lo que quería decir era que mi idea no iba lo bastante al fondo de la cuestión, no era lo bastante profunda. Sea como fuere, esta es exactamente la sensación que tengo cuando pienso en mis anteriores intentos de elaborar una teoría de variables ocultas relacionales basada en matrices y redes. Estas teorías solucionan el problema de ofrecer una compleción de la mecánica cuántica en sus aspectos técnicos, pero en otros aspectos se quedan cortas. Una

* Juan Maldacena y Leonard Susskind introdujeron más adelante una versión de esta idea que denominan *ER=EPR*, donde ER se refiere a un puente de Einstein-Rosen, que es un agujero de gusano que conecta dos puntos alejados en el espacio (véase «Cool Horizons for Entangled Black Holes», arXiv:1306.0533).

forma de verlo es que la ecuación de Schrödinger solo aparece como una predicción de la teoría si lidias con las imperfecciones y ajustas con precisión las ecuaciones.

Para profundizar en la idea relacional, podemos remontarnos a Leibniz y buscar inspiración. Leibniz esbozó un punto de vista puramente relacional del universo en su breve obra *Monadología*, escrita en 1714.[9] Como solo estamos interesados en recibir algo de inspiración, tampoco tenemos que reproducir exactamente su punto de vista y podemos interpretar a voluntad su libro. Así, una lectura libre de *Monadología* podría ser la siguiente.

A los elementos de un modelo relacional del universo los denominaremos *ónadas*, porque solo son parcialmente coincidentes con los elementos usados por Leibniz, las *mónadas*. Las ónadas tienen dos tipos de propiedades: intrínsecas, que pertenecen a cada ónada individual, y relacionales, que dependen de varias ónadas. Un universo onádico puede representarse como un grafo, en el que las propiedades relacionales quedan identificadas mediante etiquetas en las conexiones que unen pares de ónadas. No es ninguna coincidencia que, hasta el momento, esta imagen coincida con la descripción del mundo que ofrece la gravedad cuántica de bucles, donde un estado del mundo se describe mediante un grafo con etiquetas.

Cada ónada tiene un *punto de vista del universo*, que resume su relación con el resto. Una manera de hablar de los puntos de vista del universo es en términos de vecindades (o zonas) del grafo. Consideremos el punto de vista de una ónada llamada Sam y fijémonos en las ónadas situadas a un solo paso de Sam en el grafo: son sus primeras vecinas, o vecinas más cercanas. Así, la primera vecindad está formada por Sam y sus vecinas más cercanas, junto con las relaciones que comparten y que están indicadas en las conexiones entre ellas. Para construir la segunda vecindad de Sam, añadamos las ónadas que están a dos pasos de ella y todas las relaciones que tienen entre ellas y con sus vecinas situadas a un paso (que también están incluidas). Y así sucesivamente. Estas vecindades constituyen los puntos de vista de Sam de su universo.

Ahora podemos comparar los puntos de vista de Sam con los puntos de vista de otra ónada (pongámosle Sue, de nombre). Sam y Sue tienen idénticas primera y segunda vecindades, lo que significa que no podemos distinguirlas si solo vemos a dos pasos de distancia. Pero postulemos que nuestro universo relacional y onádico obedece al principio de Leibniz de identidad de los indiscernibles; en tal caso, las vecindades de Sam y de Sue tienen que diferir en algún momento, porque si no, tendrían puntos de vista idénticos, cosa prohibida por el principio de identidad. Esto implica que tiene que haber un cierto número de pasos a partir del cual las dos vecindades difieren. A este número lo denominamos *diferenciación* de Sue y Sam.

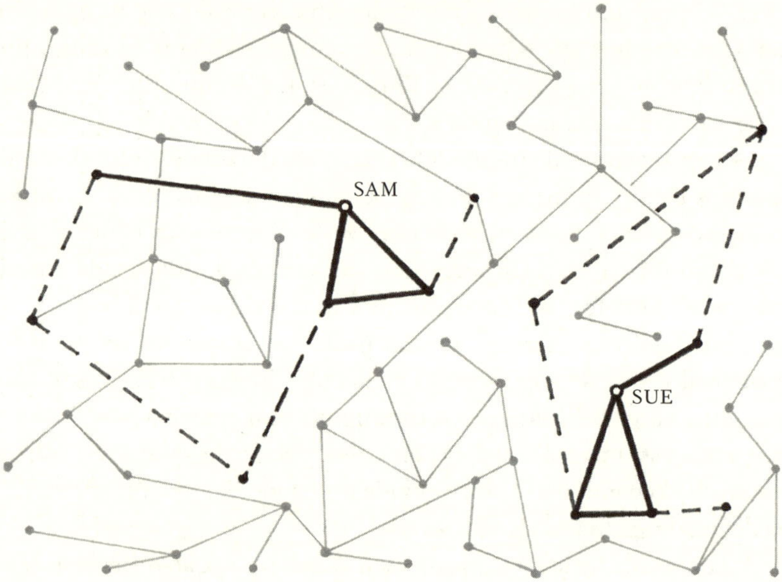

Figura 13. La primera y segunda vecindades de Sam y de Sue, definidas mediante la conectividad del grafo en que se hallan. Ambas son idénticas, pero la tercera y cuarta conectividades las diferencian.

Leibniz planteó que el universo real se diferencia de los demás posibles universos por el hecho de tener la mayor perfección posible. Si eliminamos el significado poético y alegórico, lo que Leibniz está haciendo es postular que hay alguna magnitud observable que es más grande en el universo real que en todos los otros universos posibles. Se trata de una postura sorprendentemente moderna, pues anticipa un método para formular leyes de la naturaleza que se desarrolló mucho después y que solo fructificó durante el siglo XX. Esta cantidad que se maximiza en el universo real y que Leibniz equiparó a *perfección*, nosotros la llamamos *acción*.

A Feynman le gustaba remarcar que un rasgo hermoso de las leyes de la física es que se pueden formular de varias maneras diferentes; a primera vista, pueden parecer muy distintas, pero cuando las analizas en detalle, se ve que son todas equivalentes. Puedo ilustrar esto con las leyes del movimiento de Newton y la gravedad. Estas leyes describen el movimiento de los planetas, los satélites y demás cuerpos del Sistema Solar. Una manera de formular las leyes es especificando cómo cambian las posiciones de estos cuerpos a medida que transcurre el tiempo. Esto suele hacerse igualando la aceleración de cada cuerpo a la suma de las fuerzas gravitatorias ejercidas por los demás cuerpos divididas por la masa del cuerpo.

Pero otra manera de especificar las mismas leyes es definir un conjunto de magnitudes fijas, que no cambian mientras los planetas se desplazan, como por ejemplo su energía total. Una tercera manera, equivalente a las dos anteriores, es decir que los planetas se mueven de tal modo que el valor de una determinada magnitud es siempre el mayor posible; a esta magnitud la llamamos *acción*,* Leibniz la denominó *perfección*.

Leibniz nos explica qué significa esto de la perfección. Definió un mundo con la máxima perfección posible como aquel que tuviera «cuanta variedad [sea] posible, pero con el mayor orden posible». ¿Qué quiere decir aquí Leibniz con *variedad*? En mi opinión, que los puntos de vista de las diferentes mónadas sean lo más diferentes posible; así, al obligarnos a maximizar la perfección, Leibniz nos dice que debemos maximizar la diversidad de puntos de vista diferentes.

Inspirados por esta imagen, Julian Barbour y yo hemos construido medidas numéricas de la variedad inherente en un sistema de relaciones.[10] Hemos visto que, a medida que aumenta la variedad, se necesita menos información para seleccionar y diferenciar cada punto de vista de los demás. Es decir, en igualdad de otras condiciones, preferimos mundos donde cualquier par de ónadas tenga vecindades que se diferencien en pocos pasos.

Para Leibniz, la razón suficiente tenía que basarse en una noción de perfección máxima:

> Esa razón no puede encontrarse sino en la conveniencia o en los grados de perfección que esos mundos contienen, puesto que cada posible tiene derecho a pretender la existencia en razón de la perfección que encierra [...] Esta trabazón o adaptación de todas las cosas creadas a cada una en particular y de cada una a todas las demás hace que cada sustancia simple

* De hecho, el negativo de la acción.

posea respectos que expresan todas las demás y sea, por consiguiente, un perpetuo espejo viviente del universo.

Luego presenta una metáfora para describir esta idea, en forma de diferentes perspectivas de una ciudad:

> Y así como una misma ciudad, contemplada desde lados diferentes, parece otra y queda como multiplicada por las perspectivas, así también sucede que, debido a la multitud infinita de sustancias simples, se dan como otros tantos universos diferentes que, sin embargo, no son sino las perspectivas de uno solo, según los diferentes puntos de vista de cada mónada.[11]

Es una metáfora que hubiera gustado a Jane Jacobs, pues captura una noción de diversidad urbana por la que ella abogaba y que luego han adoptado filósofos urbanos como Richard Florida.

Esta metáfora urbana es la inspiración de una hipótesis acerca de cómo se descomponen el espacio y la localidad. Si te sitúas a mi lado y ambos miramos hacia adelante, por razón de nuestra proximidad tendremos perspectivas similares del resto del universo. Nuestros puntos de vista no podrán ser iguales, porque no podemos ser idénticos, en virtud del principio de exclusión de Pauli y del principio de identidad de los indiscernibles, pero cuanto más cerca estemos el uno del otro, más similares serán nuestros puntos de vista. Como estamos cerca, podemos interactuar con facilidad y, de hecho, cuanto más cerca estemos, mayor es la probabilidad de que interactuemos mediante algún intercambio de cuantos, como por ejemplo fotones. En el fondo, esto es lo que queremos decir cuando afirmamos que las interacciones físicas son locales.

Pero ahora demos la vuelta al razonamiento. ¿Y si interaccionamos con mayor probabilidad precisamente porque nuestros puntos de vista son similares? Supongamos que la probabilidad de interactuar crece al aumentar la similitud de nuestros puntos de vista y disminuye cuando los puntos de vista difieren más y más. Si esta idea es correcta, la relación fundamental que determina la frecuencia de una interacción es la similitud de puntos de vista, y la distancia no es más que una noción derivada de ella.

Para cosas grandes y burdas como nosotros, formadas por una enorme cantidad de átomos, la cosa termina aquí, pero pensemos qué significa que dos átomos tengan puntos de vista similares. Los átomos tienen muchos menos grados de libertad y, en consecuencia, menos propiedades relacionales; así, átomos que están muy alejados en el espacio pueden tener vecindades parecidas, simplemente por el hecho de que hay muchísimas menos configuraciones posibles para sus vecindarios respectivos. Esto sugiere que tal vez átomos similares, con los mismos constituyentes y entornos parecidos, interactúan entre sí solo por la simple razón de que tienen puntos de vista similares. Estas interacciones serían altamente no locales, pero en un reciente trabajo he demostrado que este hecho podría ser la base de la física cuántica.[12]

Consideremos un átomo de hidrógeno en una molécula de agua que se agita suspendida en el aire delante de mí. Este átomo tiene una primera vecindad formada por un átomo de oxígeno y una segunda vecindad que es toda la molécula. Esto mismo es cierto para cualquier otro átomo de hidrógeno en cualquier otra molécula de agua del universo. Así pues, voy a confiar en mis instintos relacionales y hacer la alocada propuesta de que todos estos átomos están interactuando entre sí, simplemente porque sus puntos de vista son similares. De modo más concreto, postulo que las interacciones actúan para aumentar las diferencias entre los puntos de vista de los átomos; y esto sucederá continuamente hasta que el sistema haya logrado maximizar la variedad de puntos de vista que tienen los átomos del universo.

En un artículo reciente, demostré que la hipótesis de variedad máxima lleva a la ecuación de Schrödinger y, por ende, a la mecánica cuántica. Esto es consecuencia de la semejanza que hay entre el concepto de *variedad* y la fuerza cuántica de Bohm, pues esta actúa para aumentar la variedad de un sistema. Y esto lo consigue haciendo que las vecindades de las diversas partículas sean lo más diferentes posible.

En este enfoque, las probabilidades de la mecánica cuántica hacen referencia a una colectividad que existe realmente: el conjunto de todos los sistemas con puntos de vista similares. Se trata de un conjunto real en el sentido de que los elementos no están situados en nuestra imaginación, sino que todos ellos forman parte del mundo natural. Este resultado cumple los principios de completitud causal y de reciprocidad.

Todo esto que he descrito es la base de la teoría de variables ocultas relacionales que he propuesto, y que he bautizado como *formulación de colectividades reales de la mecánica cuántica*. De esta formulación puedo derivar la ecuación de Schrödinger, a partir de un principio que maximiza la variedad presente en colectividades reales de sistemas con puntos de vista similares del universo. En sus aspectos técnicos, la teoría toma prestados muchos elementos de la teoría de universos clásicos en interacción que he descrito en el capítulo anterior, con la diferencia de que el conjunto de sistemas similares no procede de otros universos paralelos al nuestro, sino que se trata de sistemas semejantes alejados en regiones distantes de nuestro único universo.

En esta teoría, los fenómenos de la física cuántica nacen de la interacción continua entre los sistemas similares que forman una colectividad. Los compañeros de un átomo de mi vaso de agua están repartidos por todo el universo. El indeterminismo y las incertezas de la física cuántica surgen del hecho de que no podemos controlar ni observar todos esos sistemas diferentes. En esta imagen, un átomo es cuántico porque tiene muchas copias cuasi idénticas de sí mismo repartidas por el universo.

Un átomo y su vecindad tienen muchas copias porque están cerca de la escala más pequeña posible; su descripción es simple porque tienen pocos grados de libertad. En un universo enorme, tendrán muchas cuasicopias. En cambio, los sistemas grandes y macroscópicos, como los gatos, las máquinas o nosotros mismos, presentan una gran complejidad y, por lo tanto, necesitan una gran cantidad de información para su descripción. Incluso en un universo enorme, estos sistemas nunca tienen copias exactas, ni tan solo cercanas. Ni los gatos, ni las máquinas ni nosotros formamos parte de ninguna colectividad; somos unos solitarios, sin nada lo bastante similar a nosotros como para interactuar mediante interacciones no locales y, por lo tanto, nunca experimentamos la aleatoriedad cuántica. He aquí, también, una solución al problema de la medición.

Se trata de una teoría muy nueva, y como sucede con cualquier teoría nueva, lo más probable es que sea incorrecta. Un punto bueno a su favor es que es muy probable que se pueda comprobar experimentalmente. Esta comprobación se basa en la idea de que sistemas con muchísimas copias en el universo se comportan de acuerdo con lo que dicta la mecánica cuántica, porque resultan aleatorizados continuamente por medio de las interacciones no locales con sus copias.

He afirmado que los grandes sistemas complejos no tienen copias y, en consecuencia, no están sujetos a la aleatoriedad cuántica. Pero ¿podemos producir sistemas microscópicos, formados por unos pocos átomos, que tampoco tengan copias en ninguna parte del universo? Un sistema así no obedecería a las leyes de la mecánica cuántica, a pesar de ser microscópico.

Y lo cierto es que tenemos la capacidad de hacer justamente esto empleando los recursos de la teoría de la información cuántica. De hecho, un ordenador cuántico lo bastante grande debería poder generar estados que implicaran los suficientes cúbits entrelazados como para que fuera muy improbable que hubiera alguna copia natural de ellos en alguna parte del universo observable. Esto apunta a que la teoría de colectividades reales se puede falsar construyendo un gran ordenador cuántico que funcione justo como predice la mecánica cuántica. La ciencia avanza cuando elaboramos teorías falsables, incluso si el resultado es la refutación de esas teorías; en cambio, nos quedamos encallados cuando los investigadores crean teorías que no se pueden falsar.

¿Y qué sucede con los sistemas con una pequeña cantidad de copias? Estos se comportarán de un modo que no será ni cuántico ni determinista; deberían mostrar un tipo de comportamiento totalmente nuevo, ni clásico ni cuántico. Y esto es una nueva oportunidad para comprobar la teoría.*

El principio de precedencia

La teoría de colectividades reales depende de que un sistema pueda reconocer e interactuar con otros sistemas similares a él, en el sentido de tener un punto de vista semejante del universo de relaciones, estén donde estén en el universo. Según esta hipótesis, la similitud o la diferencia de puntos de vista es más fundamental que el espacio; este emerge para describir el orden aproximado creado por la similitud de pun-

* En esta formulación de colectividades reales, la información en una función de onda de un sistema cuántico se propaga por todo el universo, codificada en las configuraciones de las copias. Una cuestión clave es cuántas copias debe tener un sistema para que la información contenida en aquellas pueda reproducir adecuadamente la información de la función de onda. Esta información aumenta exponencialmente con el número de partículas del sistema cuántico; en cambio, el número de copias de un sistema que es probable que contenga el universo disminuye rápidamente con ese mismo número de partículas. Así pues, hay un tamaño de sistema por encima del cual la información contenida en las copias no basta, con la consecuencia de que, superado el umbral, o bien la mecánica cuántica se derrumba o bien esta aproximación es errónea. Tengo la sospecha de que incluso modestos ordenadores cuánticos podrán cruzar ese umbral.

tos de vista. Dos sistemas pueden interactuar si sus puntos de vista son lo bastante similares; a menudo, esto refleja su proximidad en el espacio y en el tiempo, pero no siempre, y son justamente estos últimos casos los que sustentan los fenómenos cuánticos.

¿Qué sucede si aplicamos esta perspectiva a sistemas en instantes de tiempo distintos? ¿Podría ser que un sistema interactuara con sistemas del pasado que tienen puntos de vista similares? Si fuera posible, podríamos usar la influencia del pasado en el presente para comprender mejor las leyes de la naturaleza. Esto nos lleva a una idea novedosa que denomino *principio de precedencia*.[13]

Para explicarla en términos sencillos, es útil emplear terminología operativa, con la cual un proceso cuántico se define en tres pasos. El primero es su preparación, que escoge el estado inicial del sistema; luego tenemos la evolución, durante la cual el sistema cambia en función del tiempo siguiendo la Regla 1; para acabar, llegamos a la medición, regida por la Regla 2. Tenemos varias opciones sobre qué medir, pero sea cual sea nuestra elección, tendrá diferentes resultados posibles. La mecánica cuántica predice que las probabilidades de estos diversos resultados dependen de la preparación, la evolución y la elección de medición. Si sabemos las fuerzas ejercidas sobre el sistema durante su evolución, podemos usar las Reglas 1 y 2 para predecir las probabilidades de los diferentes resultados.

Es habitual creer que, una vez fijado el entorno del sistema, la Regla 1 hace evolucionar dicho sistema siguiendo las leyes fundamentales, y se presupone que estas leyes no cambian a medida que pasa el tiempo. En consecuencia, podemos afirmar lo siguiente: para cada sistema cuántico que estudiamos en el presente, definido por una preparación, evolución y medición concretas, habrá un conjunto de sistemas similares en el pasado. Estos otros sistemas son similares en el sentido de que tenían la misma preparación, evolución y medición que nuestro sistema presente. Ahora bien, el hecho de que las leyes no cambien implica que las probabilidades de los diversos resultados de medición tampoco cambian.

Así pues, podemos aseverar que:

*Las probabilidades de diferentes resultados en el experimento presente son las mismas que si hubiéramos seleccionado al azar resultados del conjunto de casos similares del pasado.**

* Es decir, aquellos con la misma preparación, evolución y medición.

Llamamos a este resultado *ley de los precedentes*.

Llegados a este punto, me gustaría plantear una propuesta simple pero radical. La ley de los precedentes se suele considerar una consecuencia de la inmutabilidad de las leyes, pero, en realidad, esta ley de los precedentes es todo lo que necesitamos como ley. Podemos postular que no hay ninguna ley excepto la de los precedentes. Así, en lugar del enunciado anterior, aseveramos que:

Las probabilidades de diferentes resultados en el experimento presente se determinan seleccionando al azar resultados del conjunto de casos similares del pasado.

Con esto, lo que estoy postulando es que un sistema físico tiene acceso a los resultados de sistemas con preparaciones, evoluciones y mediciones similares de su pasado (llamémoslos simplemente *sistemas similares*, para abreviar). Nuestra hipótesis se puede expresar, pues, como:

Un sistema físico, cuando se enfrenta a una elección de resultados de una medición, seleccionará un resultado al azar del conjunto de sistemas similares del pasado.

Esta ley de los precedentes garantiza que la mayor parte del tiempo el presente se parecerá al pasado, en el sentido de que las probabilidades de los diversos resultados del mismo experimento permanecerán invariables.

Si esto es correcto, la ilusión de que los átomos están regidos por leyes inmutables es un artificio creado por el hecho de que el universo es lo bastante viejo y lo bastante antiguo como para haya abundantes precedentes para la mayoría de las situaciones en que se puede hallar un átomo.

Pero ¿qué sucede si no hay precedentes? ¿Qué pasa si preparamos un estado cuántico que no ha existido nunca en la historia del universo? Si efectuamos una medición de este sistema ¿cómo determinamos su resultado, si no hay casos pasados similares a los cuales remitirnos?

Lo cierto es que no sé la respuesta a esta pregunta. Podría ser una buena cuestión para la física experimental, y espero que así sea. La creencia convencional en una ley fundamental atemporal no presenta ningún problema para hacer predicciones, aplicando la ley conocida a la nueva situación. Si los experimentos siempre confirman esa respuesta, podemos deducir que el principio de precedencia es erróneo. Sin embargo, si la precedencia es la clave para la existencia de las leyes, la respuesta a una situación nueva, a un nuevo estado cuántico, también será nueva. Tras muchas repeticiones, la precedencia comienza a dominar y ya no habrá más sorpresas, pero la transición de la novedad a la precedencia debería estar abierta a la investigación experimental.

El lugar donde hacer estas investigaciones son los laboratorios donde los experimentalistas preparan estados entrelazados de diversos átomos. En cierto momento, estos estados serán tan complejos que podremos deducir, sin atisbo de duda, que no podrán haber tenido precedentes en la historia del universo. Así pues, no creo que pase mucho tiempo hasta que podamos comprobar experimentalmente el principio de precedencia y, tal vez, descubrir el proceso mediante el cual se va reforzando la precedencia.

15

UNA TEORÍA CAUSAL DE LOS PUNTOS DE VISTA

Cada teórico tiene sus preferencias: las suposiciones sobre la naturaleza en las que estás dispuesto a jugarte tu carrera. Personalmente, soy un realista, un relacionalista y, más en concreto, un relacionalista temporal. Creo que la mecánica cuántica está incompleta y mi objetivo es elaborar una teoría realista de acuerdo con los principios del relacionismo temporal, que puede presentarse como una compleción simultánea de la mecánica cuántica y de la relatividad general. Mi esperanza es que esta teoría no solo resolverá los enigmas de la fundamentación de la teoría cuántica, sino que también llevará al descubrimiento de la correcta teoría cuántica de la gravedad, además de abordar los misterios de la cosmología y de la física de partículas que surgen de la aparente libertad del universo para escoger sus leyes y sus condiciones iniciales.

En este capítulo final me gustaría describir un camino que podríamos tomar para llegar a ese objetivo, y luego presentaré algunos trabajos muy recientes que nos permiten hacer unos cuantos pasos por ese camino.

Se trata de una teoría de ónadas, del tipo que he descrito en el capítulo anterior, con un par de ideas adicionales. En primer lugar, nos tomamos en serio la idea de Leibniz de que lo que es real en una descripción puramente relacional del mundo son los puntos de vista que tiene cada ónada del resto del universo. Los puntos de vista no representan lo que es real, sino que son lo que es real. Esto significa que los puntos de vista son los grados de libertad dinámicos, los protagonistas de nuestra historia. De hecho, esta idea acerca nuestras ónadas a las mónadas de Leibniz (aunque aún hay ciertas diferencias).

Pero, exactamente, ¿a qué corresponden las ónadas en el mundo con el que estamos familiarizados? ¿Y en qué consisten sus puntos de vista?

Si queremos una correspondencia con la relatividad general, es natural asumir que las ónadas son sucesos. En relatividad, los sucesos son cosas que pasan en un único punto del espacio y del tiempo, y son fundamentales en la imagen del mundo según la relatividad general. Se pueden considerar como instantes en que algo cambia en un lugar concreto; por ejemplo, dos partículas que colisionan son un suceso. Un mundo formado por sucesos es un mundo en que el «devenir» es más importante que el «ser».

Si las ónadas son sucesos, ¿qué describen las relaciones entre ellas? La respuesta rápida es la causalidad. Los sucesos causan otros sucesos. Cada suceso está tejido en la historia del universo mediante relaciones con otros sucesos, relaciones que expresan qué sucesos pueden ser la causa de otros. Estas relaciones causales cartografían la historia de los procesos de cambio.

Podemos determinar el funcionamiento de estas relaciones a partir de la relatividad general. Dado que las causas solo se pueden propagar, como máximo, a la velocidad de la luz, decimos que un suceso *B* se halla en el pasado causal de otro suceso *A* solamente si una causa física puede haber viajado de *B* a *A*, a la velocidad de la luz o menos. Si se cumple esta relación, las condiciones en *B* pueden haber contribuido a causar las condiciones que se dan en *A*. En esta misma situación, también decimos que *A* se halla en el futuro causal de *B*.

Dados dos sucesos, *A* y *B*, en relatividad general solemos exigir que se cumpla solo una de las tres situaciones siguientes: o bien *A* se halla en el futuro causal de *B*, o bien *B* se halla en el futuro causal de *A* o bien *A* y *B* no están relacionados causalmente porque no se puede haber transmitido ninguna señal entre ellos a la velocidad de la luz. Esto excluye la posibilidad de bucles causales en que *A* pueda estar, a la vez, en el futuro causal y en el pasado causal de *B*. Es muy entretenido especular acerca de historias extravagantes con bucles causales cerrados, pero plantean enigmas y paradojas. No veo ninguna razón para presuponer que los bucles causales cerrados forman parte de la naturaleza, sobre todo porque quiero postular que la causación es fundamental y, además, fundamentalmente irreversible.*

* Algunos relativistas recuerdan la existencia de soluciones de las ecuaciones de Einstein que tienen bucles causales cerrados. No creo que esta objeción tenga recorrido, porque el universo queda descrito, como máximo, por una solución de las ecuaciones de Einstein, y esta solución no tiene por qué tener el comportamiento

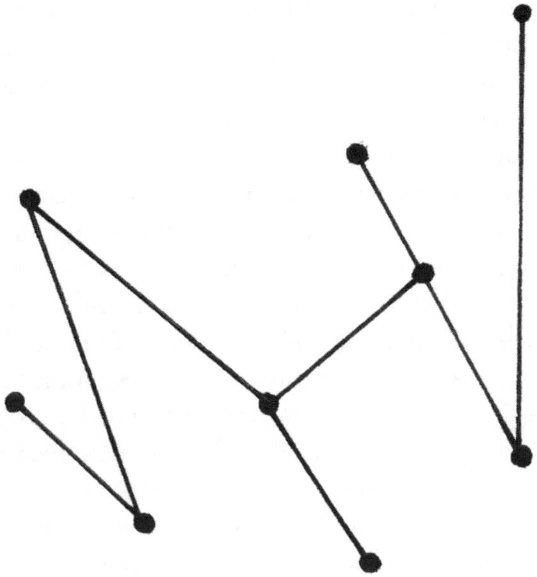

Figura 14. Un conjunto de sucesos discretos, conectados por medio de vínculos causales.

Si especificamos qué relaciones causales hay entre cada par de sucesos, estaremos describiendo el universo en términos de su estructura causal.

Según la relatividad general, el espacio-tiempo está formado por una infinidad continua de sucesos. En cambio, yo me alineo con algunos de los pioneros de la gravedad cuántica, que postulan que las ónadas son un conjunto discreto de sucesos fundamentales, y con *discreto* quiero decir que se pueden contar, tanto si el recuento es finito como infinito. También exigiré que, aunque su cantidad total sea infinita, en cualquier volumen finito del espacio y cualquier intervalo finito de tiempo haya una cantidad finita de ónadas. Estas suposiciones simplifican muchísimo el trabajo.

---

exótico que muestran otras soluciones. Además, las soluciones que tienen bucles causales cerrados (incluyendo una propuesta por el gran lógico Kurt Gödel) son muy especiales porque presentan mucha simetría, pero si imponemos el principio de identidad de los indiscernibles, las soluciones con simetrías quedan excluidas. Estas soluciones son asimismo inestables y colapsan en singularidades a causa de la mínima perturbación.

Como mínimo querremos adscribir relaciones causales a las ónadas, que funcionan igual que las relaciones causales en relatividad general. Dadas dos ónadas, *A* y *B*, o bien *A* se halla en el futuro causal de *B*, o bien *B* se halla en el futuro causal de *A*, o bien no están relacionadas causalmente. Un conjunto de ónadas y sus relaciones causales es un modelo de lo que podría ser un espacio-tiempo cuántico o discreto.

Como las ónadas son un conjunto discreto, sus relaciones causales también son discretas; podemos ir hacia adelante y hacia atrás en pasos causales discretos. Cada ónada tiene un pasado causal inmediato consistente en todas las ónadas situadas un paso atrás hacia el pasado. En consecuencia, es natural considerar las ónadas en términos de una metáfora de filiación. La ónada *C* puede haber tenido dos progenitores, *A* y *B*; así, podemos considerar que *C* es el suceso definido por la coincidencia de dos causas, una de *A* y otra de *B*. Al remontar la genealogía de *C* hacia sus progenitores *A* y *B* y más allá, obtenemos una red de causas que se hunden en el pasado. *C*, a su vez, puede tener dos descendientes, *D* y *E*, en los que influye.

Llegados a este punto, se nos ofrece una posibilidad de asombrosa simplicidad. Podemos suponer que los sucesos que forman la historia del mundo solo presentan, de manera fundamental, estas relaciones causales. Todos los demás entes y otras propiedades de la naturaleza se tienen que derivar de un conjunto de sucesos grande pero discreto, cuya única propiedad es qué causa qué. Esta sugerencia tan radical fue planteada por Rafael Sorkin, y desarrollada en estrecha colaboración con un grupo de amigos y entusiastas.[1] La denominaron *teoría de conjuntos causales*.

Un conjunto causal no es más que un conjunto discreto en el que solo se definen relaciones causales que cumplen la propiedad de que un suceso nunca es causa de sí mismo. También se exige que, dados dos sucesos *A* y *B*, solo haya una cantidad finita de sucesos en el futuro causal de *B* y el pasado causal de *A*.

Admiro la ambición y la pureza radical de la teoría de conjuntos causales. Es una descripción completamente relacional del espacio-tiempo, en que cada suceso queda totalmente definido en términos de su lugar dentro de la red de relaciones causales.

Una característica muy interesante de la teoría es que la geometría del espacio-tiempo puede aprehenderse, en buena aproximación, mediante un conjunto causal. Esto se logra gracias a un método análogo a las encuestas de opinión política; en lugar de preguntar las opiniones de todo el mundo, se pregunta a una muestra aleatoria. De modo parecido, se puede seleccionar una muestra aleatoria de sucesos en un espacio-tiempo y determinar sus relaciones causales mutuas. Se pierde una gran cantidad de información, pero si se seleccionan los sucesos de modo que tengamos uno por cada volumen fijo de espacio y por cada unidad de tiempo, se obtiene una representación de las relaciones causales que es exacta hasta esa escala escogida.

No obstante, Sorkin y sus colaboradores plantean la hipótesis que lo inverso también es cierto. Creen que la historia del universo, en su nivel más fundamental, es un conjunto causal discreto del cual, a una escala lo bastante grande, surge la ilusión de un espacio-tiempo continuo. Del mismo modo que un líquido nos parece continuo, pero, en realidad, está formado por átomos, los sucesos del conjunto causal constituyen los átomos del espacio-tiempo.

Un éxito impactante de la teoría de conjuntos causales es que predice el valor aproximado de la constante cosmológica. Sorkin derivó esta predicción antes de que se midiera la constante cosmológica y es la única versión de la gravedad cuántica que logra hacerlo.[2]

La hipótesis de conjuntos causales es una de entre varias hipótesis competidoras relativas a las propiedades de los «átomos» de espacio-tiempo. En comparación con las otras, como los modelos de espuma de espín, goza de la gran ventaja de su simplicidad, pues las únicas propiedades de los sucesos son sus relaciones causales. Este hecho limita en gran medida las posibles formas que puede asumir una ley fundamental de los «átomos» de espacio-tiempo. Ahora bien, esta contundente simplicidad también lleva la teoría a enfrentarse a un obstáculo en verdad formidable, que se denomina *problema inverso*. Tal como he comentado antes, dado un espacio-tiempo continuo, podemos hacer un muestreo de sus sucesos para hallar un conjunto causal, sin muchas dificultades. Pero la situación inversa no se da casi nunca; en el mundo de posibles conjuntos causales, casi ninguno de ellos ofrece una descripción aproximada de un universo con tres dimensiones espaciales. En consecuencia, parece como si un espacio-tiempo tuviera que ser algo más que una descripción aproximada de una red de relaciones causales.

La gravedad cuántica, o el problema de entender el espacio-tiempo dentro de la teoría cuántica, ha demostrado ser un reto formidable. Para poner en perspectiva el desafío que representa descubrir los «átomos» del espacio-tiempo conviene compararlo con la historia de la hipótesis de que la materia está formada por átomos.

En el caso de la materia, los retos a los que se enfrentaban los atomistas en el siglo XIX y principios del XX eran dobles. En primer lugar, tuvieron que descubrir las leyes fundamentales que rigen los átomos; en segundo, tuvieron que deducir, a partir de esas leyes fundamentales, las propiedades aproximadas que percibimos en la materia. Tuvieron que discernir cómo surgen las ilusiones de sólidos, líquidos y gases a partir de leyes atómicas más fundamentes. Los teóricos de la gravedad cuántica se enfrentan a los mismos dos retos.

En este sentido, deberíamos ser conscientes de dos lecciones que nos enseña la historia original de la hipótesis atómica. La primera es que el progreso en el primero de los desafíos (el de descubrir las leyes de la física atómica) no empezó hasta disponer de experimentos que podían verificar que los átomos en verdad existían y que nos permitían revelar algunas de sus propiedades. La historia también nos enseña que el segundo desafío (derivar las propiedades globales de las diversas fases de la materia) puede abordarse de un modo algo más fácil que el primero. Medio siglo antes de que empezáramos a hacer progresos de verdad en el descubrimiento de las leyes de la física atómica, unos pocos pioneros ya habían logrado avances significativos en este segundo reto. Y la razón es que resulta que el comportamiento de la materia en términos globales no depende mucho de los detalles de la física atómica. Solo se necesita saber que hay átomos y que interactúan mediante fuerzas de corto alcance (es decir, solo pueden interaccionar a poca distancia).

Algunos expertos en gravedad cuántica se toman estos referentes muy a pecho, e intentan obtener la ley que rige el espacio-tiempo a escala macroscópica (es decir, la relatividad general) a partir de hipótesis simples sobre los «átomos» de espacio-tiempo. Ese enfoque fue iniciado por Ted Jacobson y ha tenido un éxito considerable.[3] En consecuencia, es probable que las leyes conocidas de la física, que actúan a escalas que podemos observar (mucho más grandes que la escala de Planck fundamental), no dependan mucho de las leyes que gobiernan los átomos de espacio-tiempo.

No es una buena noticia, porque implica que las leyes conocidas nos aportan pocas pistas que nos podrían ayudar a revelar las leyes en verdad fundamentales. De hecho, parece que hay solo dos pistas. La primera tiene relación con la manera en que la información fluye a través del espacio-tiempo, y es la siguiente: para derivar la relatividad general a partir de las propiedades de los átomos hipotéticos de espacio-tiempo, hay que postular una velocidad máxima a la cual la información puede atravesar una superficie en el espacio, y esta velocidad de flujo de información no puede ser superior al área de la superficie, cuando se mide en unidades fundamentales de Planck.* Esto es lo que se denomina *hipótesis holográfica*[4] (débil).**

Si esta hipótesis holográfica es fundamental debería tener sentido hablar de un flujo de información hasta las escalas diminutas en las que opera la gravedad cuántica. Pero la información es una influencia, tal como expresa su definición como «la diferencia que marca la diferencia», de modo que un flujo de información define (o depende de) una estructura causal. La hipótesis del principio holográfico, pues, exige que tengamos una estructura causal para guiar, o expresar, los flujos de información. Esta es una razón para creer que la estructura causal es fundamental.

La segunda pista nos la da el hecho de que, para derivar la relatividad general siguiendo el argumento de Jacobson, tenemos que hacer un seguimiento de los flujos de energía a través de las mismas superficies. Esto sugiere que la energía es una magnitud básica que tiene sentido hasta la escala de los sucesos fundamentales. La gran perspicacia de Jacobson es haberse dado cuenta de que, en esencia, las ecuaciones de la relatividad general codifican una relación entre flujos de energía y flujos de información, ambos orientados por la estructura causal.

A causa de la primera pista, tiendo a favorecer la hipótesis de que la historia del universo alberga un conjunto de sucesos y sus relaciones causales; es decir, que el universo es un conjunto causal. Pero, a causa del problema inverso, no creo en la hipótesis radical de que las únicas propiedades que tienen los sucesos son relaciones causales. Estoy dispuesto a aceptar que las relaciones causales son las únicas propiedades relacionales necesarias, pero considero que tiene que haber propiedades adicionales, intrínsecas de los sucesos. La segunda pista me lleva a postular que, entre estas propiedades intrínsecas, los sucesos poseen energía, que fluye entre ellos siguiendo las relaciones causales.

* Estas unidades fundamentales de área son igual al producto de la constante gravitatoria de Newton y la constante de Planck.

** Si queréis saber más detalles sobre la hipótesis holográfica, consultad mi libro *Three Roads to Quantum Gravity*.

Todo ello me lleva a plantear que cada suceso tiene una cierta cantidad de energía y que la energía se transmite de los sucesos pasados a los sucesos futuros a lo largo de las relaciones causales. La energía de un suceso es la suma de las energías recibidas de los sucesos situados en su pasado causal inmediato. Esta energía se divide y se transmite a los sucesos de su futuro causal inmediato. De esta manera, se respeta la ley de conservación de la energía, que afirma que la energía ni se crea ni se destruye.

La relatividad especial nos dice que la energía queda unificada con la cantidad de movimiento, de modo que tendremos asimismo cantidad de movimiento que se propaga de los sucesos pasados a los futuros. Junto con Marina Cortês, he elaborado un modelo de conjunto causal que incorpora flujos de energía y cantidad de movimiento, que denominamos *conjunto causal energético*.[5]

La historia del universo, según un modelo de conjunto causal energético, está formada por sucesos que son causa de sucesos futuros, a los cuales transfieren energía y cantidad de movimiento. Sin embargo, en el fondo no hay espacio-tiempo; solo el conjunto discreto de sucesos conectados mediante relaciones causales, y tanto los sucesos como las relaciones poseen energía y cantidad de movimiento.

Uno de los primeros éxitos de este enfoque fue una solución al problema inverso. Como mínimo en casos sencillos en que el espacio y el tiempo tienen una sola dimensión cada uno, podemos derivar la aparición del espacio-tiempo directamente de los modelos de conjuntos causales energéticos.

Ha llegado el momento de que hablemos de la energía. Todas las principales teorías de la física, desde la mecánica newtoniana hasta la teoría cuántica de campos, pasando por la relatividad general, tienen ecuaciones del movimiento que nos dicen cómo cambia una entidad a medida que transcurre el tiempo. Para Newton esa entidad era la posición de una partícula, mientras que en teoría cuántica de campos es el valor del campo en cada punto del espacio. Es muy significativo que todas estas ecuaciones del movimiento compartan una estructura común: hay una variable de configuración (las posiciones de las partículas o los valores de los campos) y luego hay ciertas magnitudes dinámicas adicionales, así llamadas porque aparecen en las leyes que nos dicen cómo se mueven las partículas o cómo oscilan los campos. Las más relevantes de estas magnitudes dinámicas son la energía y la cantidad de movimiento. Toda partícula transporta una cierta cantidad de energía y de cantidad de movimiento y cuando interactúan dos partículas, intercambian parte de su energía y cantidad de movimiento; una puede ganar un poco mientras la otra pierde ese poco, siempre que se conserven los valores totales de ambas magnitudes.

La estructura de estas teorías siempre es la misma: hay dos ecuaciones fundamentales. La primera nos dice cómo cambian las posiciones de las partículas a medida que pasa el tiempo, de una forma que depende de su cantidad de movimiento;* la segunda nos dice cómo cambia la cantidad de movimiento en función del tiempo, y esto depende de las posiciones de las partículas. De este modo, las dos magnitudes posición y cantidad de movimiento, quedan interconectadas: el cambio de una depende de la otra. Decimos que dos cantidades relacionadas entre sí de este modo son magnitudes duales; la posición y la cantidad de movimiento son duales, como también lo son el campo eléctrico y el magnético.

Creo que el hecho de que este patrón de ecuaciones duales sea universal en la física es una propiedad básica de la naturaleza. Otras ciencias también describen sistemas que cambian con el tiempo, como los ordenadores, los ecosistemas, los mercados o los organismos y todas ellas disponen de sus ecuaciones, pero en ninguno de estos casos las ecuaciones tienen esa estructura dual que involucra a las variables de configuración, las cantidades de movimiento y la energía, y con el valor total de las dos últimas siempre conservado. Esta es una de las razones por las que no creo que sea muy útil imaginar que el universo físico es un ordenador.

La conservación de la cantidad de movimiento también es importante por una segunda razón. Explica el principio de inercia, que es el principio más profundo que se ha postulado nunca en física.

¿Por qué aparece esta dualidad que implica a variables de configuración y la cantidad de movimiento? ¿Por qué en el mundo se conservan la energía y la cantidad de movimiento? Lo cierto es que hay una respuesta ya antigua a estas preguntas, basada en un penetrante teorema de Emmy Noether, quien lo demostró en 1915. Este teorema implica la noción de *simetría*, que es una transformación que cambia el sistema de tal manera que no se modifican las leyes del movimiento.

* En el caso newtoniano, la cantidad de movimiento de una partícula es proporcional a su velocidad, y la constante de proporcionalidad es la masa.

Las rotaciones son una simetría, como también lo son las traslaciones en el espacio y en el tiempo; siempre que sea todo el sistema el que se rote o el que se traslade, las leyes del movimiento quedan inafectadas. El teorema de Noether afirma que para cada simetría de la naturaleza que esté basada en una transformación continua, existe una magnitud que se conserva. La simetría respecto a traslaciones en el espacio, por ejemplo, implica que la cantidad de movimiento es una magnitud que se conserva; del mismo modo, la simetría en el tiempo explica la conservación de la energía.*

Este resultado sugiere que el espacio es fundamental, mientras que la energía y la cantidad de movimiento son propiedades emergentes del espacio, que reflejan sus simetrías. Esta es una opinión habitual, pero yo creo que la implicación inversa está más cerca de la verdad.

Si bien el teorema de Noether refleja una verdad penetrante, no es aplicable a una teoría fundamental, porque nosotros exigimos que la teoría fundamental satisfaga el principio de identidad de los indiscernibles. Ahora bien, este principio implica que no hay simetrías en la naturaleza. Pensemos, por ejemplo, en un objeto que es invariante bajo rotaciones, como una esfera o un cilindro; el hecho de que sea simétrico significa que queda inalterado tras una rotación, es decir, que un observador no podrá distinguir entre el objeto antes y después de la rotación. Pero esto es cierto porque en el objeto hay círculos de puntos, que son todos idénticos entre sí. De modo similar, una recta infinita es invariante bajo traslaciones a lo largo de su longitud, porque en una transformación así, cualquier punto queda desplazado a otro punto con características idénticas. En ambos casos vemos que la existencia de una simetría significa que hay puntos distintos con propiedades idénticas, lo que viola el principio de identidad de los indiscernibles.

Las simetrías son propiedades de los fondos fijos, y la ocurrencia de una simetría en una teoría es una pista muy clara de que la teoría depende del fondo. Una simetría es una operación que desplaza o rota el sistema que estamos estudiando respecto al fondo, que queda inalterado. Las simetrías caracterizan un sistema que ha sido aislado de un universo más grande y surgen de aquello que se ignora en este aislamiento.

Ahora bien, hemos postulado que la teoría fundamental tiene que ser independiente del fondo, lo que significa que no puede haber sime-

* Y la simetría respecto a rotaciones implica la conservación del momento angular.

trías. Esto, a su vez, implica que no podemos considerar que la energía ni la cantidad de movimiento, ni tampoco su conservación, son conceptos emergentes que surgen a partir de las propiedades del espacio. Pero entonces, aún tendremos que explicar por qué la energía y la cantidad de movimiento tienen un papel tan ubicuo en la estructura de las ecuaciones de la física.

También hemos planteado la hipótesis de que el espacio no está presente de un modo fundamental en la naturaleza, sino que es emergente. Así, si queremos que la energía y la cantidad de movimiento tengan un papel en la física, parece que no tenemos más alternativa que colocarlas ahí desde el principio.

Lo que queremos, al fin y al cabo, es una versión inversa del teorema de Noether, que suponga que la energía, la cantidad de movimiento y la conservación de ambas son elementos fundamentales y nos diga las condiciones bajo las cuales puede surgir el espacio como una descripción aproximada de subsistemas del sistema global.

En definitiva, nos quedamos con una imagen en la que las relaciones causales, la energía y la cantidad de movimiento son los elementos básicos. Y los conjuntos causales energéticos son un desarrollo de esta imagen.

Los modelos de conjuntos causales energéticos asumen los principios y las hipótesis del relacionismo temporal que he presentado en el capítulo anterior y los aplican a un marco concreto. En estos principios, el tiempo, en el sentido del devenir continuo del instante presente, es fundamental en la naturaleza. De hecho, nuestra experiencia del paso del tiempo es la única cosa que percibimos directamente del mundo que es en verdad fundamental. Todo el resto, incluyendo la impresión de que hay leyes inmutables, es aproximado y emergente. He elaborado y desarrollado este punto de vista, y sus argumentaciones correspondientes, durante una larga colaboración con Roberto Mangabeira Unger. Una consecuencia importante es que las leyes de la naturaleza, en lugar de ser atemporales, evolucionan a medida que pasa el tiempo. Esto da un vuelco a la creencia, muy habitual entre los físicos, de que el tiempo no está presente en las leyes más fundamentales, sino que emerge de ellas. En lugar de esto, planteamos que el tiempo, en el sentido del instante presente y su paso, es fundamental, mientras que las leyes son emergentes y sujetas a cambios.

Marina Cortês ha subrayado que las leyes, en su nivel más fundamental, tienen que ser irreversibles, en dos sentidos. Para empezar, las leyes no pueden ser las mismas si invertimos la dirección del tiempo. Si filmamos un vídeo de un proceso lícito, no obtenemos otro proceso lícito reproduciéndolo al revés. Esto contradice muy claramente la convicción, ampliamente aceptada, de que las leyes de la naturaleza no se modifican si invertimos la dirección del tiempo.

Sin embargo, todas las leyes fundamentales conocidas, como la mecánica cuántica, la relatividad general y el modelo estándar, son invariantes bajo una inversión temporal;* tiene que haber unas leyes aún más fundamentales que no sean reversibles. Esto plantea dos problemas: en primer lugar, ¿podemos inventar candidatos para una ley fundamental irreversible? En segundo lugar, ¿podría ser que surgieran leyes reversibles como aproximación a leyes irreversibles más fundamentales? Estas son las cuestiones que los modelos de conjuntos causales energéticos habían de responder.

Cortês también ha señalado un segundo sentido por el que una teoría que asume los sucesos como elementos primordiales tiene que ser irreversible. Un suceso es algo que sucede. Tal como afirmamos antes, en cuanto sucede una cosa, no puede «desuceder». Sin embargo, el efecto de un suceso puede revertirse.; si un suceso transforma *A* en *B*, después puede darse un suceso que transforme *B* en *A*, pero esto es una historia con dos sucesos. En cuanto se da un suceso, queda en el pasado, y este hecho no puede eliminarse mediante un suceso posterior, incluso aunque ese suceso futuro revierta el efecto del suceso original.

Esta idea nos llevó a considerar el paso del tiempo como un proceso por el cual se van creando de manera constante nuevos sucesos a partir de los sucesos presentes. Aunque podemos dar diversos significados al término *tiempo*, postulamos que el paso del tiempo expresa un proceso activo de creación y que esta «acción del tiempo» es la creación de nuevos sucesos, uno después de otro. Más concretamente, elaboramos varios modelos, con la intención de disponer de una realización específica de nuestros principios e hipótesis.

En un modelo que analizamos, cada suceso se crea a partir de dos sucesos progenitores y, a su vez, es el progenitor de dos sucesos descendientes. En cada etapa del proceso, hay una primera línea de sucesos, que ya han sido creados pero que aún no han tenido a sus sucesos «hijos». Estos sucesos forman lo que denominamos *presente*, pues son los sucesos que todavía influirán en el futuro. Este proceso de un devenir continuo de sucesos crea una historia.

* Para los expertos, una transformación CPT.

Cuando un suceso ya ha tenido los descendientes correspondientes, ya no puede tener ningún papel directo en la creación del futuro, de modo que decimos que se halla en el pasado. Cada suceso pasado tiene un pasado causal, formado por los sucesos anteriores que han influido sobre él, directa o indirectamente. Su futuro causal es el conjunto de sucesos en crecimiento continuo en los que influye, directa o indirectamente. Así, el pasado tiene la estructura de un conjunto causal.

A continuación, añadimos energía y cantidad de movimiento, convirtiendo así nuestro modelo de futuro en crecimiento en un conjunto causal energético. Cada suceso tiene una energía total y una cantidad de movimiento total, que son la suma de las de sus progenitores. Estos valores se dividen y se pasan a sus descendientes.

Para completar este modelo, debemos responder dos cuestiones. ¿Cómo logra el proceso que crea nuevos sucesos a partir de sucesos presentes (y que hemos denominado la *acción del tiempo*) escoger qué par de sucesos presentes serán los siguientes progenitores de un suceso nuevo? Y ¿cómo distribuyen los sucesos la energía y la cantidad de movimiento a sus descendientes? Para responder a estas preguntas, tenemos que establecer una regla de creación de nuevos sucesos.

Al escoger esta regla, nos guiamos por dos de los principios que he enunciado antes. La teoría debe ser independiente del fondo, lo que en este contexto significa que sucesos distintos solo pueden ser etiquetados, identificados o diferenciados mediante estructuras creadas dinámicamente. Además, estas estructuras no deberían hacer referencia alguna al orden en que se crearon los sucesos. Estos requisitos se cumplen si los sucesos se identifican o se describen solo por medio de la estructura de sus pasados causales.

Todo esto lleva de manera natural a recurrir a la identidad de los indiscernibles como segundo principio. Si los sucesos se diferencian por sus pasados causales, el pasado causal de cada suceso deberá ser único. En consecuencia, la regla de creación de sucesos deberá garantizar que cada suceso que cree tenga un pasado causal diferente de todos los demás creados hasta el momento.

En los modelos que Cortês y yo estudiamos, encontramos dos resultados muy interesantes. El primero, ya mencionado, es que el problema del inverso parece quedar resuelto, pues aparece un espacio-tiempo sobre el cual se pueden hacer corresponder los sucesos y sus relaciones causales. También descubrimos que los sistemas empiezan en una fase muy desordenada y de gran asimetría temporal que evoluciona hacia una fase ordenada y, aproximadamente, con simetría temporal.*

En consecuencia, obtuvimos una valiosa lección de los modelos de conjuntos causales energéticos, a saber, que pueden surgir leyes con simetría temporal a partir de leyes irreversibles más fundamentales. Este resultado contradice la manera en que la mayoría de los físicos piensan acerca de la irreversibilidad.

El último capítulo lo empezamos con cinco principios, todos los cuales son formas de expresar el principio de razón suficiente de Leibniz, y tres hipótesis, que expresan el carácter fundamental e irreversible del tiempo y, en contraste, la naturaleza emergente y contingente del espacio. Creo que la teoría que buscamos, que completaría las dos revoluciones de Einstein, puede ser la expresión coherente de todo esto. Pero antes de llegar a esta conclusión hemos introducido varios modelos que, sin pretender ser la teoría completa, permiten explorar algunos aspectos que podría tener aplicando solo un subconjunto de los principios.

La formulación de colectividades reales es una teoría de variables ocultas relacionales. No es una aplicación completa de los principios, pues está enmarcada por un fondo fijo, un tapiz invariable de tiempo y espacio, pero por lo demás asume el principio de identidad de los indiscernibles con total seriedad al postular que dos sucesos que tienen el mismo punto de vista del universo tienen que ser el mismo suceso. Luego he postulado que la razón por la que dos objetos interactúan con más intensidad cuando están cercanos en el espacio, en realidad, es que sus puntos de vista del resto del universo son similares. Dicho de otro modo, pretendo explicar que el principio de localidad surge de un principio más profundo de similitud de puntos de vista. Para garantizar que se cumple la identidad de los indiscernibles, introducimos una fuerza entre subsistemas que intenta aumentar su diferenciación o, dicho de otro modo, maximizar la variedad global. Este hecho, tal como he comentado antes, lleva a la derivación de la mecánica cuántica.

* Pocos años después, explicamos este comportamiento en dos fases en términos de la dinámica de una clase general de sistemas dinámicos con un número finito de posibles estados. Estos sistemas evolucionan a ciclos, y las dos fases son la fase de convergencia hacia un ciclo y el comportamiento cíclico. Pero un ciclo es reversible, porque cada suceso tiene un único descendiente y un único progenitor.

Los modelos de conjuntos causales energéticos son universos discretos, o cuánticos, que exploran las hipótesis que hemos planteado acerca del espacio y el tiempo. En concreto, personifican la idea de que no hay ningún espacio ni espacio-tiempo de fondo; lo que hay, en cambio, es una noción activa, irreversible y fundamental de tiempo y causación, así como energía y cantidad de movimiento. El espacio-tiempo, y el espacio, son emergentes y contingentes.

El siguiente paso es casar estos dos modelos para obtener una teoría de variables ocultas relacionales que sea independiente del fondo y que haga realidad las hipótesis de que el espacio y la localidad son emergentes. Estos dos modelos empezaron como programas de investigación independientes, pero compartían un tema principal: el papel central de las similitudes y las diferencias entre sucesos. Ambos modelos consideran esto como un elemento fundamental, mientras que la localidad queda relegada a un aspecto accidental y emergente de la naturaleza. Poco a poco me fui dando cuenta de que estos dos modelos tenían que ser perspectivas diferentes de una misma imagen, de modo que un día de verano me senté y abrí una libreta nuevecita para ver si podía hilvanar la historia completa.

De inmediato me quedó claro que el protagonista de esta nueva historia tenía que ser lo que hemos llamado *punto de vista*; es decir, las variables básicas no son nada más que los puntos de vista del universo visto desde cada suceso. Así, empecé a dar vueltas a una aproximación a la física en que estos puntos de vista son fundamentales, en lugar de elementos derivados a partir de una estructura más básica. En este nuevo enfoque, las leyes fundamentales solo involucran de manera directa los puntos de vista y sus diferencias y es lo que denomino *teoría causal de los puntos de vista.*[6]

El punto de vista de un suceso no es nada más que la información que tiene disponible procedente de su pasado causal. El punto de vista hacia el pasado de un suceso es como el cielo: es lo que ves cuando miras alrededor, y como la velocidad de la luz es finita, mirar alrededor significa mirar hacia tu pasado. El punto de vista de un suceso, tal como empleo aquí el término, es totalmente real y no tiene nada que ver con una opinión.* En la teoría que estoy describiendo, lo que es real y objetivo en el mundo es la información que tiene disponible cada

* Debo advertir al lector que no se deje llevar a engaño por el significado coloquial de *punto de vista* en tanto que opinión subjetiva de un individuo.

suceso que forma la historia de ese mundo y que le llega desde su pasado causal.

¡Mira hacia arriba! Tu punto de vista del mundo es como una película proyectada sobre el interior de una esfera bidimensional, que llamamos *firmamento*; el punto de vista de un suceso en un modelo con tres dimensiones (emergentes) espaciales quedará representado por una esfera bidimensional que podemos denominar *firmamento del suceso*. Lo que un suceso ve en su firmamento es el conjunto de sucesos que se hallan directamente en su pasado causal; con más precisión, lo que ve es la energía y la cantidad de movimiento procedente de cada uno de sus sucesos progenitores. Cada progenitor se muestra como un punto de color en el firmamento de ese suceso y cada uno de estos puntos representa un cuanto de energía y cantidad de movimiento que ha llegado procedente de un suceso del pasado. La ubicación de cada punto en el firmamento registra la dirección de la cantidad de movimiento, mientras que el color indica el valor de la energía recibida.

El siguiente paso es simple: plantear la hipótesis de que el universo consiste solamente en estos firmamentos, siendo cada uno el punto de vista de algún suceso. En lugar de construir los puntos de vista a partir de las relaciones causales, invertimos las cosas y derivamos las relaciones causales y todo lo demás a partir de los puntos de vista. Este proceso funciona porque la información que contiene la totalidad de puntos de vista es suficiente para reconstruir las relaciones causales y, por lo tanto, la historia completa.

Al igual que en la teoría de colectividades reales, las leyes incluyen el requerimiento de que se maximice la variedad de todos estos puntos de vista. Esto tiene un efecto similar de llevar hasta la fuerza cuántica. A partir de aquí, se puede derivar la mecánica cuántica como una aproximación a la teoría.

Si quisiéramos resumir toda esta teoría en una sola frase, sería la siguiente: el universo está formado por nada más que puntos de vista de él mismo, cada uno de un suceso de su historia, y las leyes actúan para hacer que estos puntos de vista sean lo más diversos posible.

A partir de este punto, la historia se desarrolla más o menos como la de la teoría de colectividades reales. Puntos de vista similares interactúan entre sí, como resultado de la obligación de evolucionar en la dirección de variedad creciente. Esto lleva a la emergencia del espacio y de la localidad en ese espacio. La no localidad también surge como interacciones distantes en el espacio emergente pero cercanas en términos de similitud de puntos de vista. Finalmente, como en la formulación de colectividades reales, la mecánica cuántica aparece a partir de esas interacciones no locales en tanto que descripción aproximada de la dinámica de los puntos de vista.

La teoría causal de los puntos de vista es una vía para completar la mecánica cuántica. Es una compleción realista, porque es una teoría de existibles, que son los propios puntos de vista. Aún más relevante es el hecho de que demuestra que una única teoría fundamental puede ser, a la vez, una compleción de la mecánica cuántica y un modelo atómico del espacio-tiempo. Permite explicar la emergencia de la localidad y de la no localidad del espacio-tiempo y de la mecánica cuántica.

Esta teoría aún es solo una parte de la historia completa, y todavía tenemos que aprender mucho sobre ella, pero es una manera en que se nos podría presentar el mundo.

Para los realistas como nosotros, la mecánica cuántica no puede ser la historia definitiva. Queda mucho por descubrir. No obstante, tengo confianza en que la naturaleza sea aprehensible y soy optimista en que el poder del razonamiento que todos tenemos, junto con nuestra enorme capacidad de imaginación y de concebir nuevas ideas, bastará para comprender el universo. Albergo especial esperanza en un futuro donde nuestras capacidades individuales se combinen y se disciplinen por medio de nuestra participación en la comunidad científica. Aunque a veces me siento frustrado por nuestra falta de verdadero progreso en la física fundamental durante el último medio siglo, soy optimista a largo plazo. Creo que nuestros descendientes sabrán mucho más acerca de la naturaleza que lo que sabemos nosotros.

También estoy convencido de que la respuesta a las preguntas que nos han atormentado durante casi medio siglo será bastante sencilla, y estará expresada en forma de elegantes hipótesis y principios del mismo tipo que los que he planteado aquí. Sería fantástico si, en nuestra biblioteca de ideas, ya dispusiéramos de la respuesta a cómo completar las dos revoluciones de Einstein, pero si no es así, no tengo ninguna duda de que nuestros descendientes lo lograrán, siempre que mantengamos viva la gran aventura de la ciencia.

Epílogo / Revoluciones

UNA NOTA PERSONAL

«La verdad está ahí fuera».

Expediente X

«Nunca nunca nunca nunca... nunca abandones».

David Gross

Einstein nos dijo que los científicos somos unos oportunistas siempre dispuestos a romper las reglas y retorcer el método científico para lograr nuestro objetivo de descubrir cómo funciona el mundo. Cada científico es como un empresario con una cierta cantidad de capital para invertir; para un físico teórico, este capital es básicamente tiempo y concentración. Las decisiones más importantes que tomamos son en qué problemas trabajar y qué enfoques tener en cuenta. ¿Qué nuevo artículo me voy a estudiar? ¿A qué congreso voy a asistir? ¿Qué charlas quiero oír? Los beneficios llegan por diversos caminos: la emoción del descubrimiento, la admiración de los colegas y alumnos, la propia carrera investigadora y, claro está, oportunidades de trabajo y un buen sueldo.

Para cualquiera que esté interesado en aplicar las leyes conocidas de la física para ampliar nuestro entendimiento de la naturaleza, sin duda es un gran momento para ser físico. Por ejemplo, hay descubrimientos fascinantes que jalonan el camino hacia la física de la materia condensada y también estamos haciendo astronomía de verdad con ondas gravitatorias para observar el universo. Estos paradigmas funcionan; punto. El progreso constante en matemáticas impulsa los avances en física matemática, con brillantes científicos que lideran el asalto a una mejor comprensión de las estructuras matemáticas de nuestras teorías, tanto las ya bien establecidas como las recién nacidas. Los progresos en las técnicas experimentales también son asombrosos, con una ley de Moore que se va cumpliendo con un aumento exponencial en el alcance y la precisión de las observaciones astronómicas.* No hay nada de malo en todo esto, excepto por el hecho de que ninguna de estas empresas afronta los grandes misterios fundamentales. Solo cuando intentamos avanzar en el proyecto de descubrir las leyes y principios fundamentales parece que en el fondo estemos mareando la perdiz.

En estos momentos, en física fundamental y cosmología, solo hay dos jugadas a las que apostar. O apostamos a que sabemos todos los principios fundamentales o nos arriesgamos a suponer que aún nos faltan ideas y principios básicos. Los grandes programas de investigación, como la teoría inflacionaria, la teoría de cuerdas o la gravedad cuántica de bucles, son todos ellos formas de apostar a que sabemos los principios básicos de la física fundamental. Con notables excepciones, los que trabajan en estos campos dan por sentado que los principios básicos de la teoría cuántica y de la relatividad son adecuados y pueden aplicarse a una nueva teoría. Muchas de las personas que trabajan fuera de estos campos lo hacen porque han apostado por la segunda opción, han apostado a que aún queda mucho por descubrir. Y luego, las personas como yo, que aportamos algo a ambos enfoques, parece que queremos asegurarnos la jugada.

Cuando se trata de la mecánica cuántica, nos enfrentamos a la misma elección. O bien apostamos a que disponemos de una teoría completa y solo nos falta comprenderla mejor o bien apostamos a que la teoría está incompleta en aspectos relevantes. La interpretación de Copenhague, las interpretaciones operacionales, la mecánica cuántica everettiana, etc. son todas ellas apuestas a que sabemos todo lo que hay que saber de importancia de los fenómenos cuánticos. Cualquiera que se centre en exclusiva en alguna de las propuestas realistas, como la teoría de la onda piloto o los modelos de colapso espontáneo, está apostando a que su teoría favorita resultará ser la adecuada compleción de la mecánica

* La ley de Moore, planteada inicialmente en 1965 en informática, es la extrapolación de la observación empírica de que el número de transistores en un circuito integrado se duplica cada dos años, aproximadamente, lo que da un crecimiento exponencial. Posteriormente se ha ido reformulando en otras situaciones de diversos campos de la ciencia. *(N. del t.)*

cuántica. En ambos casos, la apuesta asume que sabemos todos los principios necesarios para comprender la naturaleza.

¿Y qué pasa con aquellos de nosotros que estamos persuadidos de que se necesita una compleción pero no estamos convencidos de que ninguna de las propuestas planteadas se acerque a la verdad? ¿A qué apostamos?

Hasta ahora, mis apuestas siempre han caído a ambos lados de estas separaciones. Mis mayores éxitos han utilizado ideas y herramientas de la física de partículas para solucionar problemas de gravedad cuántica (de hecho, esta es una de las vías que llevó a la gravedad cuántica de bucles); sin embargo, de vez en cuando escribo artículos en los que informo de mis esfuerzos para elaborar teorías de variables ocultas relacionales. Y el mejor de mis primeros artículos fue un intento de vincular el principio de inercia con los fundamentos de la cuántica. A medida que pasaron los años, amplié mis esfuerzos básicos hacia el problema del panorama, que llevó a mi trabajo acerca de la naturaleza del tiempo. En cualquier caso, mi trabajo cotidiano sigue siendo la gravedad cuántica, tanto por lo que respecta a la fenomenología de la teoría como a la gravedad cuántica de bucles.

El proyecto de un libro es algo así como una terapia mental, que te obliga a examinar tus embrollados pensamientos e intuiciones y desarrollarlos hasta llegar a sus conclusiones lógicas. Así, ahora que he escrito un libro que sostiene que necesitamos una teoría radicalmente nueva para resolver los problemas de fundamentación de la física y la cosmología, ¿qué voy a hacer con este tema? ¿Me mantengo en el mismo programa seguro e inocuo? ¿O me lanzo a intentar resolver el problema real?

Para apostar a que la verdad requiere algo aún por descubrir debemos gastar tiempo buscando esa compleción desconocida. No podemos ir navegando de cabotaje en aguas familiares y seguras, atracando en un puerto conocido tras otro; tenemos que lanzarnos a alta mar, abandonando la reconfortante visión de tierra firme, confiando solo en nuestra brújula o más bien en el remedo de brújula que podamos armar a partir de los indicios que nos tomemos más en serio.

No hay ninguna apuesta más razonable que suponer que nuestro conocimiento actual es incompleto. En todas las épocas del pasado nuestro conocimiento ha sido incompleto, ¿por qué debería ser diferente el momento actual? Sin duda, los enigmas a los que nos enfrentamos son, como mínimo, tan formidables como cualquier otro del pasado. Y, sin embargo, casi nadie apuesta por esta opción; no lo entiendo, la verdad.

Creo que para muchos físicos es duro imaginar que no nos hallamos cerca del final de nuestra búsqueda de las leyes definitivas de la naturaleza. Hemos sido formados en una cultura en la cual lo más relevante es tener la respuesta correcta, y debemos nuestras carreras al hecho de ser los científicos que la obtengan. Pero siempre me da por pensar en los habitantes del futuro y cuánto más sabrán y cuán ridículas les parecerán nuestras declaraciones de conocimiento. Es posible que esto me haya convertido, también, en un defensor menos efectivo de mis propias ideas.

Entonces, ¿qué hacemos con las creaciones parcialmente exitosas, como la gravedad cuántica de bucles? Para empezar, vale la pena dedicar un poco de nuestro tiempo y atención al descubrimiento de una nueva dirección posible incompleta y sin confirmación experimental (es decir, muy vulnerable a las críticas, como le sucede a la mayoría de las nuevas teorías en sus inicios). El hecho de que esa nueva dirección, por muy incompleta que sea su formulación, sea algo que podría ser cierto o ser parte de la verdad, incluso sin pruebas directas, es bueno para una década de exploración. Pero después de un tercio, o más, de un siglo durante el cual muchos esfuerzos y muchas carreras han fracasado en su intento de mover ni un milímetro ese *podría ser cierto* a un *debe ser cierto*, ¿no ha llegado el momento de pasar página? Podría parecer que estoy repitiendo las manidas polémicas en la guerra de la teoría de cuerdas, pero más bien pienso con cariño en todos aquellos, yo incluido (especialmente yo), cuyos enconados esfuerzos han sido incapaces de lograr los avances con los que soñábamos.

¿Por qué escribimos aún más artículos sobre enfoques cuyos defectos han sido puestos de manifiesto durante décadas y casi ninguno acerca de nuevas propuestas para completar la mecánica cuántica? No es por falta de interés, diría, pues todas las personas que conozco que trabajan en la fundamentación de la cuántica han escogido este arriesgado camino porque se preocupan sinceramente por cómo la naturaleza soluciona el problema de la medición y tantos otros enigmas.

Yo, por mi parte, estoy cansado de discutir sobre los pros y los contras y sobre los méritos respectivos de los enfoques existentes y los ingeniosos apaños creados para rescatar una idea que es evidente que está sucumbiendo a causa de sus propias carencias. Así pues, debo tomar una decisión: o bien sigo por el camino actual, que me llevará a lo alto de esa pequeña colina que hay pasado el pueblo de al lado o bien me lanzo a cruzar esos otros terrenos pantanosos por caminos ignotos a ver si más allá encuentro una montaña de verdad. Si me dirijo a los pantanos, seguro que me perderé y fracasaré, pero espero poder enviar algunos mensajes de vuelta para despertar el interés de aquellos otros que también tienen la corazonada de que tal vez haya algo interesante más allá de los pantanos, y evitar que abandonen la búsqueda demasiado pronto.

Si bien estoy plenamente convencido de que necesitamos algo muy novedoso, tengo bien pocas ideas acerca de cómo buscar la verdad científica aparte de basarnos en los programas de investigación existentes y usar herramientas y métodos bien afilados. Este es el tipo de investigación que se enseña, se acredita, se financia y se premia en la comunidad académica, una comunidad que es una parte activa necesaria para que tu trabajo sea tomado en serio por las personas que tienen los conocimientos adecuados para evaluarlo. ¿Qué debo incluir en mis solicitudes para un programa de investigación, si mis ideas no se pueden expresar en el lenguaje de un programa de investigación ya existente y ampliamente seguido? ¿Qué problemas voy a plantear a mis estudiantes de doctorado, si no van a calcular algo mediante herramientas y recursos elaborados en un marco concreto? ¿Les digo a mis estudiantes que se levanten por la mañana, se tomen un café, abran una libreta y se queden ahí mirando las páginas en blanco hasta que se les aparezca un ángel desaliñado con la revelación de su vida? ¿Cuántos días, semanas, meses o años y cuántas páginas garabateadas y llenas de incoherencias voy a permitir antes de abandonar?

No es solo que intentar crear toda una nueva física sea arriesgado para mi carrera y perjudicial para mi estabilidad emocional, es que ni tan solo sé por dónde empezar. Casi nadie que esté vivo ha hecho tal cosa, del modo en que lo hicieron los revolucionarios de la física hace un siglo. En mi experiencia, pocas cosas hay más terroríficas que dejar de lado los principios básicos que constituyen los cimientos de nuestra comprensión del lugar que ocupamos en la naturaleza (¿acaso no es por eso por lo que es agradable saberlos?).

Sin duda, es mucho más sencillo trabajar dentro de un marco ya existente y hurgar en los límites de lo que sabemos desde su interior, por así decirlo. Podemos hacer esto a la vez que mantenemos la mente abierta acerca de los principios básicos y buscamos oportunidades de modificarlos o incluso de incorporar algunos nuevos. Incluso más importante es mantenerse alerta de nuevas oportunidades para comprobar las teorías mediante experimentos y observaciones empíricas. Esto es lo que he hecho durante casi toda mi carrera, y me atrevería a decir que es también lo que han hecho muchos de los que trabajan en los enfoques principales al problema, como la teoría de cuerdas y la gravedad cuántica de bucles. Y lo que podemos mostrar de todo nuestro trabajo es una colección de hermosos resultados, que puede que nos lleven hacia la verdad o no, y sobre todo unas cuantas propuestas de nuevos principios, como el principio holográfico o el principio de localidad relativa. Pero, siendo sinceros y con todos los respetos para todos aquellos que hemos invertido tanto tiempo en enfoques razonables para elaborar teorías razonables, el resultado es insuficiente.

Siempre me he estado diciendo que asumiría todos esos riesgos después de obtener el doctorado, después de obtener mi beca posdoctoral, después de lograr un puesto en la universidad, después de conseguir ser profesor titular... Pero también los titulares veteranos y famosos deben solicitar becas y proyectos de investigación, y siempre hay ese flamante premio de culminación de una carrera a la vista, esa cátedra cómoda y prestigiosa. Total, que ya puestos, puedo esperar a mi jubilación y entonces sí, entonces ya seré libre para asumir los grandes riesgos. La verdad es que, como alguien que ya se está acercando a este momento, puedo afirmar con certeza que, mientras vas sumando años y te pasan volando la cincuentena y la sesentena, mientras te apresuras cada día con una agenda llena de seminarios, reuniones de profesorado, visitas de estudiantes, clases, paneles de revisión, aviones, hoteles y charlas en congresos, lo único que aprendes es que no eres inmortal.

De modo que tal vez esto sea tarea de algún brillante estudiante en alguna parte del mundo, arrogante como lo era el joven Einstein, pero lo bastante dotado como para absorber los aspectos básicos de todo lo que hemos hecho hasta ahora antes de dejarlos de lado y empezar todo de nuevo, con total confianza.

Un amigo me dijo una vez que el mundo académico se fraguó en los monasterios, concebidos para perpetuar las viejas enseñanzas y resistirse a lo nuevo. Después de varias décadas dentro del sistema académico, sigo fascinado por su preciso funcionamiento. No hay discusión posible con la lógica de la fama académica, que premia los éxitos científicos con distracciones que dificultan hacer más ciencia, a la vez que impone impedimentos tremendos a dejar de pulir tus logros y asumir nuevos retos.

El mundo académico está muy bien equipado para respaldar lo que Thomas Kuhn denominó *ciencia normal*. Y es una gran cosa hasta que empieza a llegar la hora de provocar una revolución.

Por lo que yo sé, muy poca gente ha topado con un gran descubrimiento por accidente; la mayoría de verdaderos avances se han logrado tras años y años de trabajo duro y agotador. Feynman dijo que para descubrir algo nuevo tienes que tomarte el tiempo necesario para cometer todos los errores posibles durante el camino; y él sabía bien de lo que hablaba.

Así pues, la mejor respuesta que tengo es enfrentarse a la libreta en blanco. Tenemos figuras que nos sirven de modelo: Einstein lo hizo, Bohr lo hizo, De Broglie, Schrödinger y Heisenberg lo hicieron, Bohm y Bell lo hicieron. Cada uno halló un camino a partir de esa página en blanco y ese camino llevó a cada uno a un descubrimiento fundacional que amplió nuestro conocimiento de la naturaleza. Podemos empezar anotando lo que sabemos con certeza y preguntémonos cuál de los principios fundamentales del canon actual debe mantenerse en la revolución en ciernes. Esta será la primera página de la libreta. Ahora pasemos la página y empecemos a pensar.

AGRADECIMIENTOS

Este libro representa toda una vida de luchas a brazo partido con los enigmas de los fundamentos de la teoría cuántica. Mi primer agradecimiento tiene que ser para Herbert Bernstein, por su revolucionario curso de primer año de mecánica cuántica, por convertirme en el examinador del curso para asegurarse de que aprendía a resolver problemas y por los muchos años de amistad desde entonces. En la escuela de doctorado tuve la suerte de estudiar con Abner Shimony, quien ha sido un modelo para todos los que deseamos aportar el rigor y la profundidad de la filosofía al análisis de los problemas de fundamentación de la física. En este sentido, tengo que dar las gracias a Hilary Putnam, quien me comentó que Abner podría responder mis preguntas acerca de la teoría cuántica que él no podía.

Durante el doctorado y en los años siguientes también he sido afortunado de encontrarme y conversar con algunos incisivos pensadores que siguen siendo una gran inspiración: Steve Adler, Yakir Aharonov, Bryce DeWitt, Cécile DeWitt-Morette, Freeman Dyson, Paul Feyerabend, Richard Feynman, Jim Hartle, Gerard 't Hooft, Chris Isham, Edward Nelson, Roger Penrose, Leonard Susskind, John Archibald Wheeler y Eugene Wigner.

Poco después de obtener mi título de doctor, conocí a Julian Barbour, quien me hizo conocer a Leibniz y Mach, y desde entonces ha sido mi mentor y guía en la filosofía relacional. Mi formación filosófica ha proseguido gracias a conversas con David Albert, Harvey Brown, Jim Brown, Jeremy Butterfield, Jenann Ismael y Steve Weinstein, entre muchos otros. Henrique Gomes, Simon Saunders, Roderich Tumulka, Antony Valentini y David Wallace han sido especialmente serviciales al leer y comentar mis borradores y explicándome con paciencia mis errores; todos los errores que persistan son exclusivamente responsabilidad mía.

Me gustaría muchísimo dar las gracias a todos aquellos que se han convertido en amigos durante nuestros trabajos conjuntos en los problemas fundacionales: Stephon Alexander, Giovanni Amelino-Camelia, Abhay Ashtekar, Eli Cohen, Marina Cortês, Louis Crane, John Dell, Avshalom Elitzur, Laurent Freidel, Sabine Hossenfelder, Ted Jacobson, Stuart Kauffman, Jurek Kowalski-Glikman, Andrew Liddle, Renate Loll, João Magueijo, Roberto Mangabeira Unger, Fotini Markopoulou y Carlo Rovelli.

El libro ha mejorado mucho gracias a los comentarios de Krista Blake, Saint Clair Cemin, Dina Graser, Jaron Lanier y Donna Moylan. También quiero agradecer a Kaća Bradonjić su trabajo con las ilustraciones y sus numerosas y útiles sugerencias sobre el texto.

Por sus provechosas conversas y correspondencia, debo dar las gracias a Jim Baggott, Julian Barbour, Freeman Dyson, Olival Freire, Stuart Kauffman, Michael Nielsen, Philip Pearle, Bill Poirier, Carlo Rovelli y John Stachel. Alexander Blum y Jürgen Renn me ayudaron a hilvanar un relato precisa de la historia de la mecánica cuántica.

Estoy encantado de formar parte de la dinámica comunidad del Perimeter Institute for Theoretical Physics centrada en la fundamentación de la física, un lugar en el que me siento como en casa y que aporta contexto para mi trabajo. Además de aquellos ya mencionados, he aprendido muchísimos, año tras año, de Gemma de las Cuevas, Bianca Dittrich, Fay Dowker, Chris Fuchs, Lucien Hardy, Adrian Kent, Rafael Sorkin, Rob Spekkens y muchos más. Quiero agradecer a Mike Lazaridis, Howard Burton y Neil Turok que me incluyeran en esta aventura vital y ofrecer un reconocimiento a Michael Duschenes y todo el personal del Perimeter por su tarea inteligente y entregada.

Estoy en deuda con varios grupos de estudiantes, ya desde el grupo «Nature Loves to Hide» en el Hampshire College, que han conducido diversas versiones de las clases de «Física cuántica para poetas», durante las cuales he podido probar las estrategias pedagógicas que utilizo aquí. Más recientemente, Camilla Singh se dejó usar de conejillo de indias en un experimento para enseñar mecánica cuántica a los artistas.

John Brockman, Katinka Matson y Max Brockman han sido mis agentes literarios y amigos durante los muchos años que hace que escribo libros. Scott Moyers, Christopher Richards y Thomas Penn han sido unos grandes editores y les estoy muy agradecido por haberme insistido en que podría escribir un libro mejor de lo que pensaba. Además, tengo el placer de contarme entre los escritores que se han beneficiado del ojo crítico de Louise Dennys.

Para finalizar, se lo debo todo a Dina Graser y Kai Smolin, que me han apoyado durante todos los altibajos de este proyecto.

NOTAS

Prefacio

1. Bell, J. S., «On the Einstein Podolsky Rosen Paradox», *Physics* 1, 3 (noviembre de 1964), pp. 195-200.

1. La naturaleza adora ocultarse

1. Einstein, A. «A Reply to Criticisms», en *Einstein: Philosopher-Scientist* (ed. P. A. Schillp), 3a ed., Open Court Publishing, Peru (Illinois), 1988.
2. Carta de Einstein a Max Born, 4 de diciembre de 1926, en *The Born-Einstein Letters: The correspondence Between Albert Einstein and Max and Hedwig Born, 1916-1955, with Commentaries by Max Born* (trad. Irene Born), Walker and Co., Nueva York, 1971.

2. Cuentos y cuantos

1. Stoppard, T., *Arcadia: A Play*, Farrar, Straus and Giroux, Nueva York, 2008. La primera representación tuvo lugar en el Royal National Theatre de Londres, el 13 de abril de 1993. El fragmento corresponde a la primera escena del primer acto.

4. Cómo se comparten los cuantos

1. Wheeler, J. A., *Quantum Theory and Measurement* (ed. J. A. Wheeler y W. H. Zurek), Princeton University Press, Princeton, 1983.
2. Einstein, A., Podolsky, B., Rosen, N., «Can Quantum-Mechanical Description of Physical Reality Be Considered Complete?», *Physical Review*, 47, 10 (15 de mayo de 1935), pp. 777-780.

3. Aspect, A., Grangier, P., Roger, G., «Experimental Tests of Realistic Local Theories via Bell's Theorem», *Physical Review Letters*, 47, 7 (agosto de 1981), pp. 460-463. Aspect, A., Dalibard, J., Roger, G., «Experimental Test of Bell's Inequalities Using Time-Varying Analyzers», *Physical Review Letters*, 49, 25 (diciembre de 1982), pp. 1804-1807.
4. Bohr, N., «Can Quantum-Mechanical Description of Physical Reality Be Considered Complete?», *Physical Review*, 48, 8 (octubre de 1935), pp. 696-702.
5. Kochen, S., Specker, E. P., «The Problem of Hidden Variables in Quantum Mechanics», *Journal of Mathematics and Mechanics*, 17, (julio de 1967), pp. 59-87. Bell, J. S., «On the Problem of Hidden Variables in Quantum Mechanics», *Reviews of Modern Physics*, 38, 3 (julio de 1966), pp. 447-452.

6. El triunfo del antirrealismo

1. Fuchs, C. A., Peres, A. «Quantum Theory Needs No 'Interpretation'», *Physics Today*, 53, 3 (marzo de 2000), pp. 70-71, https://doi.org/10.1063/1.883004.
2. O'Connor, J. J., Robertson, E. F., «Louis Victor Pierre Raymond duc de Broglie», http://www.history.mcs.st-andrews.ac.uk/Biographies/Broglie.html.
3. Louis de Broglie, entrevista de Thomas S. Kuhn, Andre George y Theo Kahan, 7 de enero de 1963, transcripción, Niels Bohr Library & Archives, American Institute of Physics, College Park (Maryland), https://repository.aip.org/islandora/object/nbla:272502.
4. Heisenberg, W., *The Physicist's Conception of Nature* (trad. A. J. Pomerans), Harcourt, Nueva York, 1985 (hay trad. esp.: *La imagen de la naturaleza en la física actual* [trad. Gabriel Ferraté], Ariel, Barcelona, 1976).
5. Bohr, N., citado en: Jammer, M., *The Philosophy of Quantum Mechanics: The Interpretations of Quantum Mechanics in Historical Perspective*, John Wiley and Sons, Nueva York, 1974.

7. El desafío realista: De Broglie y Einstein

1. Bacciagaluppi, G., Valentini, A., *Quantum Theory at the Crossroads: Reconsidering the 1927 Solvay Conference*, Cambridge University Press, Cambridge, 2009, p. 235.
2. Bacciagaluppi y Valentini, p. 487.
3. Hermann, G., «Die naturphilosophischen Grundlagen der Quantenme-

chanik», *Die Naturwissenschaften*, 23, 42 (octubre de 1935), pp. 718-721, doi:10.1007/ BF01491142. Hermann, G., «The Foundations of Quantum Mechanics in the Philosophy of Nature» (traducción al inglés con introducción de Dirk Lumma), *The Harvard Review of Philosophy*, 7, 1 (1999), pp. 35-44.
4. Bell, J., «Interview: John Bell» (entrevista de Charles Mann y Robert Crease), *Omni*, 10, 8 (mayo de 1988), p. 88.
5. Mermin, N. D., «Hidden Variables and the Two Theorems of John Bell», *Reviews of Modern Physics*, 65, 3 (julio de 1993), pp. 805-806.

8. Bohm: el nuevo asalto realista

1. Tumulka, R., «On Bohmian Mechanics, Particle Creation, and Relativistic Space-Time: Happy 100th Birthday, David Bohm!», *Entropy*, 20, 6 (junio de 2018), p. 462, arXiv:1804.08853v3.
2. Bohm, D., «A Suggested Interpretation of Quantum Theory in Terms of 'Hidden' Variables, 1», *Physical Review*, 85, 2 (enero de 1952), p. 166-179.
3. Einstein, A., citado en: Myrvold, W., «On Some Early Objections to Bohm's Theory», *International Studies in the Philosophy of Science*, 17, 1 (marzo de 2003), pp. 7-24.
4. Einstein, A., citado en: Peat, E. D., *Infinite Potential: The Life and Times of David Bohm*, Basic Books, Nueva York, 1997, p. 132.
5. Einstein, A., «Elementäre Überlegungen zur Interpretation der Grundlagen der Quanten-Mechanik», en: *Scientific Papers Presented to Max Born*, Hafner, Nueva York, 1953, pp. 33-40; citado en Myrvold.
6. Cohen, B., «4 Things Einstein Said to Cheer Up His Sad Friend», *From the Grapevine*, 13 de junio de 2017, https://www.fromthegrapevine.com/lifestyle/einstein-bohm-letters-winner-auction-israel.
7. Heisenberg, W., citado en Myrvold, «On Some Early Objections», p. 12.
8. Olival Freire Jr., «Science and Exile: David Bohm, the Hot Times of the Cold War, and His Struggle for a New Interpretation of Quantum Mechanics», *Historical Studies on the Physical and Biological Sciences*, 36, 1 (septiembre de 2005), pp. 1-34, https://arxiv.org/pdf/physics/0508184.pdf.
9. Oppenheimer, J. R., comentarios a Max Dresden, en: Dresden, M., *H. A. Kramers: Between Tradition and Revolution*, Springer-Verlag, Nueva York, 1987, p. 133. También citado en: Peat, F. D., *Infinite Potential: The Life and Times of David Bohm*, Addison-Wesley, Reading (Massachusetts), 1996, donde los remite a los «comentarios de Dresden de entre el público en la reunión de la American Physical Society en Washington en mayo de 1989. Dresden confirmó esta versión en una entrevista con el autor [Peat] tras esa sesión y en una carta al autor» (cita p. 133; nota p. 334).
10. Peat, *Infinite Potential*, p. 133.

11. John Nash a J. Robert Oppenheimer, 10 de julio de 1957, Institute for Advanced Study, Shelby White and Leon Levy Archives Center, https://www.ias.edu/ideas/2015/john-forbes-nash-jr.
12. Léon Rosenfeld a David Bohm, 30 de mayo de 1952, citado en: Gilder, L., *The Age of Entanglement: When Quantum Physics Was Reborn*, Alfred A. Knopf, Nueva York, 2008, pp. 216-217.
13. Valentini, A., «Signal-Locality, Uncertainty, and the Sub-Quantum H-Theorem, 1», *Physics Letters A*, 156, 1-2 (junio de 1991), pp. 5-11; «Signal-Locality, Uncertainty, and the Sub-Quantum H-Theorem, 2», *Physics Letters A*, 158, 1-2 (agosto de 1991), pp. 1-8.
14. Valentini, A., Westman, H., «Dynamical Origin of Quantum Probabilities», *Proceedings of the Royal Society of London A*, 461, 2053 (enero de 2005), pp. 253-272, arXiv:quant-ph/0403034; Abraham, E., Colin, S., Valentini, A., «Long-Time Relaxation in Pilot-Wave Theory», *Journal of Physics A: Mathematical and Theoretical*, 47, 39 (septiembre de 2014), p. 5306, arXiv:1310.1899.
15. Valentini, A., «Signal- Locality in Hidden-Variables Theories», *Physics Letters A*, 297, 5-6 (mayo de 2002), pp. 273-278.
16. Underwood, N. G., Valentini, A., «Anomalous Spectral Lines and Relic Quantum Nonequilibrium», 2016, arXiv:1609.04576; Colin S., Valentini, A., «Robust Predictions for the Large-Scale Cosmological Power Deficit from Primordial Quantum Nonequilibrium», *International Journal of Modern Physics*, D25, 6 (abril de 2016), p. 1650068, arXiv:1510.03508.

9. El colapso físico de los estados cuánticos

1. Bohm, D., Bub, J., «A Proposed Solution of the Measurement Problem in Quantum Mechanics by a Hidden Variable Theory», *Reviews of Modern Physics*, 38, 3 (julio de 1966), pp. 453-469.
2. Pearle, P., «Reduction of the State Vector by a Nonlinear Schrödinger Equation», *Physical Review D*, 13, 4 (febrero de 1976), pp. 857-868.
3. Ghirardi, G., Rimini, A., Weber, T., «Unified Dynamics for Microscopic and Macroscopic Systems», *Physical Review D*, 34, 2 (julio de 1986), pp. 470-491.
4. Tumulka, R., «A Relativistic Version of the Ghirardi-Rimini-Weber Model», *Journal of Statistical Physics*, 125, 4 (noviembre de 2006), pp. 821-840.
5. Penrose, R., «Gravitational Collapse and Space-Time Singularities», *Physical Review Letters*, 14, 3 (enero de 1965), pp. 57-59.
6. Hawking, S. W., Penrose, R., «The Singularities of Gravitational Collapse and Cosmology», *Proceedings of the Royal Society A*, 314, 1519 (enero de 1970), pp. 529-548.

7. Penrose, R., «Time- Asymmetry and Quantum Gravity», en: *Quantum Gravity 2: A Second Oxford Symposium* (eds. C. J. Isham, R. Penrose y D. W. Sciama), Clarendon Press, Oxford, 1981, p. 244; Penrose, R., «Gravity and State Vector Reduction», en: *Quantum Concepts in Space and Time* (eds. R. Penrose y C. J. Isham), Clarendon Press, Oxford, 1986, p. 129; Penrose, R., «Non-locality and Objectivity in Quantum State Reduction», en: *Quantum Coherence and Reality: In Celebration of the 60th Birthday of Yakir Aharonov* (eds. J. S. Anandan y J. L. Safko), World Scientific, Singapur, 1995, p. 238; Penrose, R., *Shadows of the Mind: A Search for the Missing Science of Consciousness*, Oxford University Press, Oxford, 1994 (hay trad. esp.: *Las sombras de la mente: hacia una comprensión científica de la consciencia*, Crítica, Barcelona, 2007); Penrose, R., «On Gravity's Role in Quantum State Reduction», *General Relativity and Gravitation*, 28, 5 (mayo de 1996), pp. 581-600; Fuentes, I., Penrose, R., «Quantum State Reduction via Gravity, and Possible Tests Using Bose-Einstein Condensates», en: *Collapse of the Wave Function: Models, Ontology, Origin, and Implications* (ed. S. Gao), Cambridge University Press, Cambridge, 2018, p. 187.
8. Diósi, L., «Models for Universal Reduction of Macroscopic Quantum Fluctuations», *Physical Review A*, 40, n 3 (agosto de 1989), pp. 1165-1174; Károlyházy, F., «Gravitation and Quantum Mechanics of Macroscopic Bodies», *Il Nuovo Cimento A*, 42, 2 (marzo de 1966), pp. 390-402; Károlyházy, F., Frenkel, A., Lukács, B., «On the Possible Role of Gravity in the Reduction of the Wave Function», en: *Quantum Concepts in Space and Time*, pp. 109-128.
9. Bose, S., Mazumdar, A., Morley, G. W., Ulbricht, H., Toros, M., Paternostro, M., Geraci, A. A., Barker, P. F., Kim, M. S., Milburn, G., «Spin Entanglement Witness for Quantum Gravity», *Physical Review Letters*, 119, 24 (diciembre de 2017), p. 240401, arXiv:1707.06050; Marletto, C., Vedral, V., «Gravitationally Induced Entanglement between Two Massive Particles Is Sufficient Evidence of Quantum Effects in Gravity», *Physical Review Letters*, 119, 24 (diciembre de 2017), p. 240402, arXiv:1804.11315.
10. Pearle, P., «A Relativistic Dynamical Collapse Model», *Physical Review D*, 91, 10 (mayo de 2015), p. 105012, arXiv:1412.6723.
11. Gambini, R., Pullin, J., «The Montevideo Interpretation of Quantum Mechanics: A Short Review», *Entropy*, 20, 6 (febrero de 2015), p. 413, arXiv:1502.03410.
12. Adler, S. L., «Gravitation and the Noise Needed in Objective Reduction Modes», en: *Quantum Nonlocality and Reality: 50 Years of Bell's Theorem* (eds. Mary Bell y Shan Gao), Cambridge University Press, Cambridge, 2016, p. 390-399.

10. El realismo mágico

1. DeWitt, B. S., «Quantum Mechanics and Reality: Could the Solution to the Dilemma of Indeterminism Be a Universe in Which All Possible Outcomes of an Experiment Actually Occur?», *Physics Today*, 23, 9 (septiembre de 1970), pp. 155-165.

11. El realismo crítico

1. Deutsch, D., «Quantum Theory of Probability and Decisions», *Proceedings of the Royal Society A*, 455, 1988 (agosto de 1999), pp. 3129-3137, arXiv:quant-ph/9906015.
2. Wallace, D., «Quantum Probability and Decision Theory, Revisited», 2002, arXiv:quant-ph/0211104; Wallace, D., «Everettian Rationality: Defending Deutsch's Approach to Probability in the Everett Interpretation», *Studies in History and Philosophy of Science Part B: Studies in History and Philosophy of Modern Physics*, 34, 3 (septiembre de 2003), p. 415-439, arXiv:quant-ph/0303050; Wallace, D. «Quantum Probability from Subjective Likelihood: Improving on Deutsch's Proof of the Probability Rule», *Studies in History and Philosophy of Science Part B: Studies in History and Philosophy of Modern Physics*, 38, 2 (junio de 2007), pp. 311-332, arXiv:quant-ph/0312157; Wallace, D., «A Formal Proof of the Born Rule from Decision-Theoretic Assumptions», 2009, arXiv:quant-ph/0906.2718; Saunders, S., «Derivation of the Born Rule from Operational Assumptions», *Proceedings of the Royal Society A*, 460, 2046 (junio de 2004), pp. 1771-1188, arXiv:quant-ph/0211138.
3. Schulman, L. S., «Note on the Quantum Recurrence Theorem», *Physical Review A*, 18, 5 (novembre de 1978), pp. 2379-2380, doi:10.1103/PhysRevA.18.2379.
4. Weinberg, S., «The Trouble with Quantum Mechanics», *The New York Review of Books*, 19 de enero, 2017, https://www.nybooks.com/articles/2017/01/19/trouble-with-quantum-mechanics/.

12. Alternativas a la revolución

1. Hardy, L., «Reformulating and Reconstructing Quantum Theory», 2011, arXiv:1104.2066.
2. Feynman, R. P., «Simulating Physics with Computers», discurso inaugural en el congreso sobre física de la informática del MIT «Physics of

Computation Conference», 1981; publicado en: *International Journal of Theoretical Physics*, 21, 6-7 (junio de 1982), pp. 467-488.

3. Deutsch, D., «Quantum Theory, the Church-Turing Principle and the Universal Quantum Computer», *Proceedings of the Royal Society A*, 400, 1818 (julio de 1985), pp. 97-117.
4. Wheeler, J. A., «Information, Physics, Quantum: The Search for Links», en: *Proceedings of the 3rd International Symposium: Foundations of Quantum Mechanics in the Light of New Technology, Tokyo, 1989* (eds. Shunichi Kobayashi *et al.*), Physical Society of Japan, Tokio, 1990, pp. 354-358.
5. Wheeler, J. A., citado en: Davies, P., *The Goldilocks Enigma* (en otras ed. *Cosmic Jackpot*), Houghton Mifflin, Boston y Nueva York, 2006, p. 281.
6. Fuchs, C. A., Stacey, B. C., «QBism: Quantum Theory as a Hero's Handbook», 2016, arXiv:1612.07308.
7. Crane, L., «Clock and Category: Is Quantum Gravity Algebraic?», *Journal of Mathematical Physics*, 36, 11 (mayo de 1995), pp. 6180-6193, arXiv:gr-qc/9504038; Rovelli, C., «Relational Quantum Mechanics», *International Journal of Theoretical Physics*, 35, 8 (agosto de 1996), pp. 1637-1678, arXiv:quant-ph/9609002, Smolin, L., «The Bekenstein Bound, Topological Quantum Field Theory and Pluralistic Quantum Cosmology», 1995, arXiv:gr-qc/9508064.
8. Kastner, R. E., Kauffman, S., Epperson, M., «Taking Heisenberg's Potentia Seriously», 2017, arXiv:1709.03595.
9. Barbour, J., *The End of Time: The Next Revolution in Physics*, Oxford University Press, Oxford, 1999.
10. Gomes, H. de A., «Back to Parmenides», 2016, 2018, arXiv:1603.01574.

13. ¿QUÉ HEMOS APRENDIDO?

1. Quiero agradecer a Avshalom Elitzur y Eli Cohen las numerosas discusiones sobre estos casos.
2. Para una revisión reciente, véase Tumulka, R., «Bohmian Mechanics», en: *The Routledge Companion to the Philosophy of Physics* (eds. Eleanor Knox y Alastair Wilson), Routledge, Nueva York, 2018, arXiv:/1704.08017.
3. Aharonov, Y. y Vaidman, L., «The Two-State Vector Formalism of Quantum Mechanics: An Updated Review», en: *Time in Quantum Mechanics*, vol. 1 (eds. J. Gonzalo Muga, Rafael Sala Mayato e Íñigo Egusquiza), 2.ª ed. (Lecture Notes in Physics 734), Springer, Berlín y Heidelberg, 2008, pp. 399-447, arXiv:quant-ph/0105101v2.
4. Cramer, J. G., «The Transactional Interpretation of Quantum Mechanics», *Reviews of Modern Physics*, 58, 3 (julio de 1986), pp. 647-687; Cra-

mer, J. G., *The Quantum Handshake: Entanglement, Nonlocality and Transactions*, Springer International, Cham (Suiza), 2016; Kastner, R. E., «The Possibilist Transactional Interpretation and Relativity», *Foundations of Physics*, 42, 8 (agosto de 2012), pp. 1094-1113.

5. Price, H., «Does Time- Symmetry Imply Retrocausality? How the Quantum World Says 'Maybe'», *Studies in History and Philosophy of Science Part B: Studies in History and Philosophy of Modern Physics*, 43, 2 (mayo de 2012), pp. 75-83, arXiv:1002.0906.
6. Sorkin, R. D., «Quantum Measure Theory and Its Interpretation», en: *Quantum Classical Correspondence: Proceedings of the 4th Drexel Symposium on Quantum Nonintegrability, Drexel University, Philadelphia, USA, September 8–11, 1994* (eds. Bei-Lok Hu y Da Hsuan Feng), International Press, Cambridge (Massachusetts), 1997, pp. 229-251, arXiv:gr-qc/9507057.
7. Gell-Mann, M. y Hartle, J. B., «Quantum Mechanics in the Light of Quantum Cosmology», en: *Proceedings of the 3rd International Symposium: Foundations of Quantum Mechanics in the Light of New Technology*, Tokio, 1989, pp. 321-343; Gell-Mann, M. y Hartle, J. B., «Alternative Decohering Histories in Quantum Mechanics», en: *Proceedings of the 25th International Conference on High Energy Physics, 2–8 August 1990, Singapore* (eds. K. K. Phua y Y. Yamaguchi), vol. 1, pp. 1303-1310, South East Asia Theoretical Physics Association and Physical Society of Japan, World Scientific, Singapur y Tokio, 1990; Gell-Mann, M. y Hartle, J. B., «Time Symmetry and Asymmetry in Quantum Mechanics and Quantum Cosmology», en: *Proceedings of the NATO Workshop on the Physical Origins of Time Asymmetry, Mazagón, Spain, September 30–October 4, 1991* (eds. J. Halliwell, J. Pérez-Mercader y W. Zurek), Cambridge University Press, Cambridge, 1992, arXiv:gr-qc/9304023; Gell-Mann, M. y Hartle, J. B., «Classical Equations for Quantum Systems», *Physical Review D*, 47, 8 (abril de 1993), pp. 3345-3382, arXiv:gr-qc/9210010.
8. Griffiths, R. B., «Consistent Histories and the Interpretation of Quantum Mechanics», *Journal of Statistical Physics*, 36, 1-2 (julio de 1984), pp. 219-272; Griffiths, R. B., «The Consistency of Consistent Histories: A Reply to d'Espagnat», *Foundations of Physics*, 23, 12 (diciembre de 1993), pp. 1601-1610; Omnès, R., «Logical Reformulation of Quantum Mechanics, 1: Foundations», *Journal of Statistical Physics*, 53, 3-4 (noviembre de 1988), pp. 893-932; Omnès, R., «Logical Reformulation of Quantum Mechanics, 2: Interferences and the Einstein-Podolsky-Rosen Experiment», *ibid.*, pp. 933-955; Omnès, R., «Logical Reformulation of Quantum Mechanics, 3: Classical Limit and Irreversibility», *ibid.*, pp. 957-975; Omnès, R., «Logical Reformulation of Quantum Mechanics, 4: Projectors in Semiclassical Physics», *Journal of Statistical Physics*, 57, 1-2 (octubre de

1989), pp. 357-382; Omnès, R. «Consistent Interpretations of Quantum Mechanics», *Reviews of Modern Physics*, 64, 2 (abril de 1992), pp. 339-382.
9. Dowker, F. y Kent, A., «On the Consistent Histories Approach to Quantum Mechanics», *Journal of Statistical Physics*, 82, 5-6 (marzo de 1996), pp. 1575-1646, arXiv:gr-qc/9412067.
10. Hall, M. J. W., Deckert, D. A., Wiseman, H. M., «Quantum Phenomena Modeled by Interactions between Many Classical Worlds», *Physical Review X*, 4, 4 (octubre de 2014), p. 041013, arXiv:1402.6144.
11. Yang, B., Chen, W., Poirier, B., «Rovibrational Bound States of Neon Trimer: Quantum Dynamical Calculation of All Eigenstate Energy Levels and Wavefunctions», *Journal of Chemical Physics*, 135, 9 (septiembre de 2011), p. 094306; Parlant, G., Ou, Y. C., Park, K., Poirier, B., «Classical- like Trajectory Simulations for Accurate Computation of Quantum Reactive Scattering Probabilities» (contribución invitada y artículo principal, número especial en honor de Jean-Claude Rayez), *Computational and Theoretical Chemistry*, 990 (junio de 2012), pp. 3-17.
12. 't Hooft, G., «Time, the Arrow of Time, and Quantum Mechanics», 2018, arXiv:1804.01383.
13. Smolin, L. «Could Quantum Mechanics Be an Approximation to Another Theory?», 2006, arXiv:quant-ph/0609109.
14. Pusey, M. F., Barrett, J., Rudolph, T., «On the Reality of the Quantum State», *Nature Physics*, 8, 6 (junio de 2012), pp. 475-478, arXiv:1111.3328.

14. Una cuestión de principios

1. Smolin, L., *Time Reborn: From the Crisis in Physics to the Future of the Universe*, Houghton Mifflin, Nueva York, 2013; Mangabeira Unger, R., Smolin, L., *The Singular Universe and the Reality of Time: A Proposal in Natural Philosophy*, Cambridge University Press, Cambridge, 2015; Smolin, L., «Temporal Naturalism», contribución invitada en el número especial sobre cosmologia y tiempo, *Studies in History and Philosophy of Science Part B: Studies in History and Philosophy of Modern Physics*, 52, 1 (noviembre de 2015), pp. 86-102, arXiv:1310.8539.
2. Markopoulou, F., Smolin, L., «Disordered Locality in Loop Quantum Gravity States», *Classical and Quantum Gravity*, 24, 15 (julio de 2007), pp. 3813-3824, arXiv:gr-qc/0702044.
3. Smolin, L., «Derivation of Quantum Mechanics from a Deterministic Non-Local Hidden Variable Theory, I. The Two-Dimensional Theory», IAS preprint PRINT-83-0802, Institute for Advanced Study, Princeton, agosto de 1983; Smolin, L., «Stochastic Mechanics, Hidden Variables and Gravity», en: *Quantum Concepts in Space and Time* (eds.

R. Penrose y C. J. Isham) Clarendon Press / Oxford University Press, Nueva York / Oxford, 1986.

4. Smolin, L., «Matrix Models as Non-Local Hidden Variables Theories», en: *Quo Vadis Quantum Mechanics?* (eds. A. C. Elitzur, S. Dolev y N. Kolenda), The Frontiers Collection, Springer, Berlín / Heidelberg, 2005, pp. 121-152; Smolin, L., «Non-Local Beables», *International Journal of Quantum Foundations*, 1, 2 (abril de 2015), pp. 100-106, arXiv:1507.08576.
5. Adler, S. L., *Quantum Theory as an Emergent Phenomenon: The Statistical Mechanics of Matrix Models as the Precursor of Quantum Field Theory*, Cambridge University Press, Cambridge, 2004; Adler, S. L., *Statistical Dynamics of Global Unitary Invariant Matrix Models as Pre- Quantum Mechanics*, borrador, 2002, arXiv:hep-th/0206120.
6. Starodubtsev, A., «A Note on Quantization of Matrix Models», *Nuclear Physics B*, 674, 3 (diciembre de 2003), pp. 533-552, arXiv:hep-th/0206097.
7. Markopoulou, F., Smolin, L., «Disordered Locality».
8. Markopoulou, F., Smolin, L., «Quantum Theory from Quantum Gravity», *Physical Review D*, 70, 12 (diciembre de 2004), p. 124029, arXiv:gr-qc/0311059.
9. Leibniz, G. W., *The Monadology*, en: *Philosophical Writings* (ed. G. H. R. Parkinson, trad. Mary Morris y G. H. R. Parkinson), J. M. Dent, Londres, 1973 (hay varias trad. esp.; p. ej.: *Monadología*, Pentalfa Ediciones, Oviedo, 1981).
10. Barbour J., Smolin, L., «Extremal Variety as the Foundation of a Cosmological Quantum Theory», 1992, arXiv:hep-th/9203041.
11. Leibniz, G. W., *op. cit.*, párrafos 54, 56 y 57.
12. Smolin, L., «The Dynamics of Difference», *Foundations of Physics*, 48, 2 (febrero de 2018), pp. 121-134, arXiv:1712.04799; Smolin, L., «Quantum Mechanics and the Principle of Maximal Variety», *Foundations of Physics*, 46, 6 (junio de 2016), pp. 736-758, arXiv:1506.02938; Smolin, L., «A Real Ensemble Interpretation of Quantum Mechanics», *Foundations of Physics*, 42, 10 (octubre de 2012), pp. 1239-1261, arXiv:1104.2822.
13. Smolin, L., «Precedence and Freedom in Quantum Physics», 2012, arXiv:1205.3707.

15. UNA TEORÍA CAUSAL DE LOS PUNTOS DE VISTA

1. Bombelli, L., Lee, J., Meyer, D., Sorkin, R. D., «Space-Time as a Causal Set», *Physical Review Letters*, 59, 5 (agosto de 1987), pp. 521-524; Sorkin, R. D., «Spacetime and Causal Sets», en: *Relativity and Gravitation:*

Classical and Quantum (actas del VII congreso SILARG VII Conference, Cocoyoc, México, diciembre de 1990, eds. J. C. D'Olivo *et al.*), World Scientific, Singapur, 1991, pp. 150-173.

2. Ahmed, M., Dodelson, S., Greene, P. B., Sorkin, R. D., «Everpresent Lambda», *Physical Review D*, 69, 10 (mayo de 2004), p. 103523, arXiv:astro-ph/0209274.
3. Jacobson, T., «Thermodynamics of Spacetime: The Einstein Equation of State», *Physical Review Letters*, 75, 7 (agosto de 1995), p. 1260, arXiv:gr-qc/ 9504004.
4. Markopoulou, F., Smolin, L., «Holography in a Quantum Spacetime» (octubre de 1999), arXiv:hep-th/9910146; Smolin, L., «The Strong and Weak Holographic Principles», *Nuclear Physics B*, 601, 1-2 (mayo de 2001), pp. 209-247, arXiv:hep-th/0003056.
5. Cortês, M., Smolin, L., «The Universe as a Process of Unique Events», *Physical Review D*, 90, 8 (octubre de 2014), p. 084007, arXiv:1307.6167 [gr-qc]; Cortês, M., Smolin, L., «Quantum Energetic Causal Sets», *Physical Review D*, 90, 4 (agosto de 2014), p. 044035, arXiv:1308.2206 [gr-qc]; Cortês, M., Smolin, L., «Spin Foam Models as Energetic Causal Sets», *Physical Review D*, 93, 8 (junio de 2014), p. 084039, arXiv:1407.0032; Cortês; M., Smolin, L., «Reversing the Irreversible: From Limit Cycles to Emergent Time Symmetry», *Physical Review D*, 97, 2 (enero de 2018), p. 026004, arXiv:1703.09696.
6. Smolin, L., «The Dynamics of Difference», *Foundations of Physics*, 48, 2 (2018), pp. 121-134, arXiv:1712.04799.

GLOSARIO

ACELERACIÓN: ritmo de cambio de la velocidad.

ANTIRREALISMO: postura filosófica según la cual o bien no hay ninguna realidad universal objetiva o bien, si la hay, los seres humanos no pueden tener un conocimiento completo de ella.

ÁTOMO: unidad básica de la materia, formada por un núcleo, que contiene protones y neutrones, y electrones a su alrededor.

BAYESIANISMO CUÁNTICO: enfoque de los fundamentos de la teoría cuántica según el cual todos los usos de la probabilidad en la mecánica cuántica son probabilidades de apuesta subjetivas.

BELL, TEOREMA DE: teorema que afirma que en un mundo que es local (en el sentido de que la elección de las mediciones efectuadas sobre un sistema nunca influye en las probabilidades de los resultados de mediciones efectuadas en otro sistema lejano) determinadas correlaciones de las mediciones están restringidas por una desigualdad. Esta desigualdad se viola en los experimentos. Sinónimos: relación de Bell, restricción de Bell, desigualdad de Bell.

CAMPO: sistema físico esparcido por el espacio, con uno o más grados de libertad por cada punto del espacio-tiempo. El campo eléctrico y el campo magnético son ejemplos de campos.

CANTIDAD DE MOVIMIENTO: magnitud que se define para partículas en movimiento y que se intercambia en las colisiones de modo que el total se conserva. En la física newtoniana es igual al producto de la masa y la velocidad. Sinónimo: *momento lineal.*

CAUSALIDAD: principio por el cual los eventos están influidos por los sucesos de su pasado. En la teoría de la relatividad, un suceso puede tener influencia causal en otro solamente si hay energía o información que se envía desde el primero y llega al segundo.

CELERIDAD: ritmo de cambio de la distancia en función del tiempo.

COLAPSO DE LA FUNCIÓN DE ONDA: postulado según el cual, inmediatamente después de que un observador efectúa una medición que revele un valor bien definido de algún observable, un sistema cuántico asume el estado cuántico asociado a ese valor.

COSMOLOGÍA CUÁNTICA: teoría que intenta describir todo el universo en el lenguaje de la teoría cuántica.

CUANTIZAR: aplicar un algoritmo que parte de una teoría clásica, o newtoniana, para llegar a una teoría cuántica correspondiente. Se sabe que un algoritmo de este tipo es altamente no único.

CUANTO: aspecto corpuscular de la dualidad onda-partícula.

DECOHERENCIA: proceso por el cual sistemas cuánticos grandes, que contienen muchos grados de libertad, en contacto con un entorno que introduce fluctuaciones aleatorias, pierden sus propiedades ondulatorias, a causa de la aleatorización de las fases de las ondas, y en consecuencia se observan como partículas.

DEPENDENCIA DEL FONDO: propiedad de cualquier teoría que haga uso de un fondo, como la física newtoniana.

DETERMINISMO: postura filosófica según la cual el estado futuro de un sistema físico queda totalmente determinado por las leyes de la física que actúan sobre el estado actual.

DISCRECIÓN: propiedad de algunos observables de los sistemas cuánticos, como la energía de un átomo, de asumir solo valores de una lista discreta.

DUALIDAD ONDA-PARTÍCULA: principio de la teoría cuántica según el cual se puede describir las partículas elementales tanto como partículas como ondas, en función del contexto.

EINSTEIN-PODOLSKY-ROSEN, ESTADO DE: estado conjunto de dos partículas que no contienen ninguna información sobre las partículas individuales, pero indica que, si se efectúa alguna medición en ambas, los resultados serán opuestos. Sinónimo: *estado opuesto*.

ENERGÍA: magnitud física que da una medida de la actividad de un sistema y cuyo valor se conserva a medida que pasa el tiempo. La energía asume diversas formas y puede intercambiarse entre los sistemas, siempre manteniendo constante el valor total.

ENFOQUE DE HISTORIAS CONSISTENTES: interpretación de la mecánica cuántica basada en la asignación de probabilidades a conjuntos de historias que sufren decoherencia entre ellas.

ENTRELAZAMIENTO: propiedad de un estado cuántico de dos o más sistemas, por la cual el estado indica una propiedad compartida por esos sistemas que no es solo la suma de propiedades de cada uno por separado. El estado opuesto, o EPR, es un ejemplo de estado entrelazado.

ENTROPÍA: medida del desorden de un sistema físico, relacionada con la información contenida en los valores exactos de sus grados de libertad microscópicos.

EQUILIBRIO CUÁNTICO: en una teoría de variables ocultas, como la teoría de la onda piloto, la distribución estadística de partículas en una colectividad de sistemas es arbitraria; cuando es igual al cuadrado de la función de onda, tal como especifica la regla de Born, se dice que el sistema se halla en equilibrio cuántico.

ESPÍN: momento angular de una partícula elemental; es una propiedad intrínseca de cada una, independiente de su movimiento.

ESTADO: en cualquier teoría física, configuración de un sistema en un instante concreto de tiempo.

ESTADO CUÁNTICO: descripción completa de un sistema individual según la mecánica cuántica.

ESTADO OPUESTO: véase *estado de Einstein-Podolsky-Rosen.*

ESTRUCTURA CAUSAL: como hay una velocidad máxima a la cual se puede transmitir la energía y la información, los sucesos de la historia del universo se pueden organizar en términos de sus posibles relaciones causales. Para ello, se identifica, para cada par de sucesos, si el primero se halla en el futuro causal del segundo o viceversa o si no hay relación causal posible entre ambos porque ninguna señal puede haber viajado de uno al otro. Una descripción completa de este tipo define la estructura causal del universo.

FÍSICA CLÁSICA: parte de la física desde Galileo hasta la relatividad general, anterior a la teoría cuántica.

FÍSICA NEWTONIANA: marco para describir y explicar el movimiento, creado por Isaac Newton y publicado en 1687, en su libro *Philosphiae Naturalis Principia Mathematica*, y basado en las tres leyes del movimiento.

FONDO: en un modelo o teoría científica de una parte del universo, conjunto de características del resto de universo que se incluyen como necesarias para definir las propiedades de la parte del universo bajo estudio; en física newtoniana, por ejemplo, el espacio y el tiempo son parte del fondo porque se consideran absolutos.

FOTÓN: cuanto del campo electromagnético, que transporta una cantidad de energía proporcional a la frecuencia del campo.

FUERZA: en física newtoniana, cambio de la cantidad de movimiento que se produce en una interacción. En las situaciones más habituales es igual a la aceleración multiplicada por la masa del cuerpo.

FUNCIÓN DE ONDA: representación del estado cuántico de un sistema.

FUTURO: conjunto de todos los sucesos sobre los que un suceso puede tener influencia, enviando energía o información.

GRADO DE LIBERTAD: magnitud variable que describe una forma en que puede cambiar un sistema físico.

GRAVEDAD CUÁNTICA: cualquier teoría que combine la relatividad general y la física cuántica.

GRAVEDAD CUÁNTICA DE BUCLES: aproximación a la gravedad cuántica que se basa en una cuantización de la relatividad general de Einstein.

INDEPENDENCIA DEL FONDO: propiedad de cualquier teoría que no divide el universo en una parte por ella modelizada y el resto, que se considera parte del fondo; se dice, por ejemplo, que la relatividad general es independiente del fondo porque la geometría del espacio y el tiempo no está fijada, sino que evoluciona a medida que pasa el tiempo igual que cualquier otro campo, como el campo electromagnético.

INFORMACIÓN: medida de la organización de una señal, igual al número de preguntas de sí o no cuyas respuestas pueden codificarse en dicha señal.

INSTRUMENTALISMO: enfoque de la ciencia en que el papel de la teoría solo es ofrecer una descripción de un sistema físico en términos de sus respuestas a fuerzas ejercidas externamente por los instrumentos de medida.

INTERPRETACIÓN DE MUCHOS INSTANTES: hipótesis según la cual, lo que realmente existe es un enorme conjunto de instantes, que contiene todo lo que podría haber sucedido en la historia del universo.

INTERPRETACIÓN DE UNIVERSOS PARALELOS: interpretación de la teoría cuántica según la cual los diversos resultados posibles de una observación de un sistema cuántico se realizan realmente en diferentes universos, todos los cuales coexisten de algún modo.

KOCHEN-SPECKER, TEOREMA DE: teorema que demuestra que la mecánica cuántica es contextual, lo que significa que el valor de un observable puede depender de una elección de qué otras mediciones se realizan al mismo tiempo.

LOCALIDAD: propiedad de una ley física por la cual los sistemas solo resultan influidos por lo que está situado en sus cercanías en el tiempo y el espacio.

MAGNITUD CONSERVADA: propiedad de un sistema físico cuyo valor total no cambia nunca a medida que transcurre el tiempo, mientras el sistema evoluciona; ejemplos son la energía, la cantidad de movimiento y el momento angular.

MASA: en física newtoniana, la masa inercial es una medida de la cantidad de materia, que multiplicada por la velocidad da una magnitud conservada, llamada *cantidad de movimiento*.

MATRIZ: tabla de números organizados en filas y columnas.

MECÁNICA BOHMIANA: véase *teoría de la onda piloto*.

MECÁNICA CUÁNTICA: teoría de los átomos y la luz tal como se desarrolló en la década de 1920.

MECÁNICA MATRICIAL: enfoque de la mecánica cuántica en que los observables se representan por medio de matrices.

MECÁNICA ONDULATORIA: forma de la mecánica cuántica creada por Erwin Schrödinger en 1926; posteriormente se demostró que es equivalente a la mecánica matricial.

MODELO ESTÁNDAR DE LA FÍSICA DE PARTÍCULAS: teoría cuántica de campos que, en estos momentos, es nuestro mejor modelo para las partículas elementales y sus interacciones, excepto para la gravedad.

MOMENTO ANGULAR: magnitud conservada que mide la cantidad de rotación o movimiento angular.

MOMENTO LINEAL: véase *cantidad de movimiento.*

NO LOCALIDAD: propiedad de cualquier fenómeno que no cumple el principio de localidad y, por lo tanto, implica influencias que se transmiten entre sistemas separados en el espacio.

OPERACIONALISMO: enfoque del instrumentalismo en el que, para un sistema físico, se especifica un conjunto de operaciones que incluyen cómo preparar y disponer el sistema y cómo medirlo.

PASADO O PASADO CAUSAL: conjunto de todos los sucesos que pueden haber influido en un suceso concreto, enviando energía o información

PLANCK, CONSTANTE DE: cantidad fundamental que especifica la escala a la que los efectos de la física cuántica se alejan de los de la física newtoniana. Se suele simbolizar como h y aparece en las relaciones entre la energía de un cuanto y la frecuencia de la onda asociada.

PLANCK, ENERGÍA DE: unidad de energía formada multiplicando la constante de Planck, h, la constante gravitatoria de Newton, G, y la velocidad de la luz, c, en la combinación adecuada para obtener una energía. Es igual a la energía de una cienmilésima de gramo.

PLANCK, LONGITUD DE: unidad de longitud construida a partir de la misma estructura que la energía de Planck; es, aproximadamente, veinte órdenes de magnitud inferior a las dimensiones de un núcleo atómico.

PLANCK, MASA DE: unidad de masa construida a partir de la misma estructura que la energía de Planck; es, aproximadamente, una cienmilésima de un gramo.

PRINCIPIO DE COMPLEMENTARIEDAD: principio propuesto por Bohr según el cual los sistemas cuánticos admiten diferentes descripciones, como la corpuscular y la ondulatoria, que se contradecirían entre ellas si tuvieran que imponerse simultáneamente; sin embargo, cualquier experimento siempre se puede describir utilizando una u otra descripción.

PRINCIPIO DE EXCLUSIÓN: principio, postulado por Wolfgang Pauli, que afirma que dos fermiones nunca pueden estar en el mismo estado cuántico.

PRINCIPIO DE INCERTIDUMBRE: principio de la teoría cuántica según el cual es imposible medir a la vez la posición y la cantidad de movimiento (o la velocidad) de una partícula.

PRINCIPIO HOLOGRÁFICO: principio que se supone que puede limitar la cantidad de información que atraviesa una superficie, con el área de esta superficie en unidades de Planck.

PROBABILIDAD BAYESIANA: probabilidad subjetiva que mide el grado de certeza o creencia de una persona sobre algo.

REALISMO: creencia de que hay un mundo físico objetivo cuyas propiedades son independientes de lo que los seres humanos saben o de los experimentos de deciden hacer. Los realistas también creen que no hay ningún impedimento, en principio, para obtener un conocimiento completo de este mundo.

RED DE ESPÍN: grafo cuyas aristas están etiquetadas con números que representan espines. En la gravedad cuántica de bucles, cada estado cuántico de la geometría del espacio está representado por una red de espín.

REGLA 0: ecuación dinámica básica de la gravedad cuántica, que expresa la ausencia de un tiempo global o universal, también llamada *ecuación de Wheeler-De Witt*.

REGLA 1: ecuación dinámica básica de la mecánica cuántica que describe cómo evolucionan los sistemas cuánticos en el tiempo, siendo este medido por relojes externos al sistema. También llamada *ecuación de Schrödinger*, la Regla 1 explica que, dado el estado cuántico de un sistema aislado en un instante de tiempo, hay una ley que predice el estado cuántico exacto de ese sistema en cualquier otro instante de tiempo.

REGLA 2: ley que prescribe cómo responde un estado cuántico ante una medición: colapsando de inmediato a un estado en el que la magnitud medida tiene un valor preciso, que es el valor que ha generado la medición. La Regla 2 explica que el resultado de una medición solo se puede predecir de modo probabilístico, pero después la medición modifica el estado cuántico del sistema medido y lo sitúa en el estado correspondiente al resultado de la medición, lo que se conoce como colapso de la función de onda.

RELACIONISMO: postura filosófica según la cual las propiedades de los objetos o sucesos elementales surgen a partir de interacciones entre pares o conjuntos mayores de estos.

RELATIVIDAD ESPECIAL: teoría del movimiento y de la luz creada por Einstein en 1905, en ausencia de la gravedad.

RELATIVIDAD GENERAL: teoría de la gravitación creada por Einstein en 1915, en la que la fuerza gravitatoria queda sustituida por la dinámica de la geometría del espacio-tiempo.

RETROCAUSALIDAD: proceso hipotético en el que el orden de las causas se remonta hacia atrás respecto a la dirección global del tiempo.

SCHRÖDINGER, ECUACIÓN DE: véase *Regla 1*.

SCHRÖDINGER, EXPERIMENTO DEL GATO DE: experimento imaginario en que la Regla 1 implica que un gato se halla en una superposición de dos estados macroscópicos distintos: vivo y muerto.

SEGUNDA LEY DE LA TERMODINÁMICA: ley que afirma que la entropía de un sistema aislado aumentará con una muy alta probabilidad.

SIMETRÍA: operación mediante la cual se puede transformar un sistema físico sin afectar al hecho de que su estado es un posible estado del sistema. Dos estados vinculados por una simetría tienen la misma energía.

SUCESO: en relatividad, algo que sucede en un punto del espacio y en un instante de tiempo.

TEORÍA CUÁNTICA DE CAMPOS: descripción cuántica de un campo, como los campos eléctrico o magnético. Las teorías cuánticas de campos son complejas porque deben incorporar la relatividad especial y porque tienen infinitos grados de libertad.

TEORÍA CUÁNTICA RELACIONAL: interpretación de la teoría cuántica según la cual el estado cuántico de una partícula, o de cualquier subsistema del universo, no se define de modo absoluto sino solo en un contexto creado por la presencia de un observador y por una división del universo en una parte que contiene al observador y una parte que contiene esa parte del universo de la cual el observador puede recibir información. La cosmología cuántica relacional es un enfoque de la cosmología cuántica que afirma que no existe un único estado cuántico del universo, sino tantos como contextos.

TEORÍA DE CAMPOS: teoría física que describe la evolución en el tiempo de uno o varios campos. Un ejemplo es la electrodinámica, donde las leyes de movimiento de los campos son las ecuaciones de Maxwell.

TEORÍA DE CONJUNTOS CAUSALES: enfoque para tratar el espacio-tiempo cuántico, basado en la hipótesis que el mundo está formado por un conjunto discreto de sucesos fundamentales y sus relaciones causales.

TEORÍA DE CUERDAS: enfoque de la gravedad cuántica basado en la hipótesis de que los elementos fundamentales del mundo son unidimensionales.

TEORÍA DE DE BROGLIE-BOHR: véase *teoría de la onda piloto*.

TEORÍA DE LA ONDA PILOTO: primer enfoque realista de la mecánica cuántica, creado por Louis de Broglie en 1927 y reinventado por David Bohm en 1952. En esta teoría, la descripción completa de un sistema individual viene dada por una onda y por una partícula, con la partícula guiada por la onda.

TEORÍA DEL COLAPSO DINÁMICO: propuesta según la cual el colapso de la función de onda es un proceso físico real.

VARIABLE OCULTA: propiedad o grado de libertad de un sistema cuántico que no queda descrita por la mecánica cuántica pero que es necesaria para una descripción completa del sistema individual.

VELOCIDAD: ritmo de cambio de la posición en función del tiempo.

LECTURAS ADICIONALES

Libros de divulgación de los creadores de la mecánica cuántica

Bell, J. S., *Speakable and Unspeakable in Quantum Mechanics* (2.ª ed., introducción de Alain Aspect; dos artículos adicionales), Cambridge University Press, Cambridge, 2004.

Bohm, D., *Wholeness and the Implicate Order*, Routledge and Kegan Paul, Londres, 1980 (reimpresión: Ark / Routledge, Londres, 2002), (hay trad. esp.: *La totalidad y el orden implicado*, Kairós, Barcelona, 2008).

Bohr, N., *Atomic Physics and Human Knowledge*, Science Editions, Nueva York, 1961 (reimpresión: Dover Publications, Mineola (Nueva York), 2010 (hay trad. esp.: *Física atómica y conocimiento humano*, Aguilar, Madrid, 1964).

Bohr, N., *Atomic Theory and the Description of Nature: Four Essays with an Introductory Survey*, Cambridge University Press, Cambridge, 1934, 1961 (hay trad. esp.: *La teoría atómica y la descripción de la naturaleza: cuatro ensayos precedidos de una introducción*, Alianza Editorial, Madrid, 1988).

Bohr, N., «Discussion with Einstein on Epistemological Problems in Atomic Physics», en: *Albert Einstein: Philosopher-Scientist* (ed. Paul Arthur Schilpp), pp. 199-242, 3.ª ed., Library of Living Philosophers 7, Open Court Publishing, Peru (Illinois), 1988.

Einstein, A., *Autobiographical Notes* (trad. y ed. Paul Arthur Schilpp), ed. Centenario, Open Court Publishing, Peru (Illinois), 1999 (hay trad. esp.: *Notas autobiográficas*, Alianza Editorial, Madrid, 2016).

Einstein, A., *Ideas and Opinions* (reimpresión), Broadway Books, Nueva York, 1995 (hay trad. esp.: *Mis ideas y opiniones*, Antoni Bosch Editor, Barcelona, 2011).

Heisenberg, W., *Philosophical Problems of Quantum Physics* (2.ª ed.), Ox Bow Press, Woodbridge (Connecticut), 1979.

Heisenberg, W., *The Physical Principles of the Quantum Theory* (trad. Carl Eckart y F. C. Hoyt), Dover Publications, Mineola (Nueva York), 1949.

Schrödinger, E., *What Is Life? With Mind and Matter and Autobiographical Sketches*, prefacio de Roger Penrose, Canto / Cambridge University

Press, Cambridge, 1992 (hay trad. esp.: *¿Qué es la vida?*, Tusquets Editores, Barcelona, 1984).

LIBROS DE AUTORES CONTEMPORÁNEOS

Barbour, J., *The End of Time: The Next Revolution in Our Understanding of the Universe*, Oxford University Press, Nueva York, 1999.

Carroll, S., *The Big Picture: On the Origins of Life, Meaning, and the Universe Itself*, Dutton, Nueva York, 2016 (hay trad. esp.: *El gran cuadro. Los orígenes de la vida, su sentido y el universo entero*, Pasado & Presente, Barcelona, 2017).

Deutsch, D., *The Beginning of Infinity: Explanations that Transform the World*, Viking, Nueva York, 2011 (hay trad. esp.: *El comienzo del infinito: explicaciones que transforman el mundo*, Ediciones de Intervención Cultural, Barcelona, 2011).

Deutsch, D., *The Fabric of Reality: The Science of Parallel Universes and Its Implications*, Penguin Press, Nueva York, 1997 (hay trad. esp.: *La estructura de la realidad*, Anagrama, Barcelona, 2002).

Greene, B., *The Hidden Reality: Parallel Universes and the Deep Laws of the Cosmos*, Alfred A. Knopf, Nueva York, 2011 (hay trad. esp.: *La realidad oculta: universos paralelos y las profundas leyes del cosmos*, Editorial Crítica, Barcelona, 2016).

Penrose, R., *The Emperor's New Mind: Concerning Computers, Minds, and The Laws of Physics* (reimpresión, con un nuevo prefacio del autor), Oxford University Press, Oxford y Nueva York, 1999 (hay trad. esp.: *La nueva mente del emperador*, Debolsillo, Barcelona, 2006).

Penrose, R., *Shadows of the Mind: A Search for the Missing Science of Consciousness*, Oxford University Press, Oxford y Nueva York, 1994 (hay trad. esp.: *Las sombras de la mente: hacia una comprensión científica de la consciencia*, Editorial Crítica, Barcelona, 1996).

Rovelli, C., *The Order of Time*, Riverhead Books, Nueva York, 2018 (hay trad. esp.: *El orden del tiempo*, Anagrama, Barcelona, 2018).

Rovelli, C., *Reality Is Not What It Seems: The Journey to Quantum Gravity*, Riverhead Books, Nueva York, 2017.

Rovelli, C., *Seven Brief Lessons on Physics*, Riverhead Books, Nueva York, 2016 (hay trad. esp.: *Siete breves lecciones de física*, Anagrama, Barcelona, 2017).

Tegmark, M., *Our Mathematical Universe: My Quest for the Ultimate Nature of Reality*, Alfred A. Knopf, Nueva York, 2014 (hay trad. esp.: *Nuestro universo matemático*, Antoni Bosch Editor, Barcelona, 2015).

Biografías de personajes fundamentales

Byrne, P., *The Many Worlds of Hugh Everett III: Multiple Universes, Mutual Assured Destruction, and the Meltdown of a Nuclear Family*, Oxford University Press, Oxford y Nueva York, 2010.

Farmelo, G., *The Strangest Man: The Hidden Life of Paul Dirac, Mystic of the Atom*, Basic Books, Nueva York, 2009.

Gribbin, J., *Erwin Schrödinger and the Quantum Revolution*, John Wiley and Sons, Hoboken (Nueva Jersey), 2013.

Hoffmann, B., Dukas, H., *Albert Einstein: Creator and Rebel*, Viking Press, Nueva York, 1973 (hay trad. esp.: *Einstein*, Salvat, Barcelona, 1984).

Klein, M. J., Ehrenfest, P., *The Making of a Theoretical Physicist* (vol. 1), American Elsevier, Nueva York, 1970.

Overbye, D., *Einstein in Love: A Scientific Romance*, Penguin, Nueva York, 2000 (hay trad. esp.: *Las pasiones de Einstein*, Lumen, Barcelona, 2005).

Pais, A., *Niels Bohr's Times: In Physics, Philosophy, and Polity*, Clarendon Press / Oxford University Press, Oxford y Nueva York, 1991.

Pais, A., *Subtle is the Lord: The Science and the Life of Albert Einstein*, Oxford University Press, Oxford y Nueva York, 1982, reimpresión con nuevo prefacio de Roger Penrose, 2005 (hay trad. esp.: *El señor es sutil: la ciencia y la vida de Albert Einstein*, Ariel, Barcelona, 1984).

Peat, F. D., *Infinite Potential: The Life and Times of David Bohm*, Addison-Wesley, Reading (Massachusetts), 1997.

Historias de la mecánica cuántica

Bacciagaluppi, G., Valentini, A., *Quantum Theory at the Crossroads: Reconsidering the 1927 Solvay Conference*, Cambridge University Press, Cambridge y Nueva York, 2009.

Baggott, J., *The Quantum Story: A History in 40 Moments*, Oxford University Press, Oxford y Nueva York, 2011 (hay trad. esp.: *La historia del cuanto: una historia en 40 momentos*, Ediciones de Intervención Cultural, Barcelona, 2017).

Baggott, J., *Beyond Measure: Modern Physics, Philosophy, and the Meaning of Quantum Theory*, Oxford University Press, Oxford y Nueva York, 2004.

Forman, P., «Weimar Culture, Causality, and Quantum Theory, 1918-1927: Adaptation by German Physicists and Mathematicians to a Hostile Intellectual Environment», *Historical Studies in the Physical Sciences*, 3 (1971), pp. 1–115. Forman amplió sus tesis originales en: Forman, P., «Kausalität, Anschaulichkeit, and Individualität, or How Cultural Values Prescribed the Character and the Lessons Ascribed to Quantum

Mechanics», en: *Society and Knowledge: Contemporary Perspectives in the Sociology of Knowledge and Science* (ed. Nico Stehr y Volker Meja), pp. 333-347, Transaction Books, New Brunswick (Nueva Jersey), 1984.

Gefter, A., *Trespassing on Einstein's Lawn: A Father, a Daughter, the Meaning of Nothing, and the Beginning of Everything*, Bantam Books, Nueva York, 2014.

Gilder, L., *The Age of Entanglement: When Quantum Physics Was Reborn*, Alfred A. Knopf, Nueva York, 2008.

Gribbin, J., *In Search of Schrödinger's Cat: Quantum Physics and Reality*, Bantam Books, Nueva York, 1984.

Jammer, M., *The Philosophy of Quantum Mechanics: The Interpretations of Quantum Mechanics in Historical Perspective*, John Wiley and Sons, Nueva York, 1974.

Kaiser, D., *How the Hippies Saved Physics: Science, Counterculture, and the Quantum Revival*, W. W. Norton, Nueva York, 2011.

Kragh, H., *Quantum Generations: A History of Physics in the Twentieth Century*, Princeton University Press, Princeton, 1999

Kuhn, T. S., *Black-Body Theory and the Quantum Discontinuity, 1894-1912*, University of Chicago Press, Chicago, 1987 (hay trad. esp.: *La teoría del cuerpo negro y la discontinuidad cuántica: 1894-1912*, Alianza Editorial, Madrid, 1987).

Stone, A. D., *Einstein and the Quantum: The Quest of the Valiant Swabian*, Princeton University Press, Princeton, 2013.

Recopilaciones de artículos

DeWitt, B. S., Graham, N. (eds.), *The Many Worlds Interpretation of Quantum Mechanics*, Princeton Series in Physics, Princeton University Press, Princeton, 1973 (reimpresión en Princeton Legacy Library, 2015).

Saunders, S., Barrett, J., Kent, A., Wallace, D. (eds.), *Many Worlds? Everett, Quantum Theory, and Reality*, Oxford University Press, Oxford, 2010.

ÍNDICE ALFABÉTICO

ÍNDICE DE FIGURAS

ÍNDICE

PASADO & PRESENTE

El título original de esta obra de Lee Smolin es *Einstein's unfinished revolution*

Su primera edición en lengua inglesa fue publicada por Penguin Press, Nueva York, 2019

Mallorca, 237 bis, principal 1B, 08008 Barcelona
ediciones@pasadopresente.com
www.pasadopresente.com

Esta primera edición de *La revolución inacabada de Einstein* ha sido compuesta en tipos Fournier por La Letra, S.L., y Ferran Pontón ha realizado la corrección de pruebas. Se ha impreso sobre papel marfil de 80 g y encuadernado en rústica por Gracel Asociados. El 14 de septiembre de 2020 fue puesta a la venta a través de la distribuidora UDL.

ISBN: 978-84-121383-3-7
Depósito legal: B 16588-2020